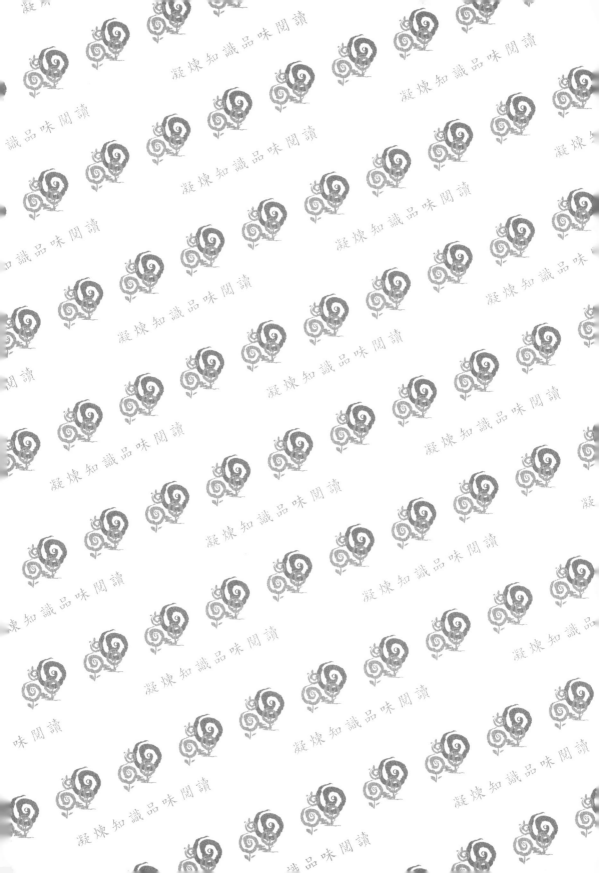

研究&方法

R語言 第二版

量表編製、統計分析與試題反應理論

R Programming Language for Scale Development, Statistical Analysis and Item Response Theory

陳新豐 著

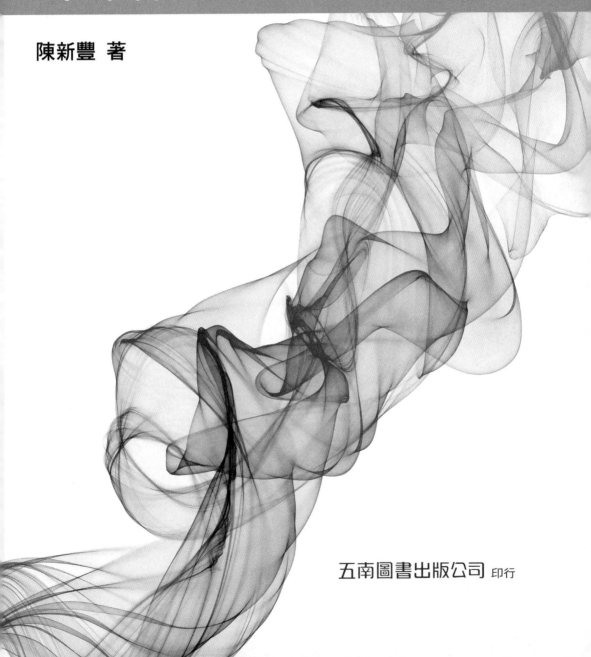

五南圖書出版公司 印行

自序

　　《R語言：量表編製、統計分析與試題反應理論》這本書共分爲
11章，分別是R語言簡介、量表題目分析、量表信度與效度分析、
平均數差異檢定、共變數分析、相關與迴歸、卡方考驗、時間序列
分析以及試題反應理論分析等。全書的結構是以撰寫學位論文中調
查與實驗研究法的撰寫流程來加以安排，首先第一章的內容是簡介R
語言，並介紹視覺化R語言之分析環境，包括RStudio與Visual Stu-
dio Code等。接下來介紹學位論文中，研究工具需要進行之測驗與量
表分析，包括題目分析與測驗分析，其中的測驗分析則是說明如何
進行信度與效度分析。除此之外，在研究工具部分，考量部分的研
究會利用驗證性因素分析之測量模型來說明研究工具之建構效度，
因此於量表的信度與效度部分增加一節的方式來介紹驗證性因素分
析及其實務上之應用。第四章開始即介紹學位論文中，探討不同背
景變項下的平均數是否有所差異的研究目的，包括二個類別變項的t
考驗以及三個以上類別變項之變異數分析。第五章則是針對實驗研
究方法需要以統計方法來排除前測影響的共變數分析。第六章是以
探討兩兩變項間的相關及由自變項來預測依變項的迴歸分析。第七
章是說明問卷調查中類別變項的卡方考驗。第八章是介紹預測未來
發生策略的時間序列分析。第九、十等2章則是介紹目前新型測驗
理論試題反應理論的參數估計，最後一章則是介紹試題二元、多元
計分參數估計與試題差異功能分析等試題反應理論的實務應用。綜
括而論，本書介紹免費軟體R語言在量化資料分析上的應用，之後
即開始從量化資料的各種分析方法中，以理論配合實例分析加以說
明，本書中所有的範例資料檔，請至作者個人網站中，自行下載使

用 (http://cat.nptu.edu.tw)。

運算思維是面對問題以及解決問題的策略與方針，本書是以實務及理論兼容的方式來介紹量化資料的分析方法，並且各章節均用淺顯易懂的文字與範例來說明量化資料的統計分析策略。基本理念即是以「運算思維」為主軸，透過 R 程式設計與統計科學相關知能的學習，培養邏輯思考、系統化思考等運算思維。由範例 R 程式設計與實作，增進運算思維的應用能力、解決問題能力、團隊合作以及創新思考能力。對於初次接觸量化資料的讀者，運用於研究論文的結果與分析上，一定會有實質上的助益。對於已有相當基礎的量化資料分析者，這本書讀來仍會有許多令人豁然開朗之處。不過囿於個人知識能力有限，必有不少偏失及謬誤之處，願就教於先進學者，若蒙不吝指正，筆者必虛心學習，並於日後補正。

本書的完成，要感謝的人相當地多，尤其是曾指導過筆者的師長前輩。感謝五南圖書出版公司主編侯家嵐小姐對於本書的諸多協助，並慨允出版本書。

最後，要感謝家人讓我有時間在繁忙的研究、教學與服務之餘，還能夠全心地撰寫此書。

陳新豐　謹識

2021 年 5 月於國立屏東大學教育學系

Contents

自　序

Contents

Chapter

01

R 語言簡介

　　R 是免費 (freeware) 的統計數學套裝軟體，也是一種程式語言。R 具有以下幾個特性，首先它是免費的，R 是以開放原始碼的授權釋出。另外，它具有開放的架構，R 是 S 語言的開放原始碼實作版本，使用者可以將 S-plus 的程式碼直接放進 R 中執行。目前 R 的占有率高，一般皆認同 SAS 是最普遍被使用的統計軟體之一，但目前在學術界最普及的統計軟體是 R 與 S 語言，尤其在統計的期刊中，常常可以看到 R 語言的蹤跡。R 具有跨平台的特性，R 可以在各種平台上運作，包含 Windows、Macintosh、Linux 等數十種平台。R 的使用彈性大，R 是一種程式語言，使用者可以自行撰寫適合自己的分析程式。R 具有互動的特性，傳統的統計分析軟體，是將所有的統計分析過程一次做完，產生報表。而 R 可以互動式的一步一步處理，類似早期程式語言中的 BASIC 語言，使用者可以依照每一步的結果而決定下一步該如何處理。因此，目前 R 的使用占有率愈來愈高，了解 R 的使用以及特性對於資料分析、統計以及測驗評量領域的研究者或者是一般社會大眾，都有其必要性。

　　以下為本章使用的 R 套件。

1. readr
2. readx1
3. haven
4. reshape

壹、R 的安裝與使用介面

　　以下將依 R 的安裝與操作、R 視窗介面軟體的安裝、R 的輔助文件、套件的安裝等部分，說明如下。

一、R 的安裝與操作

（一）R 的取得與下載

　　安裝 R 之前，要先將安裝程式下載，取得 R 可連結至 CRAN(Comprehensive R Archive Network) 網站來下載，可以先連結至網址為 http://www.r-project.org/ 的官方網站，再點選左邊功能表中 CRAN 的連結即可進入，或者是直接連結至 http://cran.r-project.org/ 亦可。

上圖為 R 語言的官方網站，點選左側功能表中的 CRAN 即可連結至 R 資源的網站，首先會要求先選取 R 資源下載的 mirrors 站台，如下圖。

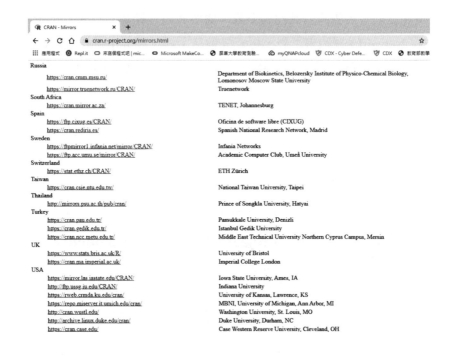

請點選在 Taiwan 的任一站台或者是連結較穩定的站台即可，之後即會出現 CRAN 的站台，如下圖。

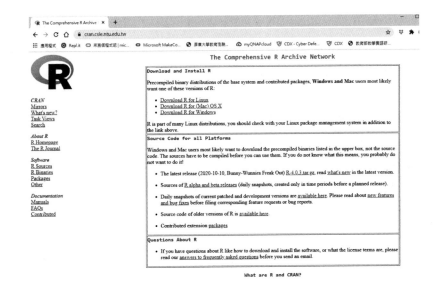

由上圖中，Windows 使用者可以點選「Download R for Windows」的連結，然後再點選「base」的模式即可，如下圖。

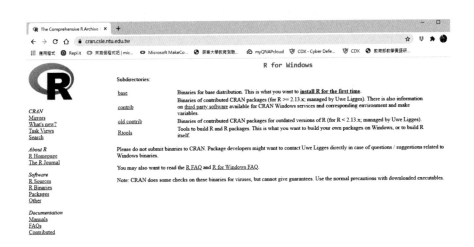

　　接下來是點選 Download R x.x.x for Windows，上述中的 x 所代表的是 R 的版本。相同的，使用 Mac 的使用者，可以點選 Download R for (Mac) OS X，其中的 R-x.x.x.pkg 即為在 Mac OS X 作業系統下安裝的檔案。

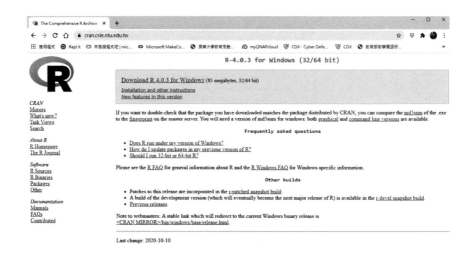

　　點選完檔案後，即可開始下載，此時請選擇下載的目錄，如下圖。

　　下載完成後，請在下載後的目錄中找到 R 的安裝檔案 (R-4.0.3-win.exe)，連點二次來開始執行下載的安裝程式。

　　撰寫此書時，R 的版本是 4.0.3，CRAN 對於 R 的更新，大約每年會有一次較大的更新，而版本最後數字則是代表對於目前版本所做出一些較小的更新，大部分更新後的 R 功能與之前版本都是相容的。R 語言在 3.0.0 之後的版本，首度支援 64 位元系統的版本，代表可以處理更大量的資料量。目前的電腦硬體大部分都支援 64 位元版本的作業系統，而且 64 位元的版本比 32 位元版本支持更大量的記憶體，因此，建議使用者可以優先考慮安裝 64 位元的作業系統，這樣可以使得 R 語言使用的記憶體資源會更爲充分。

（二）R 的安裝步驟

以下將分別從最常見的 Windows 與 Max OS X 等 2 種作業系統，說明如何安裝 R 語言。

1. 在 Windows 安裝 R

選取下載的 R 安裝程式，如下圖。

安裝時，請點選滑鼠右鍵，顯示出快捷列中選擇「以系統管理員身分執行」的選項，此時可能會需要輸入管理者密碼，確定之後，即會出現第一個安裝的對話方框，如下圖。

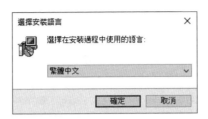

　　上圖的對話方框提供了安裝語言的選擇，預設語言會隨著作業系統的內定語言而定，因此幾乎可以不用更改點選「確定」即可，繼續 R 語言安裝的步驟。

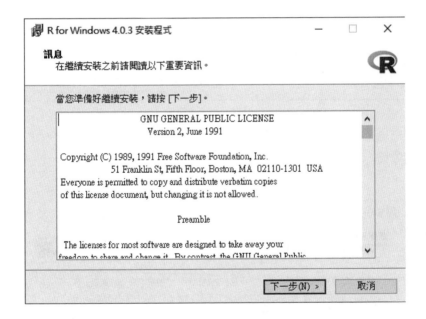

　　上述圖中是 R 安裝軟體的授權書，只有在同意安裝的軟體授權書後，才能使用 R 語言，因此若同意安裝請點選「下一步」，繼續安裝 R 語言。

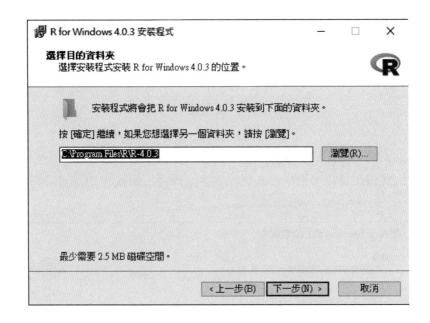

上圖為選擇安裝目的資料夾，選擇所要安裝的目的資料夾之後，點選「下一步」繼續安裝。

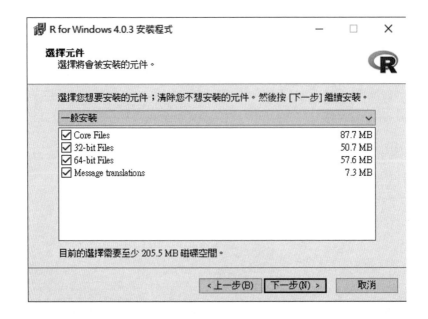

上圖是選擇 R 語言的安裝元件，若沒有必要 32-bit Files 的選項，可以不用勾選，其他選項則建議都加以勾選，確定選擇元件後，請點選「下一步」，繼續安裝。

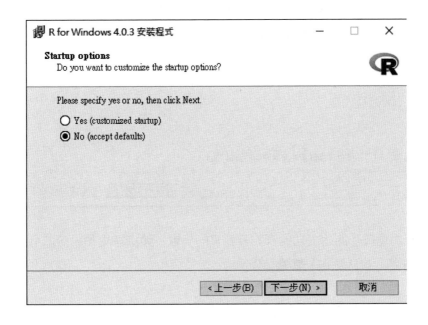

選擇啟動的選項，若選擇不更改的話，點選「No」即是預設值，建議選擇預設值即可，確定後請點選「下一步」，繼續安裝。

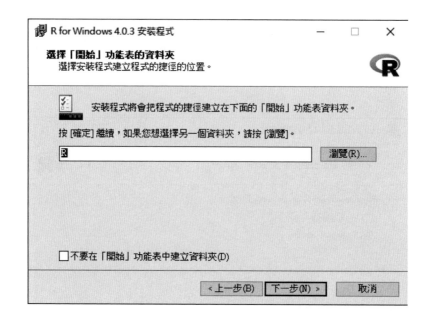

上圖為選擇「開始」功能表的資料夾的步驟，建議採用預設值即可，確定之後，請點選「下一步」，繼續安裝。

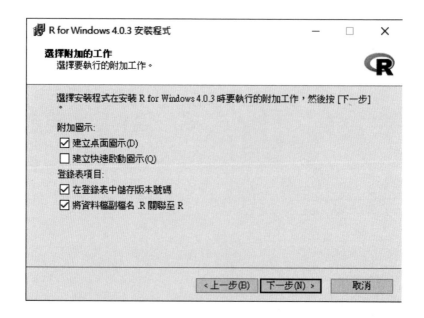

上圖的安裝步驟爲選擇附加的選項，建議至少勾選登錄表項目中的「在登錄表中儲存版本號碼」以及「將資料檔副檔名 .R 關聯至 R」這兩個選項。至於附加圖示中「建立桌面圖示」以及「建立快速啓動圖示」等這兩個附加工作則可依使用者習慣來加以選擇。確認點選後，再點選「下一步」即開始安裝 R 語言，且會顯示進度，如下圖所示。

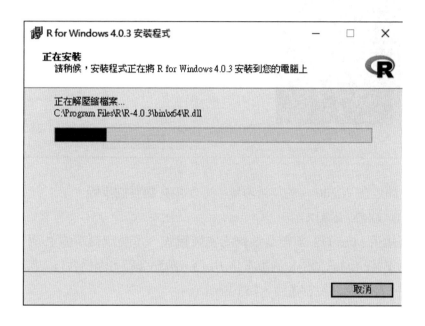

最後一個步驟，如下圖，當出現安裝完成的畫面後，點選「完成」即會完成 R 語言的安裝。

以上即是在 Windows 的作業環境中，安裝 R 語言的步驟。

2. 在 Mac OS X 安裝 R

下載適用 Mac OS X 作業系統的安裝程式，本書撰寫時的 R 語言版本是 4.0.3，所安裝的 Max OS X 的版本是 10.13，請點選即可開始執行安裝程式，首先會出現「簡介」的視窗畫面，如下圖所示。

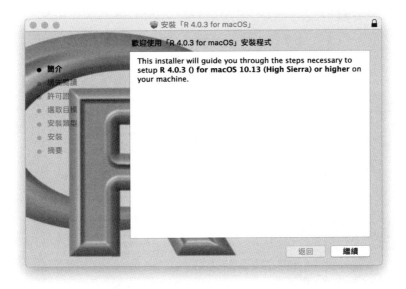

接下來的步驟是顯示安裝 R 的重要資訊，如下圖所示。

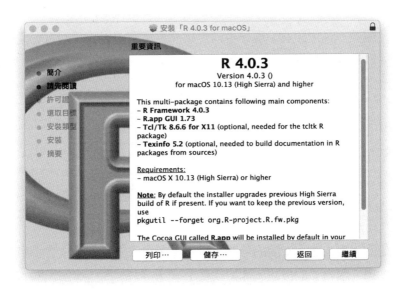

　　接下來的步驟是顯示軟體安裝的授權書，可以將授權書印出或者儲存，請點選「繼續」來進行下一個安裝步驟。

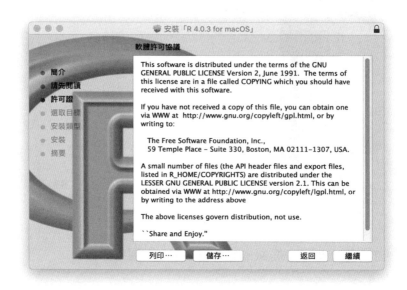

　　點選「繼續」後，即會出現是否同意軟體授權書，點選「同意」之後才會繼續下一個安裝步驟，如下圖。

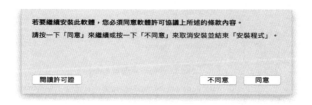

　　接下來的步驟為選取安裝的位置，可以點選更改安裝位置或者自定選項，確定之後，點選「繼續」的按鈕，開始安裝 R 語言。

　　安裝的過程中，可能會要求使用者帳號以及密碼，輸入後即會開始安裝，輸入畫面如下圖所示。

　　安裝過程開始，安裝的進度也會顯示在對話方框中，安裝完成後，即會顯示「已成功安裝」的畫面，如下圖。

　　點選安裝程式的「關閉」按鈕後，會出現是否要刪除安裝的程式檔，若不再有需要時，請點選「丟到垃圾桶」，或者日後安裝程式還有安裝的需求時，請點選「保留」，如下圖對話方框。

（三）R命令行介面的操作

　　R是一個互動性極高的程式語言，R在任一步驟都可以觀看到物件的狀態與結果，可以隨時檢視每行命令所執行的結果。R使用上的彈性來自於命令行介面，也許剛開始接觸到R的命令行介面，會讓初學者感到不方便，但是經過一小段時間的接觸練習後，一定可以簡化許多資料分析上的操作。

　　執行 R 命令，需要在 R 控制台中「>」符號的後方，輸入需要執行的指令或者是相關的函數，然後按「Enter」鍵即可以執行，例如「3+2」。若要重複某一行命令，則只需要按「↑」鍵和再按一次「Enter」鍵即可。所有輸入過的指令都會被儲存在 R 中，使用時皆可以用「↑」鍵和「↓」鍵重複地尋找和重複使用。要中斷執行中的命令，則只需要按「ESC」鍵即可，下圖為 Windows 系統中標準 R 的介面。

下圖為 Mac OS X 中標準 R 的介面。

二、R 視窗介面軟體的安裝

　　R 語言擁有許多專屬的整合開發環境，本書推薦使用 RStudio 與 Visual Studio Code，後續書中的範例皆是以 RStudio 來加以執行，並且在 Visual Studio Code 中 R 套件的環境下亦皆可正常執行，以下即介紹 RStudio 的下載與安裝、RStudio 的選項設定以及 Visual Studio Code 的下載與安裝等說明如下。

（一）RStudio 的下載與安裝

　　安裝 RStudio 前，需至 https://www.rstudio.com/ 下載安裝程式，連結至 R Studio 的首頁後，請點選 RStudio 下的 Download 連結至下載網頁，即會出現下圖的頁面。

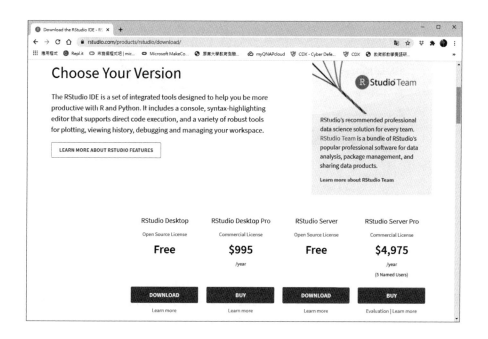

　　上圖為 RStudio 的下載網頁，其中有許多版本，RStudio 中分為「RStudio Desktop/Open Source License」、「RStudio Desktop Pro/Commercial License」、「RStudio Server/Open Source License」、「RStudio Server Pro/Commercial License」等四種版本，其中「RStudio Desktop/Open Source License」、「RStudio Server/Open Source License」這二個版本是免費使用的，又因為目前是要將 RStudio 安裝在個人電腦的作業系統中，所以選擇「RStudio Desktop/Open Source License」的版本，來下載安裝程式。

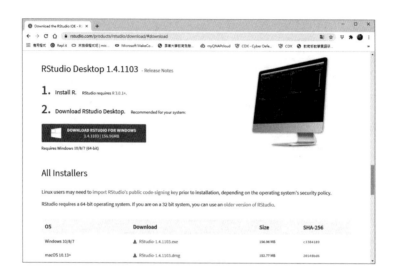

点選適用於 Windows 作業系統的安裝程式，本書在撰寫時的版本是 1.4.1103，適用於 Windows Vista/7/8/10 等作業系統，並且所事先安裝的 R 版本至少要 3.0.1 以上，RStudio Desktop 1.4.1103 下載至安裝目錄如下所示。

選取下載的 RStudio 安裝程式，如下圖。

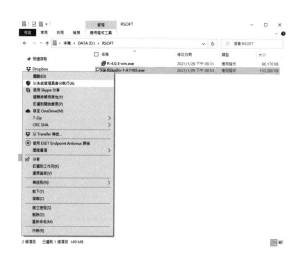

　　安裝時，建議點選滑鼠右鍵顯示出快捷列後，選擇「以系統管理員身分執行」的選項，此時可能會需要輸入管理者的密碼，確定之後，即會出現 RStudio 安裝精靈第一個畫面，如下圖所示。

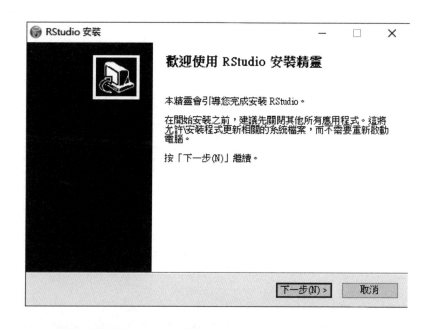

上圖的安裝精靈提醒使用者在安裝時，建議先關閉目前在作業系統中執行的其他所有應用程式，之後請點選「下一步」，繼續 RStudio 的安裝步驟。

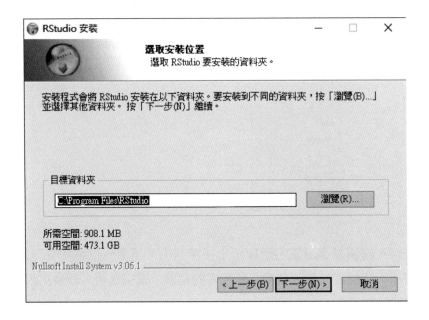

上圖為選擇 RStudio 安裝的目的資料夾，確定之後點選「下一步」，繼續安裝。

　　上圖爲選擇開始功能表的資料夾，建議以內定值「RStudio」即可，並且不要勾選「不要建立捷徑」，若決定沒有建立捷徑之後，仍然可以利用建立捷徑的方法建立 RStudio 的捷徑在桌面上，若沒有修改或確定後，點選「安裝」按鈕後，開始安裝。

　　上圖爲 RStudio 安裝的進度，若完成後點選「下一步」的按鈕，即會完成RStudio 的安裝精靈。

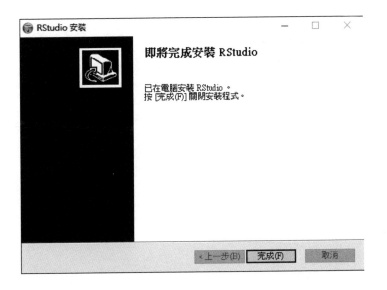

　　上圖為完成 RStudio 的安裝畫面。安裝完成後，若桌面沒有建立捷徑，可以在所有程式中，「RStudio」的目錄找到 RStudio 的執行捷徑，第一次點選之後，會出現詢問使用者使用 RStudio 時，自動傳送當機時的報告給 RStudio，使用者可以自行決定是否要開啓這個自動傳送報告的功能。

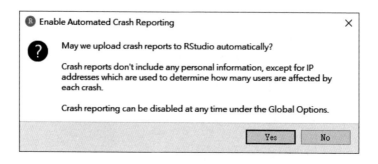

　　下圖則為開啓 RStudio 的畫面，如下圖所示。

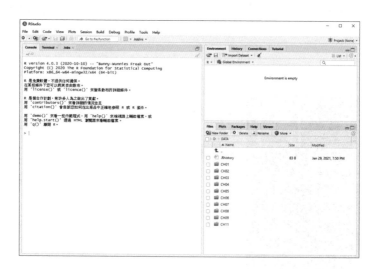

上圖為 RStudio 預設的介面，RStudio 大部分的介面都可以自行定義，在上圖中，左邊為 R 控制台，若點選新增 R Script 則會出現文字編輯器。右上角的視窗包含了關於工作空間 (environment) 以及命令行歷史記錄，右下角的視窗則包括圖形的顯示、套件訊息以及操作說明。

當撰寫命令時，若為物件名稱或者是函數名稱時，只要按「Tab」鍵即會自動完成該命令。如果符合物件或函數名稱的前幾個字母時，則會有一列表彈出讓使用者選擇所用的指令，如下圖所示。

（二）RStudio 的選項設定

RStudio 中許多設定可以依使用者的喜好加以自行定義，大部分的選項都包含在 Tools/Global Options 的功能中，如下圖所示。

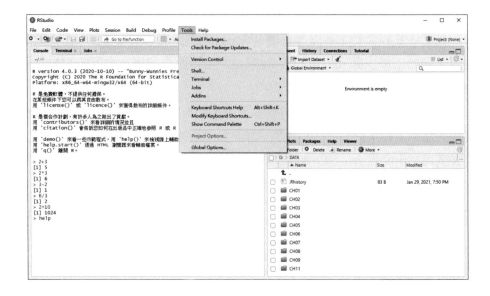

點選 Tools/Global Options 後，即會出現以下的選項設定畫面。

General 選項：如上圖所示，提供使用者選擇所要使用 R 語言的版本，這個選項功能對於同時使用多個 R 語言版本的使用者來說，是個很方便的功能，未來 RStudio 將會支援開發可適用於不同 R 語言版本上的專案。另外，不需在啟動或關閉 RStudio 時回復或儲存 .RData 文件也是一個很方便的功能。若使用者不需要提醒 RStudio 更新版本的訊息時，也可以將這個選項關閉。

Code 選項：如上圖所示，使用者可以自行定義命令如何輸入和顯示在文字編輯器中，利用 RStudio 編輯 R 語言時，為了編碼的一致性，建議將編碼設定為 UTF-8，請選取「Saving」的頁面，畫面如下。

　　此時請點選「Default text encoding」中的「Change」按鈕，此時即出現可供選擇的編碼系統選項，如下圖所示。

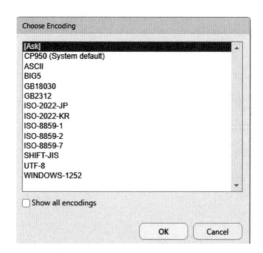

請選取「UTF-8」之後，再點選「OK」按鈕後，即完成編碼系統的設定。

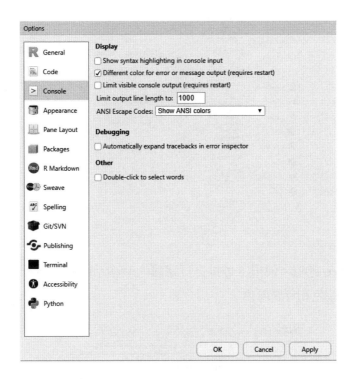

Console 選項：如上圖所示，使用者可以自行設定控制台 (Console) 的環境，例如：顯示的字元顏色以及顯示的最大行數等。

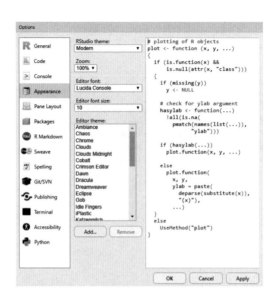

Appearance 選項：使用者可以自行定義命令顯示的外觀格式，字型、字級大小、文字的顏色和背景顏色。

　　Pane Layout 選項：使用者可以自行定義或重新排列 RStudio 上的視窗功能
選項。

　　Packages 選項：使用者可以自行設定套件的細部設定，例如：CRAN Mirror
的網站連結等。

　　R markdown 選項：使用者可以自行定義利用 R Markdown 中程式碼的可再現性及添加文字說明的設定。

Sweave 選項：使用者可以選擇 .Rnw 文件的處理工具，選擇 Sweave 或者是 knitr，這兩者都是用來產生 PDF 檔的功能，其中 knitr 會同時產生 HTML 文件，並且可以選擇瀏覽 PDF 檔案的程式，內定是 Surmatra。

Spelling 選項：RStudio 提供了檢查文件錯誤的功能。

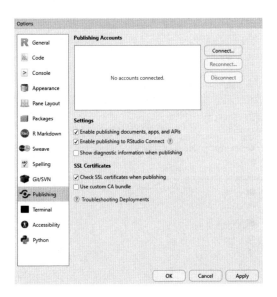

Git/SVN 選項：使用者可以自行定義 Git 與 SVN 可執行文件所在的位置，這個選項可以讓使用者進行版本的控制。

Publishing 選項：使用者可以自行定義開發產品的發佈管道。

Terminal 選項：RStudio 提供了從 RStudio IDE 內嵌的終端應用程式，亦即 Windows 應用程式中的命令提示字元的程式，使用者可以自行定義 RStudio 的終端應用程式，並且支援全螢幕終端應用程式，如 vim、Emacs 和 tmux，以及具有編輯和 shell 歷史記錄的命令列操作。

Accessibility 選項：RStudio 提供無障礙 (Accessibility) 的設定，針對無障礙的準則主要分為實做可感知 (perceivable)、可操作 (operable)、可理解 (understandable) 以及強韌性 (robust)，因此針對一些障礙者所提供的輔助功能即是無障礙考量中重要的一環，例如：聽覺障礙是否可以提供有聲的內容服務，而此設定即包括這些項目。

Python 選項：RStudio 提供使用者可以連結 Python 的直譯器，亦即將 R 與 Python 同時存在於 RStudio 的 IDE 編輯器之中，點選「Select」選擇按鈕，系統即會自動找尋目前作業系統中存在的 Python 的直譯器，選擇之後，即可同時存在 Python 在 IDE 的編輯環境中。

（三）Visual Studio Code 的下載與安裝

Visual Studio Code 是目前相當受到程式撰寫者歡迎的編輯器，它是由微軟開發，並同時支援 Windows 、Linux 和 macOS 等作業系統的「免費」程式碼編輯器，支援偵錯，內建了 Git 版本控制功能，同時也具有開發環境功能，例如：代碼補全（類似於 IntelliSense）、代碼片段和代碼重構等。尤其是其中有許多支援的程式套件，對於程式開發者有非常大的幫忙，當然對於 R 語言也是有相關的套件支援，以下即介紹如何下載、安裝並建置 R 語言的程式開發環境。

安裝 Visual Studio Code 之前，需要先前往 https://code.visualstudio.com/ 下載安裝程式，首頁如下圖所示。

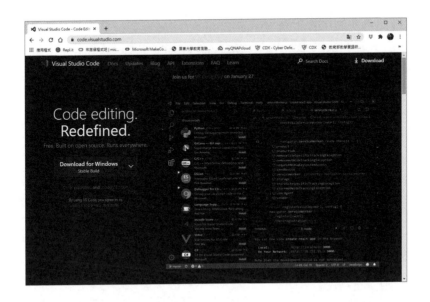

　　上圖爲 Visual Studio Code 的首頁，點選「Download for Windows」即可下載安裝 Windows 作業系統中最新穩定版本的 Visual Studio Code 的軟體，撰寫此書時，Visual Studio Code 的最新版本是 1.52.1，請將安裝檔案下載至安裝目錄，如下圖所示。

點選後即可安裝，以下為 Visual Studio Code 安裝精靈的第一個畫面，如下圖所示。

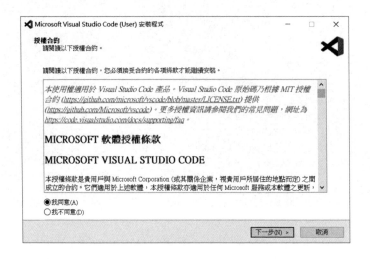

請點選「我同意」Microsoft 軟體授權條款後，再點選「下一步」後，即開始選擇 Visual Studio Code 安裝的目的資料夾，如下圖所示。

若使用者需要將 Visual Studio Code 安裝其他目錄時，請點選「瀏覽」後，選擇安裝目錄，否則點選「下一步」的按鈕，選擇開始功能表的資料夾，之後開始選擇安裝 Visual Studio Code 的附加工作，如下圖所示。

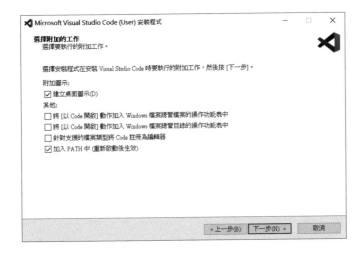

安裝 Visual Studio Code 的附加工作中，請點選「建立桌面圖示」，以利日後執行時，可以在桌面點選即可開啟 Visual Studio Code，選擇完成後，請再點選「下一步」按鈕至檢視安裝 Visual Studio Code 的選項內容，如下圖所示。

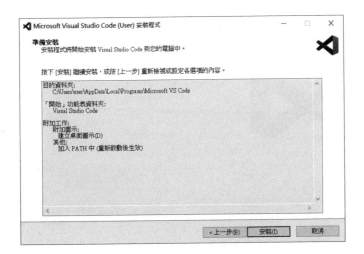

　　檢視時，若需要再修正，請點選「上一步」後修改，否則請點選「安裝」的按鈕後，開始進行 Visual Studio Code 的安裝，如下圖所示。

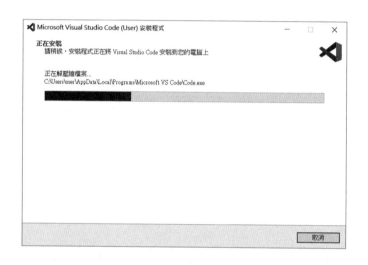

　　上圖為 Visual Studio Code 安裝的進度，若要取消，可以在安裝進度未完成前，點選「取消」按鈕來取消安裝，否則安裝進度完成後，即會出現「安裝完成」的畫面，如下圖所示。

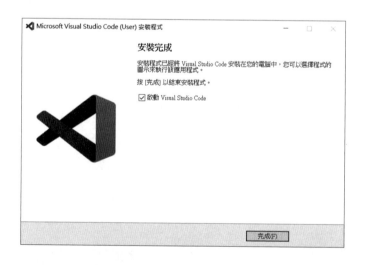

上圖為完成 Visual Studio Code 的安裝畫面，點選「完成」的按鈕後，即會啟動 Visual Studio Code 的軟體畫面。

（四）變更 Visual Studio Code 的色彩佈景主題

安裝 Visual Studio Code 的色彩佈景主題內定是為深色系列，Visual Studio Code 安裝後，首次啟動的畫面如下圖所示。

若需要更換色彩佈景主題，可點選「檔案 (File)」→「喜好設定 (Preferences)」→「色彩佈景主題 (Color Theme)」後更改，如下圖所示。

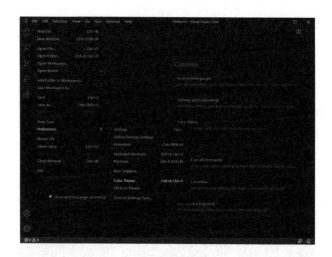

點選完成後，即會出現可供選擇的色彩佈置主題，如下圖所示。

使用者可以針對喜好選擇色彩佈景主題，若選擇「Light+(Default Light)」的佈景主題，即為下圖所示。

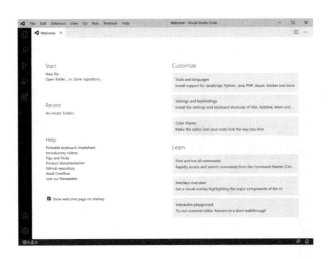

　　以下即為更換 Visual Studio Code 色彩佈景主題的步驟，提供使用者在個人開發程式時，選擇編輯畫面佈景主題的選擇。

（五）更改 Visual Studio Code 的顯示語言

　　Visual Studio Code 雖然預設並無法直接切換語系，但官方有提供各國的語言套件，讓開發者可以自行選用，以下即說明如何安裝中文繁體語言套件以及語系切換，首先請先點選「延伸模組 (Extensions)」來安裝繁體語言套件。

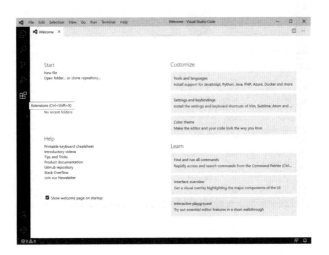

點選「延伸模組」後，請輸入「Chinese」搜尋模組套件，即會出現「Chinese (Traditional) Language Pack for Visual Studio Code」，選擇並安裝，如下圖所示。

安裝繁體中文的語言模組套件後，即會出現是否更換顯示的語系，請點選「確定 (Yes)」後，即會馬上更換 Visual Studio Code 編輯介面顯示的語系。

以下即為更換 Visual Studio Code 顯示語系為繁體中文的畫面。

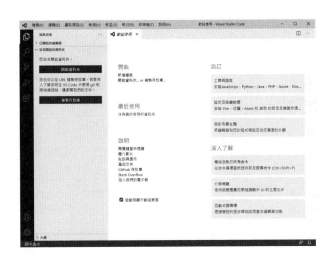

若日後需要更換顯示的語系，可以直接按下「Ctrl+Shift+P」鍵，即會出現輸入設定的命令視窗，此時輸入「Configure Display Language」並選取設定命令，如下圖所示。

此時選擇所要顯示的語系（例如：英文語系 en，繁體中文語系 zh-tw），即可以修改 Visual Studio Code 編輯環境所顯示的語系，如下圖所示。

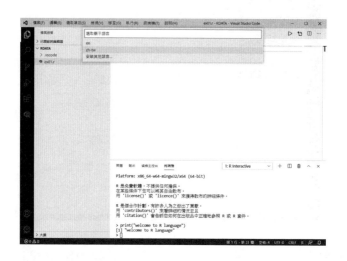

以上即為更換 Visual Studio Code 顯示語系的步驟，提供使用者在個人開發程式時，彈性選擇顯示編輯介面的語系參考。

（六）安裝 Visual Studio Code 的 R 語言套件

Visual Studio Code 內定並無開發 R 語言的模組套件，開發 R 語言時，建議至少安裝「R 語言」模組套件以及「Code Runner」套件，說明如下。

首先請在 Visual Studio Code 的編輯畫面中，選擇「延伸模組」的按鈕，如下圖所示。

請搜尋 R 語言模組套件「R support for Visual Studio Code」並安裝，如下圖所示。

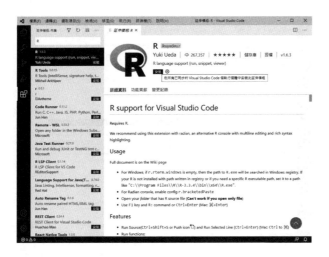

此時請點選畫面中 R 語言模組套件中的「安裝」，即可將此模組安裝至 Visual Studio Code 的編輯環境中，如下圖所示。

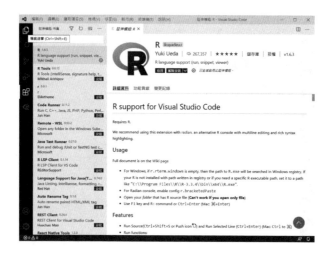

　　另外請再安裝「Code Runner」模組套件，以供直接執行 R 語言，請選擇「延伸模組」按鈕，選擇「Code Runner」模組套件，並安裝，如下圖所示。

　　接下來將說明如何設定「R 語言」模組套件以及「Code Runner」套件執行 R 語言時所需要的系統環境變數設定。

（七）設定 Visual Studio Code 的 R 語言套件

　　以下將說明上述所安裝的「R 語言」模組套件的設定以及「Code Runner」模組套件執行時，所需的系統環境變數設定，首先說明 R 語言模組套件的設定，請點選「延伸模組」按鈕並選擇已安裝套件中的 R 語言模組套件，按滑鼠右鍵並選擇「擴充設定」，如下圖所示。

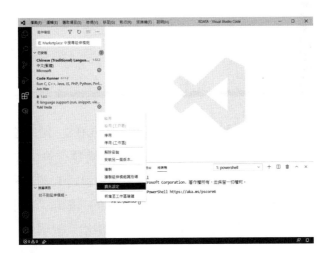

　　尋找延伸模組中「R>Rpath:Windows」的選項中，輸入 R 所安裝的目錄，例如：「C:\Program Files\R\R-4.0.3\bin\」，如下圖所示。

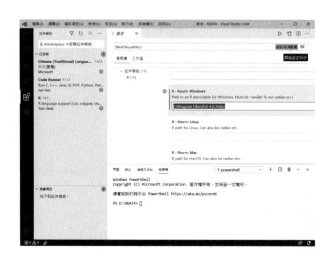

設定完成後，當編輯 R 語言時，按下「Ctrl+Shift+S」鍵即會出現 R 互動命令的終端環境，每行 R 指令按下「Ctrl+Enter」鍵即會逐行執行。

以下要說明的是如何設定「Code Runner」套件執行 R 語言時，所需的系統環境變數設定，請在作業系統的控制台點選系統中的「編輯系統環境變數」，或者是在 Windows 作業系統的搜尋命令中，尋找「編輯系統環境變數」，如下圖所示。

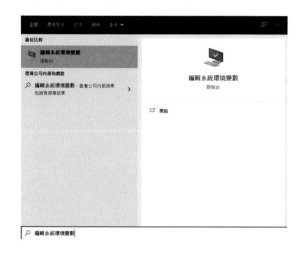

此時請點選「開啓」編輯系統環境變數，如下圖所示。

請點選上圖「系統內容」→「進階」中的「環境變數」，新增 R 語言的執行路徑。

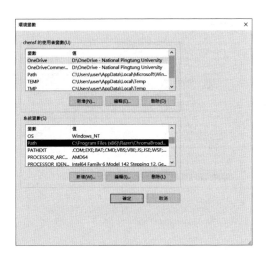

請點選上圖中「系統變數」的「Path」，並點選「編輯」來新增 R 語言的執行路徑。

請點選「新增」按鈕，再輸入 R 語言的執行路徑，如下圖所示。

以 R 4.0.3 的安裝路徑為例，輸入「C:\Program Files\R\R-4.0.3\bin\」後，點選「確定」，即可在 Visual Studio Code 的編輯環境中，利用「Code Runner」模組套件，正確執行 R 語言。

（八）執行 Visual Studio Code 的 R 相關套件

以下即說明如何在 Visual Studio Code 的編輯環境中，安裝 R 模組的相關套件後，如何執行 R 語言。首先請點選「開啟資料夾」，如下圖所示。

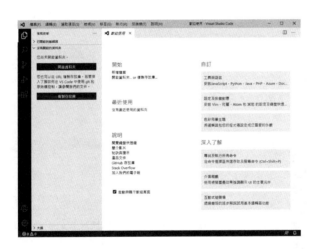

本範例在硬碟 D 槽中新增「RDATA」的目錄，並且開啟 RDATA 目錄為執行 R 程式的工作資料夾，如下圖所示。

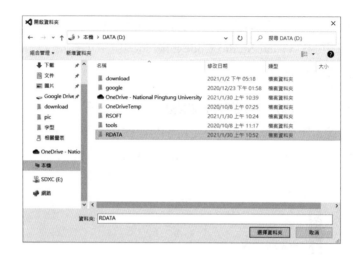

請點選「新增檔案」，如下圖所示。

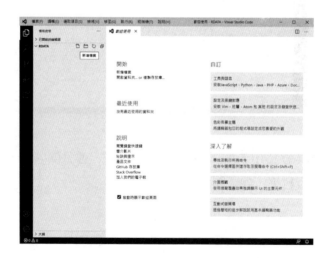

新增「ex01.r」的R檔名後，即可以開始編輯R語言，如下圖所示。

以下範例為例，請輸入 R 語言程式，例如：「print("welcome to R language")」，如下圖所示。

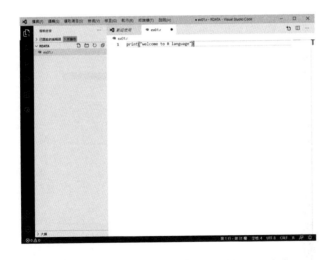

請選擇「檔案」→「儲存檔案」，如下圖所示。

此時請在 R 語言程式碼中，點選滑鼠右鍵，並選擇「Run Code」，或者是直接按下「Ctrl+Alt+N」鍵，即可利用「Code Runner」模組套件來執行 R 語言，如下圖所示。

　　此時即會在編輯環境的輸出視窗中，出現「welcome to R language」的程式執行結果。

　　另外一種執行方式可以在 R 語言的程式碼中，按下「Ctrl+Enter」鍵，即會逐行執行，如下圖所示。

上述的互動執行視窗亦可按下「Ctrl+Shift+S」鍵，會出現相同的結果。

以上的說明即完整地介紹 Visual Studio Code 的下載、安裝、環境設定、R語言相關套件的安裝與設定、執行。

三、R 的輔助文件

R 軟體中的每個函數程式套件，都有相對應的輔助文件，使用 R 的過程中，可隨時查看輔助說明檔，例如：想要了解「median」函數的功能及其使用方法，可以使用「help」或者「?」等命令來查詢 median 函數，如下所示。

```
> help(median)
```

　　或

```
> ?median
```

此時 R 就會輸出 median 函數的具體說明，包括函數中意義的說明、使用語法、參數設定以及參考文獻資料，最後一般都會出現簡單的範例，讓使用者可以操作。因此使用 R 時，若有不清楚的函數，可以利用 help 來得到即時的解答。

四、套件的安裝

R 除了其本身核心所提供的運算功能之外，還有非常大量的附加套件 (packages) 可以使用。這些套件是由來自於世界各地的開發者所開發的，不僅為數眾多、功能也相當豐富，因此對於 R 的使用者而言，安裝與使用這些套件是非常重要的技能。

當 R 啟動時，立即有 7 個常用的套件會自動載入，包括：(1) base：基本函式；(2) stats：常用統計分析；(3) methods：定義物件；(4) utils：基本程式編寫工具；(5) graphics：基本繪圖工具；(6) grDevices：基本繪圖介面；(7) datasets：
資料範例等。這些基本套件，分析時可以直接載入，即可使用。但是其他的套件
則需要下載來進行安裝，利用 library() 或者是 require() 即可載入套件，若是在控
制台輸入 library() 即可顯示目前使用的 R 中已經安裝的套件。以下將說明如何安
裝套件，例如：需要安裝 ltm 這個套件，輸入的指令如下。

```
> install.packages("ltm")
```

假如使用者需要同時安裝二個以上的套件，例如：目前需要同時安裝 ltm 與
difR 這二個套件，輸入的指令如下。

```
> install.packages(c("ltm","difR"))
```

在 R 中安裝套件時，輸入安裝套件的指令後，系統會自動選擇相對應的
網站下載以及安裝，並且會將相關且必要的套件一併安裝。當完成套件的安裝
後，若要使用該套件中的函數或者資料檔，需要利用 library() 函數來載入套件，
例如：需要使用 ltm 這個套件時，執行的指令如下。

```
> library("ltm")
```

省略引號亦可，如下所示。

```
> library(ltm)
```

或者利用 require() 函數亦可，執行的指令如下。

```
> require("ltm")
```

載入之後，即可順利地使用該套件中所提供的相關函數以及資料檔了。

貳、資料的讀取與檢視

R 可讀取文件類型的資料檔案有很多種，例如：常見的文字檔、EXCEL、SPSS、SAS、STATA 等資料檔，以下將說明在 R 中，如何讀取不同類型格式的資料檔。

一、R 格式文件

R 要讀取 R 資料格式的文件時，讀取的命令如下，以檔案「demodata.RData」為例。

```
> load("demodata.RData")
```

上述的命令是以讀取目前工作目錄下的「demodata.RData」，假如讀取的檔案並不是在工作目錄下時，則要將完整的目錄加以呈現。而在 R 中，檔案路徑中的分隔符號是「\\」或者是「/」，因此若「demodata.RData」不是存在工作目錄中，而是存在工作目錄外的目錄，例如：是在「D:\DATA\CH01\」目錄下時，此時讀取的命令要修正如下。

```
> load("D:\\DATA\\CH01\\demodata.RData")
```

或者是

```
> load("D:/DATA/CH01/demodata.RData")
```

　　在 R 中，若要讀取目前的工作目錄，可以利用 getwd() 這個函數，而要設定或更改工作目錄，則可以利用 setwd() 這個函數，例如：要將目前的工作目錄更改至「D:\DATA\CH01\」目錄中，指令如下所示。

```
> setwd("D:\\DATA\\CH01\\")
```

二、EXCEL 格式文件

　　R 要讀取 EXCEL 的檔案時，需要先安裝 readr 的套件。EXCEL 先將檔案儲存成「csv」的檔案格式時，若檔案中包含標題，則可以使用下列命令。

```
> library(readr)
> demofile <- read.csv("CH01_1.csv")
```

　　假如檔案中沒有包含標題，則需設定參數「header=FALSE」，如下所示。

```
> demofile <- read.csv("CH01_1.csv", header=FALSE)
```

　　如此，以 csv 檔案格式儲存的「CH01_1.csv」就可以讀取，並且儲存至「demofile」的變數之中，日後就可以分析「demofile」中的內容。

　　R 若要讀取 EXCEL 中的「xlsx」格式的檔案，則需要先安裝「readxl」套件，亦即需要先執行下列的指令。

```
> install.packages("readxl")
```

安裝「readxl」的套件後，即可讀取「xlsx」格式的檔案，讀取的指令如下所示。

```
> library(readxl)
> demofile <- read_excel("CH01_2.xlsx")
```

三、SPSS 格式文件

R 若要讀取 SPSS 中的「sav」格式的檔案，則需要先安裝「haven」套件，亦即需要先執行下列的指令。

```
> install.packages("haven")
```

安裝「haven」的套件後，即可讀取「sav」格式的檔案，讀取的指令如下所示。

```
> library(haven)
> demofile <- read_sav("CH01_3.sav")
```

四、檢視資料

當 R 讀取資料檔之後，並不會直接顯示資料，需要使用指令來加以顯示，如下所示。

```
> pdata <- read_csv("CH01_1.csv")
Parsed with column specification:
cols(
  座號 = col_integer(),
```

```
  德育 = col_integer(),
  智育 = col_integer(),
  體育 = col_integer(),
  群育 = col_integer(),
  美育 = col_integer()
)
```

若要直接檢視資料，可以輸入讀取的變數名稱，即可顯示資料，如下所示。

```
> pdata
# A tibble: 39 x 6
    座號   德育   智育   體育   群育   美育
   <int> <int> <int> <int> <int> <int>
 1     1    88    90    86    90    83
 2     2    85    89    87    91    85
 3     3    84    90    83    86    80
 4     4    83    81    83    93    81
 5     5    84    85    85    89    88
 6     6    88    93    86    91    87
 7     7    87    87    86    92    83
 8     8    88    92    88    88    88
 9     9    88    85    87    90    84
10    10    74    73    80    81    69
# ... with 29 more rows
```

由上述顯示的結果可以得知，此檔案總共有 39 筆資料，6 個欄位，而這 6 個欄位分別是「座號」、「德育」、「智育」、「體育」、「群育」、「美育」，不過直接輸入變數時，若資料太多，並不會一次顯示。以上述為例，僅顯示 10 筆資料，而若不論資料檔的筆數多寡，只要顯示前 6 筆資料時，可以採用 head() 來加以表示，如下所示。

```
> head(pdata)
# A tibble: 6 x 6
    座號   德育   智育   體育   群育   美育
  <int> <int> <int> <int> <int> <int>
1     1    88    90    86    90    83
2     2    85    89    87    91    85
3     3    84    90    83    86    80
4     4    83    81    83    93    81
5     5    84    85    85    89    88
6     6    88    93    86    91    87
```

若只要顯示前 2 筆資料，可以在 head 中加入要顯示的數目，如下所示。

```
> head(pdata,2)
# A tibble: 2 x 6
    座號   德育   智育   體育   群育   美育
  <int> <int> <int> <int> <int> <int>
1     1    88    90    86    90    83
2     2    85    89    87    91    85
```

若要顯示後 6 筆資料，則可以採用 tail() 函數來完成，如下所述。

```
> tail(pdata)
# A tibble: 6 x 6
    座號   德育   智育   體育   群育   美育
  <int> <int> <int> <int> <int> <int>
1    34    97    96    93    95    92
2    35    92    96    89    91    91
3    36    92    91    88    93    91
4    37    93    94    90    93    89
5    38    96    98    91    94    95
6    39    94    95    90    94    90
```

　　如要針對資料矩陣做轉置的處理時，則可以使用 t() 函數來加以完成，如下所示。

```
> pdata2 <- t(pdata)
> head(pdata2)
     [,1] [,2] [,3] [,4] [,5] [,6] [,7] [,8] [,9] [,10] [,11] [,12] [,13] [,14] [,15] [,16] [,17] [,18] [,19]
座號    1    2    3    4    5    6    7    8    9   10   11   12   13   14   15   16   17   18   19
德育   88   85   84   83   84   88   87   88   88   74   83   81   92   88   91   93   90   92   92
智育   90   89   90   81   85   93   87   92   85   73   79   81   93   91   93   95   91   94   92
體育   86   87   83   83   85   86   86   88   87   80   83   88   88   87   88   90   87   88   89
群育   90   91   86   93   89   91   92   88   90   81   84   91   92   88   93   89   91   87   92
美育   83   85   80   81   88   87   83   88   84   69   77   82   87   83   84   88   88   89   87
     [,20] [,21] [,22] [,23] [,24] [,25] [,26] [,27] [,28] [,29] [,30] [,31] [,32] [,33] [,34] [,35] [,36] [,37]
座號   20   21   22   23   24   25   26   27   28   29   30   31   32   33   34   35   36   37
德育   94   92   93   90   94   89   95   93   88   94   94   90   84   92   97   92   92   93
智育   92   89   91   92   95   82   96   94   85   95   97   87   72   93   96   96   91   94
體育   90   89   89   87   91   87   90   90   86   89   90   87   85   90   93   89   88   90
群育   91   94   90   90   94   88   93   93   88   93   95   92   90   93   95   91   93   93
美育   92   90   89   87   90   87   89   92   84   89   91   89   86   87   92   91   91   89
     [,38] [,39]
座號   38   39
德育   96   94
智育   98   95
體育   91   90
群育   94   94
美育   95   90
```

參、R 常用指令及函數

　　以下將介紹 R 常用指令及函數，說明如下。

一、R 指令的基本原則

　　R 的指令在撰寫時，若需要註解，可利用「#」，亦即以下的指令並不會有任何動作產生。

```
> # 註解說明
```

R 中所用的運算式，包括加減乘除等，只要直接將運算元與運算子結合即可，例如：要計算 3+2，則可以直接用計算式「3+2」來表示，如下所示。

```
> 3+2
 [1] 5
```

變數的指定在 R 中可以利用「3+2」或「←」來表示，例如：要將 3+2 的計算結果儲存至 presult 這個變項中，即可如下表示。

```
> presult <- 3+2
> presult
 [1] 5
```

二、更改工作目錄

R 的工作環境中有個內定的工作目錄，若需要更換工作目錄時，可以利用 setwd() 這個函數來加以完成，例如：要將工作目錄切換至「D:\DATA」時，則可以如下表示。

```
> setwd("D:\\DATA\\")
```

也可以如下表示。

```
> setwd("D:/DATA/")
```

　　若需要檢視目前的工作目錄，則可以利用 getwd() 這個函數來加以完成，如下所示。

```
> setwd("D:\\DATA\\")
> getwd()
[1] "D:/DATA"
```

三、四則運算

　　R 中的四則運算，分別代表如下。「+」→加，「-」→減，「*」→乘，「/」→除，因此 3 與 2 的四則運算分別表示如下。

```
> 3+2
[1] 5
> 3-2
[1] 1
> 3*2
[1] 6
> 3/2
[1] 1.5
```

四、指數與對數

　　R 內定的函數中，關於指數與對數的相關函數及指令如下。計算自然對數 e 的 x 次方可利用 exp(x) 來表示，因此若是自然對數 e 的 1 次方，可表示如下。

```
> exp(1)
[1] 2.718282
```

若是要計算次方，可利用「^」來表示，例如：要計算3的平方，可表示如下。

```
> 3^2
[1] 9
```

若要計算自然對數 e 的對數值，可以利用 log(x) 來加以表示，例如：ln(1) 可表示如下。

```
> log(1)
[1] 0
```

ln(2.718282) 可表示如下。

```
> log(2.718282)
[1] 1
```

另外要計算 c 的對數值，則可以利用 logb(x,c) 來加以表示，例如以 10 為底之 100 的對數值可以如下表示。

```
> logb(100,10)
[1] 2
```

五、概數與進位

R 的函數中，取概數的函數四捨五入、無條件捨去以及無條件進位的函數分別表示如下。四捨五入的概數函數可利用 round(x,digits) 來加以表示，其中第 1 個參數是取概數的值，而第 2 個參數則是概數的小數點位數，例如：要將 3.14156 利用四捨五入的方法取概數到小數點 3 位，則可如下表示。

```
> round(3.14156,3)
[1] 3.142
```

　　無條件捨去的函數可以用 floor(x) 來加以表示，例如：要取 3.14156，利用無條件捨去的方法取概數，可表示如下。

```
> floor(3.14156)
[1] 3
```

　　無條件進位的函數可以用 ceiling(x) 來加以表示，例如：要取 3.14156，利用無條件進位的方法取概數，可表示如下。

```
> ceiling(3.14156)
[1] 4
```

六、數列的建立

　　數列在 R 中扮演重要的角色，若要建立 1、2、3、4、5 的數列，可以利用 1:5 來加以表示。

```
> ps1 <- 1:5
> ps1
[1] 1 2 3 4 5
```

　　要建立 1/n、2/n、3/n、…、m/n 的數列時，例如：1:5/4，即以 1/4 為間距，1/4、2/4、3/4、4/4、5/4 以小數表示，則為 0.25、0.50、0.75、1.00、1.25 如下表示。

```
> ps2 <- 1:5/4
> ps2
[1] 0.25 0.50 0.75 1.00 1.25
```

　　R 中建立數列有一個 seq(from=a, to=b, by=width)，其中的 a 是起始點，b 是終點，而 width 則是間距，例如：要建立 2、4、6、8、10 的數列，則可以表示如下。

```
> ps3 <- seq(2,10,2)
> ps3
[1]  2  4  6  8 10
```

　　R 中建立重複 n 次的數列，可利用 rep(a,n) 函數，表示 a 重複 n 次，例如：要重複 5 個 2，可表示如下。

```
> ps4 <- rep(2,5)
> ps4
[1] 2 2 2 2 2
```

　　若要重複數列，亦可用 rep() 這個函數來表示，例如：要重複 1、2、3 這個數列 2 次，可表示如下。

```
> ps5 <- rep(1:3,2)
> ps5
[1] 1 2 3 1 2 3
```

　　R 中若要產生已知數值的數列，例如：1、3、5、7、9 的陣列，可以表示如下。

```
> ps6 <- c(1,3,5,7,9)
> ps6
[1]  1 3 5 7 9
```

七、數列的統計摘要

　　R 內定的函數中，有許多統計的函數，例如：平均數、中位數、變異數、標準差等等，以下將說明常見且內定的統計量數。首先要介紹最小值，若要計算數列的最小值，可利用 min() 這個函數來完成，例如：有個數列資料 pdata 包括 13、14、16、14、15、14、14、18、13、12、16、15，求其最小值為何？可表示如下。

```
> pdata <- c(13,14,16,14,15,14,14,18,13,12,16,15)
> min(pdata)
[1]  12
```

　　若要計算最大值，可利用 max() 函數，表示如下。

```
> max(pdata)
[1]  18
```

　　另外，range() 可列出數列的最大值與最小值，若要計算全距，亦即最大值，max(x) − min(x)，表示如下。

```
> range(pdata)
[1]  12 18
> max(pdata)-min(pdata)
[1]  6
```

計算數列中數值的總和，可利用 sum() 函數，表示如下。

```
> sum(pdata)
[1] 174
```

計算平均數，可利用的函數為 mean()，表示如下。

```
> mean(pdata)
[1] 14.5
```

計算中位數，可利用的函數為 median()，表示如下。

```
> median(pdata)
[1] 14
```

計算變異數，可利用的函數為 var()，表示如下。

```
> var(pdata)
[1] 2.636364
```

計算標準差，可利用的函數為 sd()，表示如下。

```
> sd(pdata)
[1] 1.623688
```

計算百分位數，可利用的函數為 quantile(x,p)，其中的 x 為數列的值，至於 p 則是介於 0 與 1 之間，0.25 代表百分位數 25，0.50 代表百分位數 50，亦即中位數，表示如下。

```
> quantile(pdata,0.25)
  25%
13.75
> quantile(pdata,0.50)
50%
 14
```

　　若要呈現數列的統計摘要，可利用 summary()，表示如下。

```
> summary(pdata)
   Min. 1st Qu.  Median   Mean 3rd Qu.   Max.
  12.00   13.75   14.00   14.50   15.25   18.00
```

　　利用 summary() 所呈現的統計摘要，包括最小值、第 1 四分位數、中位數（第 2 四分位數）、平均數、第 3 四分位數、最大值等描述性統計量數，如上所述。

　　次數分配表的製作可以利用 table() 函數來加以完成，例如：下列即是製作德育分數的次數分配表，請使用者注意操作下列範例時，要將工作目錄利用 setwd() 切換，否則會出現讀不到檔案的情形，例如：setwd("D:\\DATA\\CH01\\")。

```
> setwd("D:\\DATA\\CH01\\")
> pdata <- read.csv("CH01_1.csv")
> table(pdata$德育)
74 81 83 84 85 87 88 89 90 91 92 93 94 95 96 97
 1  1  2  3  1  1  6  1  3  1  7  4  5  1  1  1
```

　　次數分配表的製作，除了可以利用 table() 之外，尚可以利用 options() 來調整 R 的設定值，設定次數分配表中顯示的小數位數。另外，可利用 margin.table() 來加以計算表格內行或列的加總，並且再加以利用 prop.table() 來計算表格內的百分比，綜合運用之後，即可符合研究者所需要的次數分配表。

八、矩陣資料

R 中的矩陣資料是重要的，若是要輸入簡單的矩陣資料（列 × 行），或希望以矩陣形式儲存，可以用 matrix() 指令來加以完成。

假如要建立一個 2 列 ×3 行的矩陣資料，可利用 nrow=2 來設定列數，表示如下。

```
> pdata <- matrix(c(1, 5, 3, 7, 4, 9), nrow=2)
> pdata
     [,1] [,2] [,3]
[1,]    1    3    4
[2,]    5    7    9
```

R 中將數列填成矩陣是以行優先填滿，若要設定優先以列填滿時，可加入 byrow=T 的參數設定，如下所示。

```
> pdata <- matrix(c(1, 5, 3, 7, 4, 9), nrow=2, byrow=TRUE)
> pdata
     [,1] [,2] [,3]
[1,]    1    5    3
[2,]    7    4    9
```

若要設定行數則是以 ncol 參數來設定，下列是設定 2 行，如下所示。

```
> pdata <- matrix(c(1, 5, 3, 7, 4, 9), ncol=2)
> pdata
     [,1] [,2]
[1,]    1    7
[2,]    5    4
[3,]    3    9
```

以下是建立1至18的數列，並且指定3列，以列優先填滿順序，如下所示。

```
> pdata <- matrix(1:18, nrow=3, byrow=TRUE)
> pdata
     [,1] [,2] [,3] [,4] [,5] [,6]
[1,]    1    2    3    4    5    6
[2,]    7    8    9   10   11   12
[3,]   13   14   15   16   17   18
```

若要建立轉置矩陣，可利用 t() 函數來加以完成，如下所示。

```
> t(pdata)
     [,1] [,2] [,3]
[1,]    1    7   13
[2,]    2    8   14
[3,]    3    9   15
[4,]    4   10   16
[5,]    5   11   17
[6,]    6   12   18
```

九、Apply 相關函數

　　R 語言提供了內建的 apply 函數，並且有其他的 lapply、sapply 等相關函數，對於資料的整理與運用有相當的助益，以下將分別加以說明。

（一）apply

　　apply() 函數只能運用在矩陣 (matrix) 中，所有的元素必須是同一個類別，若是其他結構，例如：data.frame 則必須先轉換為矩陣才能使用。apply() 函數的第一個參數是資料內容，第二個參數若是 1，表示是對每一列的應用函數，若是 2 則是針對每一行的應用，第三個參數則是所要套用的函數，如下範例所示。

```
> pdata0 <- matrix(1:9, nrow=3)
> print(pdata0)
     [,1] [,2] [,3]
[1,]    1    4    7
[2,]    2    5    8
[3,]    3    6    9
> pdata1 <- apply(pdata0, 1, sum)
> print(pdata1)
[1] 12 15 18
```

上述中的 12、15、18 即由列來加以計算，亦即是 1+4+7=12，2+5+8=15，3+6+9=18。

```
> pdata2 <- apply(pdata0, 2, sum)
> print(pdata2)
[1]  6 15 24
```

上述 apply() 函數的第 2 個參數是 2，所以是以行為計算的依據，因此 6、15、24 即是由行來加以計算，亦即 1+2+3=6、4+5+6=15、7+8+9=24。其實若是加總 (sum) 的話，亦可由 rowSums()、colSums() 來達成行與列總和的計算，如下列所示。

```
> pdata3 <- rowSums(pdata0)
> print(pdata3)
[1] 12 15 18
```

與上述利用 apply() 中第 2 個參數設定為 1 時的結果相同。

```
> pdata4 <- colSums(pdata0)
> print(pdata4)
[1]  6 15 24
```

與上述利用 apply() 中第 2 個參數設定為 2 時的結果相同。

（二）lapply

lapply 主要運用於列表 (list) 中，針對每個元素套用函數，回傳結果亦是以列表來呈現，如下所示。

```
> ldata0 <- list(A=matrix(1:6,3), B=5.7, C=matrix(1:8,2), D=2)
> print(ldata0)
$A
     [,1] [,2]
[1,]    1    4
[2,]    2    5
[3,]    3    6
$B
[1] 5.7
$C
     [,1] [,2] [,3] [,4]
[1,]    1    3    5    7
[2,]    2    4    6    8
$D
[1] 2
> ldata1 <- lapply(ldata0, sum)
> print(ldata1)
$A
[1] 21
$B
[1] 5.7
$C
[1] 36
$D
[1] 2
```

（三）sapply

sapply 的運用與 lapply 相同，只是 sapply 的傳回結果為向量，以上例為範例，運用 sapply() 函數的結果，如下所示。

```
> sdata1 <- sapply(1data0, sum)
> print(sdata1)
   A    B    C    D
21.0  5.7 36.0  2.0
```

由於向量也算是列表的一種，所以 lapply() 函數和 sapply() 函數也可以利用向量為參數，如下所示。

```
> sdata2 <- c("A01","B001","C0001")
> 1data2 <- lapply(sdata2, nchar)
```

上述中的 nchar() 是計算字串裡面包含的字元個數，與 length() 不同的地方是，length() 函數是計算向量裡面包含了幾個元素。

```
> print(1data2)
[[1]]
[1] 3
[[2]]
[1] 4
[[3]]
[1] 5
> sdata3 <- sapply(sdata2, nchar)
> print(sdata3)
  A01  B001 C0001
    3     4     5
```

十、cbind/rbind

資料的整理中，若需要整理兩組相同直行（同樣數量和名稱）或同樣列數的資料，可以利用 cbind 或者 rbind 函數，將資料加以整併。

（一）cbind

以下範例是將 3 個向量加以合併，如下所示。

```
> pdata1 <- c(1,2,3)
> pdata2 <- c(4,5,6)
> pdata3 <- c(7,8,9)
> pdata4 <- c(10,11,12)
> pdata0 <- cbind(pdata1, pdata2, pdata3, pdata4)
> print(pdata0)
     pdata1 pdata2 pdata3 pdata4
[1,]      1      4      7     10
[2,]      2      5      8     11
[3,]      3      6      9     12
```

（二）rbind

接下來利用 rbind() 來合併資料，如下所示。

```
> print(pdata0)
     pdata1 pdata2 pdata3 pdata4
[1,]      1      4      7     10
[2,]      2      5      8     11
[3,]      3      6      9     12
> pdata5 <- matrix(11:26, nrow=4)
> print(pdata5)
     [,1] [,2] [,3] [,4]
[1,]   11   15   19   23
[2,]   12   16   20   24
[3,]   13   17   21   25
[4,]   14   18   22   26
> pdata6 <- rbind(pdata5, pdata0)
> print(pdata6)
     pdata1 pdata2 pdata3 pdata4
[1,]     11     15     19     23
[2,]     12     16     20     24
[3,]     13     17     21     25
[4,]     14     18     22     26
[5,]      1      4      7     10
[6,]      2      5      8     11
[7,]      3      6      9     12
```

肆、資料的使用與編輯

處理資料時，往往會針對某些特定欄位來分析，而這時即需要指定特定的分析變數，以下將說明如何選擇特定的資料欄位。

一、資料庫與資料檔案

上述曾提及若 R 要讀取「csv」的檔案格式時，若檔案中包含標題，則可以使用下列命令。

```
> library(readr)
> demofile <- read.csv("CH01_1.csv")
```

此時 R 已經將「CH01_1.csv」的檔案內容儲存至「demofile」這個變項中，此時若需要將變數「demofile」儲存至檔案中，即可以利用指令 write.csv() 來完成，如下所述。

```
> write.csv(demofile, "CH01_1_1.csv")
```

此時即會將 demofile 的內容儲存成 CH01_1_1.csv 的檔案。若要修改或查詢欄位的名稱，可以採用 names() 函數，如下所示。

```
> pdata <- demofile
> names(pdata)
[1] "座號" "德育" "智育" "體育" "群育" "美育"
> names(pdata) <- c("Seat","A1","A2","A3","A4","A5")
> head(pdata,2)
# A tibble: 2 x 6
   Seat   A1    A2    A3    A4    A5
  <int> <int> <int> <int> <int> <int>
1    1    88    90    86    90    83
2    2    85    89    87    91    85
```

若要修改或查詢列欄位的名稱，可以採用 row.names() 函數，如下所示。

```
> row.names(pdata)
 [1] "1"  "2"  "3"  "4"  "5"  "6"  "7"  "8"  "9"  "10" "11" "12" "13" "14" "15" "16" "17"
[18] "18" "19" "20" "21" "22" "23" "24" "25" "26" "27" "28" "29" "30" "31" "32" "33" "34"
[35] "35" "36" "37" "38" "39"
```

修改列欄位的名稱，如下所示。

```
> row.names(pdata) <- c("r1","r2","r3","r4","r5","r6","r7","r8","r9","r10",
+                       "r11","r12","r13","r14","r15","r16","r17","r18","r19","r20",
+                       "r21","r22","r23","r24","r25","r26","r27","r28","r29","r30",
+                       "r31","r32","r33","r34","r35","r36","r37","r38","r39")
```

檢視修改的列欄位名稱。

```
> row.names(pdata)
 [1] "r1"  "r2"  "r3"  "r4"  "r5"  "r6"  "r7"  "r8"  "r9"  "r10" "r11" "r12" "r13" "r14"
[15] "r15" "r16" "r17" "r18" "r19" "r20" "r21" "r22" "r23" "r24" "r25" "r26" "r27" "r28"
[29] "r29" "r30" "r31" "r32" "r33" "r34" "r35" "r36" "r37" "r38" "r39"
```

二、選定資料欄位

選擇資料檔 (CH01_1.csv) 並指定讀取的變數 (pdata)，如下所述。

```
> pdata <- read_csv("CH01_1.csv")
```

選擇第 2 個欄位（德育資料），如下所述。

```
> pdata[,2]
# A tibble: 39 x 1
      德育
    <int>
 1    88
 2    85
 3    84
 4    83
 5    84
 6    88
 7    87
 8    88
 9    88
10    74
# ... with 29 more rows
```

或者直接指定欄位來選擇，如下所示。

```
> pdata$ 德育
 [1] 88 85 84 83 84 88 87 88 88 74 83 81 92 88 91 93 90 92 92 94 92 93 90 94 89 95 93 88 94 94 90 84 92 97 92 92
[37] 93 96 94
```

另一種指定欄位選擇的方法，如下所示。

```
> pdata[," 德育 "]
```

或者是多個檔位。

```
> pdata[,c(" 德育 "," 智育 ")]
```

此時即可針對所選擇的欄位加以分析，如下所述。

```
> sum(pdata$ 德育 )
[1]  3497
> mean(pdata$ 德育 )
[1]  89.66667
```

若要選擇第 5 筆資料中的第 2 至第 6 個欄位，則可以如下表示。

```
> pdata[5,2:6]
# A tibble: 1 x 5
   德育  智育  體育  群育  美育
  <int> <int> <int> <int> <int>
1    84    85    85    89    88
```

三、編輯資料欄位

　　資料的整理與分析中，部分需要將資料檔中的變數加以命名或者編輯，此時即需要編輯資料的功能，以下首先說明如何將變數重新命名。

　　例如：上述資料變項中有 6 個變項欄位，分別是「座號」、「德育」、「智育」、「體育」、「群育」、「美育」，若需要將「美育」重新命名為「視覺藝術」，則可如下表示。

　　要使用 rename() 函數之前，需要先載入「reshape」這個套件。

```
> library(reshape)
> rename(pdata,c(" 美育 "=" 視覺藝術 "))
# A tibble: 39 x 6
   座號  德育  智育  體育  群育  視覺藝術
  <int> <int> <int> <int> <int>    <int>
1     1    88    90    86    90       83
2     2    85    89    87    91       85
3     3    84    90    83    86       80
4     4    83    81    83    93       81
```

```
5      5      84     85     85     89     88
6      6      88     93     86     91     87
7      7      87     87     86     92     83
8      8      88     92     88     88     88
9      9      88     85     87     90     84
10     10     74     73     80     81     69
# ... with 29 more rows
```

假若需要加以編輯資料變數中的資料，可以利用 edit() 這個函數，如下輸入指令，即可編輯修改。

```
> names(pdata) <- c("seat","p1","p2","p3","p4","p5")
> edit(pdata)
```

	seat	p1	p2	p3	p4	p5	var7	var8	var9
1	1	88	90	86	90	83			
2	2	85	89	87	91	85			
3	3	84	90	83	86	80			
4	4	83	81	83	93	81			
5	5	84	85	85	89	88			
6	6	88	93	86	91	87			
7	7	87	87	86	92	83			
8	8	88	92	88	88	88			
9	9	88	85	87	90	84			
10	10	74	73	80	81	69			
11	11	83	79	83	84	77			
12	12	81	81	88	91	82			
13	13	92	93	88	92	87			
14	14	88	91	87	88	83			
15	15	91	93	88	93	84			
16	16	93	95	90	89	88			
17	17	90	91	87	91	88			

四、R 的 attach 函數

資料分析中，若不想要在每次使用變數時，都輸入 pdata$p1 這樣累贅的名稱，可以使用 attach 函數，將 pdata 納入 R 的搜尋路徑，這樣就可以直接使用 pdata 中的所有變數名稱。

```
> attach(pdata)
> p1
```

這時候任何函數也都可以直接取用這些變數，例如：mean(p1)。雖然 attach 很方便，但若 attach 的變數名稱已經事先存在於全域變數中的話，就會產生問題，或是同時 attach 兩個有同樣變數名稱的 data frame 的話，也會出問題。另外，attach 的變數名稱亦不可以跟既有的 R 關鍵字或是函數名稱相同（例如：變數名稱如果取為 time，就會與 time 函數衝突），如果發生名稱衝突的問題時，會發現 R 可能不會如預期的那樣存取指定的變數資料。因此若要將特定的 data frame 從搜尋路徑中移除，可以使用 detach，如下所示。

```
> detach(pdata)
```

如果一次只需要使用一個 data frame，並且小心運用 attach 與 detach，它會是一個很方便的功能，不過只限於研究與測試的情況。若要撰寫指令稿、發展正式的程式專案時，建議還是儘量避免這樣使用，以免未來程式中的結構變複雜時，發生變數名稱衝突的問題。以下為 attach 使用上需要注意的重點整理：(1) 不要重複執行 attach()，以免變數名稱重複。(2) 確保變數名稱都有一定的獨特性，儘量避免太過於一般性的名稱，例如：Month 或 Time。(3) 如果需要 attach 多個 data frame，但是一次只使用到一個 data frame，那麼建議將沒有用到的 data frame 先行 detach。

伍、資料的處理與轉換

資料的處理與轉換部分，主要介紹資料類型處理與資料線性轉換等兩個部分，說明如下。

一、資料類型處理

資料類型的處理，包括資料結構的轉換與資料類型的轉換等兩個部分，說明如下。

（一）資料結構轉換

分析與處理資料時，時常必須將資料結構或者類型加以轉換，例如：將資料框架轉換為矩陣等，或者是轉換成向量，說明如下。

```
> pdata <- read_csv("CH01_1.csv")
Parsed with column specification:
cols(
  座號 = col_integer(),
  德育 = col_integer(),
  智育 = col_integer(),
  體育 = col_integer(),
  群育 = col_integer(),
  美育 = col_integer()
```

讀取資料，之後加以分析與計算，以下將每筆資料的五育分數予以加總成另外一個變項為「總分」，如下所示。

```
> pdata2 <- rowSums(pdata[,2:6])
```

計算每筆資料的五育分數加總，儲存至 pdata2 這個變項。

```
> pdata2
 [1] 437 437 423 421 431 445 435 444 434 377 406 423 452 437 449 455 447 450 452 459 454 452 446 464 433 463 462
[28] 431 460 467 445 417 455 473 459 455 459 474 463
> pdata3 <- cbind(pdata, 總分 =pdata2)
```

　　利用 cbind() 函數將 pdata 與 pdata2 加以合併，並且將新的欄位命名爲「總分」，之後檢視目前的檔案內容前六筆資料。

```
> head(pdata3)
  座號 德育 智育 體育 群育 美育 總分
1    1   88   90   86   90   83  437
2    2   85   89   87   91   85  437
3    3   84   90   83   86   80  423
4    4   83   81   83   93   81  421
5    5   84   85   85   89   88  431
6    6   88   93   86   91   87  445
```

　　分析時，若需要將資料框架中的某個欄位轉換爲向量時，可以利用 as.vector() 以及 as.matrix() 等函數來加以完成，如下所示。

```
> pdata[,2]
# A tibble: 39 x 1
    德育
   <int>
 1    88
 2    85
 3    84
 4    83
 5    84
 6    88
 7    87
 8    88
 9    88
10    74
# ... with 29 more rows
```

pdata[,2] 中，原來的資料架構爲資料框架。

```
> pdata4 <- as.vector(as.matrix(pdata[,2]))
```

利用 as.vector() 與 as.matrix() 等函數加以轉換爲向量的資料結構，轉換過後的向量資料，如下所示。

```
> pdata4
 [1] 88 85 84 83 84 88 87 88 88 74 83 81 92 88 91 93 90 92 92 94 92 93 90 94 89 95 93 88 94 94 90 84 92 97 92 92
[37] 93 96 94
```

（二）資料類型轉換

1. 查詢資料類型

查詢資料檔中欄位的資訊可以利用 str (structure) 函數，str 函數可以顯示 data frame 中所有欄位的資訊。

```
> sdata0 <- read_csv("CH01_4.csv")
> str(sdata0)
Classes 'tbl_df' , 'tbl' and 'data.frame' : 45 obs. of  41 variables:
 $ ID : chr  "ANS" "ST001" "ST002" "ST003" ...
 $ P01: int  3 3 2 3 3 1 3 2 3 4 ...
 $ P02: int  2 2 2 2 2 2 2 2 2 2 ...
```

由上述輸出結果中，可以得知，ID 是字元 (chr)，P01、P02 是整數 (int)，因此若讀入時並未發現錯誤，但是格式不對，進行資料後續分析時，即會出現錯誤。例如：有變項被視爲一個 factor，如果使用這樣的資料進行後續的分析時，例如：計算平均數則會出現錯誤。在使用 R 分析資料時，常常很容易發生類似的問題，所以建議在讀取資料之後，記得要使用 str 檢查一下資料是否正確。

2. 數值轉換為類別

上述曾說明使用 str 函數查看資料欄位資訊，其中的資料欄位類型除了字元與整數之外，還有許多的資料類型，例如：Gender 常使用 1 與 2 來表示，這樣的資料是屬於典型的類別資料。若是在 Excel 中，我們可以很容易地將 Gender 寫成 malc 與 female，這樣可以更容易辨識資料所代表的意義，在 R 中也可以做類似的處理，將資料轉為類別性資料。例如：目前有個資料檔中有一個職務類型 (JOB) 變項為整數型態 (int)，利用 str() 函數檢視欄位屬性，如下所示。

```
> sdata0 <- read_csv("CH01_5.csv")
> str(sdata0)
Classes 'tb1_df' , 'tb1' and 'data.frame' : 120 obs. of  63 variables:
 $ ID    : chr  "A0101" "A0103" "A0107" "A0108" ...
 $ GENDER: int  2 2 1 1 1 1 2 2 1 2 ...
 $ JOB   : int  2 4 2 1 2 4 2 3 2 4 ...
 $ A0101 : int  3 3 4 4 4 4 4 4 4 3 ...
```

若要將 JOB 變項轉為類別變項，則可利用 factor() 函數，如下表示。

```
> sdata0$JOB <- factor(sdata0$JOB)
```

R 的 factor 是專門用來儲存類別性資料的一種變數型態，我們利用 factor 函數來將 JOB 轉為 factor，儲存在新的資料表欄位中，我們可以看一下 JOB 這個 factor 的資料如下。

```
> print(sdata0$JOB)
  [1] 2 4 2 1 2 4 2 3 2 4 4 4 4 4 4 1 4 2 2 4 4 4 2 4 4 4 4 4 4 2 2 2 4 2 2 4 3 2 4 2 4
 [46] 4 1 4 4 2 1 4 4 2 1 4 2 2 4 4 4 1 3 1 4 4 3 4 4 4 4 2 1 4 4 3 2 4 4 2 1 3 4 4 1 4 4 4 1 4
 [91] 4 4 2 1 4 4 4 2 4 4 3 4 2 4 3 4 2 4 4 4 4 2 1 4 2 4 4 4 3 4
Levels: 1 2 3 4
```

最後一行的 Levels: 1 2 3 4 表示 JOB 有四種類別，分別爲 1、2、3 與 4，而 factor 內部的類別名稱是可以修改的，例如：修改如下。

```
> sdata0$JOB <- factor(sdata0$JOB, levels = c(1,2,3,4), labels = c("主任","組長","科任","級任"))
> print(head(sdata0$JOB))
[1] 組長 級任 組長 主任 組長 級任
Levels: 主任 組長 科任 級任
```

如此一來，所有的 1 就會以「主任」表示，而 2 就會以「組長」表示。

在 R 中的許多函數都可以直接讀取 factor 的資料，例如：變異數分析也可以使用 factor 的變數，如下所示（請注意，以下範例中的 SA01 是爲分量表變項的總分，請參考第 4 章平均數差異檢定的計算方法，先加以計算）。

```
> sdata0$SA01 <- apply(sdata0[4:9],1,mean)

> m.job <- aov(SA01 ~ factor(JOB), data=sdata0)
```

除了 factor 函數之外，我們也可以使用 as.factor 這個函數，將資料轉爲 factor，而如果要將 factor 轉爲數值，可以使用 as.numeric 函數。

3. 類別轉換為數值

類別型態要轉換爲數值型態時，可以利用 as.numberic() 函數來達成，如下所示。

```
> pdata <- c(1,2,2,1,3,3)
> fpdata <- factor(pdata)
> npdata <- as.numeric(fpdata)
> print(npdata)
[1] 1 2 2 1 3 3
```

4. 數值轉換為文字

　　數值型態變數要轉換成文字時，可以利用 as.character() 來加以達成，如下所示。

```
> pdata <- c(1,2,2,1,3,3)
> spdata <- as.character(pdata)
> print(spdata)
[1] "1" "2" "2" "1" "3" "3"
```

　　轉換資料類型要特別注意，例如：建立一個數值型 vector，當數值型資料轉成 factor 後，再轉回數值型態，可能會遇到問題，以下為例。

```
> pdata <- c(2,3,3,2,4,4)
> print(pdata)
[1] 2 3 3 2 4 4
```

　　將 pdata 變項轉換成 factor 型態，如下所示。

```
> fpdata <- factor(pdata)
> print(fpdata)
[1] 2 3 3 2 4 4
Levels: 2 3 4
```

　　上述 Levels：2 3 4 表示有 3 個類別。再將 fpdata 轉換為數值型態，如下所示。

```
> npdata <- as.numeric(fpdata)
```

　　檢視轉換結果。

```
> print(npdata)
[1] 1 2 2 1 3 3
```

上述發現由數值轉為 factor 型態，再從 factor 型態轉換成數值型態，結果 npdata 與原建立之 pdata 並不相同。其中主要的原因是將 factor 型態轉成數值型態時，是以其 level 順序來轉成數值型態（原始資料的 2 是第一個 level，3 是第二個 level，4 是第三個 level），以致於會有這樣的結果，所以當有這種情形時，需要先將 factor 型態轉成文字型態，再轉成數值型態，即會與原值相同，如下所示。

```
> nfpdata <- as.character(fpdata)
> print(nfpdata)
[1] "2" "3" "3" "2" "4" "4"
> npdata <- as.numeric(nfpdata)
> print(npdata)
[1] 2 3 3 2 4 4
```

二、資料線性轉換

資料分析時，若需要針對資料進行直線轉換成標準分數，可以利用以下的指令加以完成。

```
> pdata <- read_csv("CH01_1.csv")
> zscale <- round(as.vector(scale(pdata[,6])),4)
```

將 pdata 中的第六個欄位（美育）進行直線轉換成標準分數，並且利用 round() 將計算結果取 4 位小數，結果儲存成 zscale 這個變數，轉換結果如下所示。

```
> zscale
 [1] -0.7899 -0.3679 -1.4230 -1.2120  0.2651  0.0541 -0.7899  0.2651 -0.5789 -3.7441 -2.0560 -1.0010  0.0541
[14] -0.7899 -0.5789  0.2651  0.2651  0.4761  0.0541  1.1092  0.6871  0.4761  0.0541  0.6871  0.0541  0.4761
[27]  1.1092 -0.5789  0.4761  0.8982  0.4761 -0.1569  0.0541  1.1092  0.8982  0.8982  0.4761  1.7422  0.6871
```

利用 cbind() 函數將計算結果合併至資料檔，並將新增的欄位命名為「Z 分數」，如下所示。

```
> pdata5 <- cbind(pdata, Z 分數 =zscale)
```

檢視線性轉換與合併後的結果，如下所示，呈現前六筆資料。

```
> head(pdata5)
  座號 德育 智育 體育 群育 美育   Z 分數
1    1   88   90   86   90   83 -0.7899
2    2   85   89   87   91   85 -0.3679
3    3   84   90   83   86   80 -1.4230
4    4   83   81   83   93   81 -1.2120
5    5   84   85   85   89   88  0.2651
6    6   88   93   86   91   87  0.0541
```

上述的資料線性轉換，可以將指令合併如下。

```
> pdata$Z 分數 <- round(as.vector(scale(pdata[,6])),4)
```

此時檢視資料 head(pdata) 亦會有相同的結果。

```
> head(pdata)
# A tibble: 6 x 7
   座號    德育    智育   體育   群育   美育    Z分數
  <int>  <int>  <int> <int> <int> <int>    <dbl>
1    1     88     90    86    90    83  -0.7899
2    2     85     89    87    91    85  -0.3679
3    3     84     90    83    86    80  -1.4230
4    4     83     81    83    93    81  -1.2120
5    5     84     85    85    89    88   0.2651
6    6     88     93    86    91    87   0.0541
```

陸、函數的概念與編寫

　　函數在程式設計中，扮演者不可或缺的角色，當程式設計需要重複某些重要的步驟過程，即可利用將這些重複的步驟撰寫成函數，讓程序更為簡潔有效率。以下將從函數的結構、編寫以及邏輯的判斷、程式的流程等四個部分來加以說明 R 語言中的函數，如下所示。

一、函數的結構

　　R 語言中，具有許多針對數值、文字與描述性統計的內建函數，但若有特殊需求且沒有適當的函數可資運用時，就會有自定函數的需求，以下先說明自定函數的架構，如下所示。

```
function_name <- function( arglist )
{expr
  return(value)
}
```

　　由上述中函數的架構可知，撰寫自定函數需要先將自定函數命名 (function_

name)，之後宣告這是個函數的物件 function()，括號中的 arglist 即是輸入參數，並且在大括號 {} 中撰寫函數的程式，最後將輸出傳回結果置於 return(value) 中的 value。

二、函數的編寫

下述的函數是將傳入參數值平方後再傳回，自定函數的名稱為 getsquare，所傳入的數列參數為 v，傳回值為 psquare。

```
getsquare <- function(v)
{
    psquare <- v^2
    return (psquare)
}
```

上述函數為計算所傳入參數的平方值，函數名稱為 getsquare，函數建立執行完成後，日後只需要呼叫函數即可，如下所述。

```
> getsquare(4)
[1] 16
```

上述的結果，可以知道 4 的平方值為 16。

三、邏輯的判斷

R 語言中常見的邏輯判斷符號，主要有以下幾種類型。

<、>：小於、大於。

<=、>=：小於等於、大於等於。

==、!=：等於、不等於。

A %in% B：A 是否在 B 中。

&&、&：交集，& 適用於向量式的邏輯判斷，&& 適用於單一值的邏輯判斷。

||、|：聯集，| 適用狀況與 & 相同，|| 適用狀況與 && 相同。

以下將分別說明與介紹。

首先將 x 變數值指定為 4，y 變數值指定為 12。

```
> x <- 4
> y <- 12
```

判斷 x 變項是否大於 3。

```
> x > 3
[1]  TRUE
```

判斷 x 變項是否大於等於 6。

```
> x >= 6
[1]  FALSE
```

判斷 x 變項是否小於等於 6。

```
> x <= 6
[1]  TRUE
```

判斷 x 是否小於 3。

```
> x < 3
[1]  FALSE
```

前面多加一個「!」代表否定功能，所以 TRUE 變成 FALSE，如果是 FALSE 則變成 TRUE。

```
> !(x > 3)
[1] FALSE
```

判斷 x 變項是否在 1 至 6 之中。

```
> x %in% c(1:6)
[1] TRUE
```
判斷 x 大於 3 或者是 y 大於 10。

```
> x > 3 || y > 10
[1] TRUE
```

判斷 x 大於 3 且 y 大於 10。

```
> x > 3 && y > 10
[1] FALSE
```

判斷 z 向量中的值是否大於 0 且大於 -1。

```
> z = c(1,2,3)
> z > 0 & z > -1
[1] TRUE TRUE TRUE
```

判斷 z 值是否大於 0 且大於 -1，因為「&&」只能比較單一值，所以只判斷 z 向量第一元素來跟 0 與 -1 比較，如下所示。

```
> z > 0 && z > -1
[1]  TRUE
```

四、程式的流程

（一）判斷流程

以下介紹三種常見的條件判斷執行。

```
if else
if else if else
switch
```

1. if else

if A 判斷式

A 判斷式為 True，會執行此區段程式碼。

else

A 判斷式為 False，會執行此區段程式碼。

```
> x <- 1

> if (x > 0) {
+    y <- 5
+ } else {
+    y <- 10
+ }
> y
[1]  5
```

單行的寫法。

```
> if (x > 0) y <- 5 else y <- 10
> y
[1] 5
```

利用 ifelse() 來撰寫，函數說明如右 ifelse（判斷式，True 時 5，False 時 10），結果如下所示。

```
> y <- ifelse(x > 0, 5, 10)
> y
[1] 5
```

2. if else if else

if A 判斷式

A 判斷式為 True，會執行此區段程式碼。

else if B 判斷式

B 判斷式為 True，會執行此區段程式碼。

else

A 與 B 判斷式都是 False，會執行此區段程式碼。

```
> x <- -2
> if(x > 10) {
+    y <- 5
+ } else if (x > 2) {
+    y <- 10
+ } else {
+    y <- 3
+ }
> y
[1] 3
```

3. switch

switch（回傳數值代表執行第幾個程式片段，程式片段 1, …, 程式片段 N）

```
> switch(3, 10, 3 + 5, 3 / 3)
[1] 1
> switch(1, 10, 3 + 5, 3 / 3)
[1] 10
> switch(2, 10, 3 + 5, 3 / 3)
[1] 8
> switch("first", first = 1 + 1, second = 1 + 2, third = 1 + 3)
[1] 2
> switch("second", first = 1 + 1, second = 1 + 2, third = 1 + 3)
[1] 3
> switch("third", first = 1 + 1, second = 1 + 2, third = 1 + 3)
[1] 4
```

（二）迴圈流程

常見的迴圈結構，以下介紹三種迴圈 (for、while、repeat) 與兩種改變迴圈狀態 (break、next) 的方法。

for

while

repeat

break

next

1. for

1 加到 10，迴圈就是重複執行相同動作，x 依序帶入 1 到 10，第一次帶入 1 時，y = 0，所以是 1 + 0 = 1；第二次帶入時，x = 1，y 已經變成 1，所以變成 1 + 1 = 2，後面一直延續到 x = 10，迴圈就會停止。

```
> y <- 0
> x <- 1
> for (x in c(1:10)) y <- x + y
> y
[1] 55

> y <- 0
> x <- 1
> for (x in c(1:10)) {
+   y <- x + y
+ }
> y
[1] 55
```

2. while

　　while 只要符合判斷式，就會一直重複執行括號內程式碼，直到不符合為止。

```
> x <- 1
> y <- 0
> while (x <= 10) {
+   y <- x + y
+   x <- x + 1
+ }
> y
[1] 55
```

　　前第二行很重要，如果沒有這行，程式碼會一直執行，不會停止，因為判斷式是 x 小於等於 10，x 初始值是 0，如果不對 x 做些動作，x 會一直小於等於 10，所以這邊加 1，是希望執行到 x = 11 時，迴圈就會停止。

　　3. repeat

　　repeat 與 while 有點類似，只是判斷式的部分，可以比較自由寫在括號內任一地方，且跳出迴圈是利用 break 方式。

```
> x <- 1
> y <- 0
> repeat {
+ if (x > 10) break
+   y <- x + y
+   x <- x + 1
+ }
> y
[1] 55
```

上述程式中，break 是會執行跳出迴圈的動作，意味程式停止。

4. break/next

下述程式中的 next 是指跳過此次的迴圈，執行下一次的迴圈，所以這邊會跳過 x = 5，代表 5 不會被加到。若疑惑爲何上面要有一個 x <- x + 1，因爲跳過 x 還是需要執行加 1 的動作，不然程式只會到 5，不會到 6，想要測試此狀況，就把 x <- x + 1 改成 print(x)，就會發現程式一直跑，停不下來。

```
> x <- 1
> y <- 0
> repeat {
+ if (x > 10) {
+   break
+ } else if (x == 5) {
+   x <- x + 1
+   next
+ }
+   y <- x + y
+   x <- x + 1
+ }
> y
[1] 50
```

習　題

請以本書範例 CH01_1.csv 檔案，利用 R 語言來進行分析，並回答以下的問題。

1. 請利用 mean()、median()、sum() 來計算各變項的平均數、中位數以及總和。

2. 請利用 min()、max()、var()、sd()、quantile() 等函數，分析各變項的全距、變異數、標準差、第 1 四分位數、第 2 四分位數、第 3 四分位數等變異量數。

3. 請利用 apply()，新增一個 total 變項，此變項為前 5 個變項的總和，並利用 head() 來檢視資料是否正確？

量表題目分析

壹、二元計分類型的題目分析
貳、多元計分類型的題目分析
參、分量表多元計分題目分析

　　量表分析包括試題分析與測驗分析，試題分析包括二元計分類型的試題分析與多元計分的試題分析，至於測驗分析則包括信度分析與效度分析，以下將逐項分別說明如下。

　　以下為本章使用的 R 套件。

1. readr
2. CTT
3. moments
4. psychometrics
5. psych

壹、二元計分類型的題目分析

　　試題分析包括二元計分類型與多元計分類型的試題分析，試題分析的內涵則包括難度、鑑別度、CR 值、試題與總分相關、刪題後 α 值等，以下將利用 R 進行試題分析，說明如下。

一、讀取資料檔

　　設定工作目錄為「D:\DATA\CH02\」。

```
> setwd("D:/DATA/CH02/")
```

　　讀取資料檔「CH02_1.csv」，並將資料儲存至 sdata0 這個變項。

```
> library(readr)
> sdata0 <- read_csv("CH02_1.csv")
```

二、檢視資料

　　檢視前六筆資料，如下所示。

```
> head(sdata0)
# A tibble: 6 x 41
     ID   P01   P02   P03   P04   P05   P06   P07   P08   P09   P10   P11   P12   P13
   <chr> <int> <int> <int> <int> <int> <int> <int> <int> <int> <int> <int> <int> <int>
1  ANS     3     2     4     2     2     3     4     4     1     2     1     4     1
2  ST001   3     2     4     3     4     3     4     4     1     3     2     4     3
3  ST002   2     2     4     2     2     1     3     4     1     3     3     1     1
4  ST003   3     2     4     4     4     3     4     4     1     4     2     1     1
5  ST004   3     2     4     4     4     3     4     4     1     2     2     4     1
6  ST005   1     2     4     2     2     3     4     4     1     2     1     4     1
# ... with 27 more variables: P14 <int>, P15 <int>, P16 <int>, P17 <int>, P18 <int>,
#   P19 <int>, P20 <int>, P21 <int>, P22 <int>, P23 <int>, P24 <int>, P25 <int>,
#   P26 <int>, P27 <int>, P28 <int>, P29 <int>, P30 <int>, P31 <int>, P32 <int>,
#   P33 <int>, P34 <int>, P35 <int>, P36 <int>, P37 <int>, P38 <int>, P39 <int>, P40 <int>
```

　　檢視前六筆資料時，資料檔的第一行是二元計分類型資料的答案，第二行以後才是受試者的反應資料，總共有 40 題資料，第 1 個欄位是受試者編號，以下檢視後六筆資料，如下所示。

```
> tail(sdata0)
# A tibble: 6 x 41
     ID   P01   P02   P03   P04   P05   P06   P07   P08   P09   P10   P11   P12   P13
   <chr> <int> <int> <int> <int> <int> <int> <int> <int> <int> <int> <int> <int> <int>
1  ST039   3     2     4     2     2     3     4     4     1     3     1     4     1
2  ST040   3     2     4     2     2     3     4     4     1     4     2     1     1
3  ST041   3     2     4     2     2     3     4     3     2     1     3     1     1
4  ST042   3     2     4     2     2     1     3     3     4     4     3     3     1
5  ST043   3     2     4     1     4     3     4     4     1     3     2     4     1
6  ST044   4     4     4     4     1     4     4     4     1     2     3     4     3
# ... with 27 more variables: P14 <int>, P15 <int>, P16 <int>, P17 <int>, P18 <int>,
#   P19 <int>, P20 <int>, P21 <int>, P22 <int>, P23 <int>, P24 <int>, P25 <int>,
#   P26 <int>, P27 <int>, P28 <int>, P29 <int>, P30 <int>, P31 <int>, P32 <int>,
#   P33 <int>, P34 <int>, P35 <int>, P36 <int>, P37 <int>, P38 <int>, P39 <int>, P40 <int>
```

　　由後六筆資料中，可以得知，總共有 44 筆受試者的反應資料。計算受試者人數與試題數，如下所示，因為第一行是受試者的編號，所以題數是行數再減 1，而第一列是答案，所以人數是列數再減 1。

```
> pnum <- ncol(sdata0)-1
> snum <- nrow(sdata0)-1
```

　　檢視題數 (pnum) 以及人數 (snum)。

```
> pnum
[1] 40
> snum
[1] 44
```

　　由上述結果可以得知，此範例檔中題數 40，受試人數 44。

三、二元計分

　　接下來開始進行二元計分檔案的計分步驟，利用第一行的答案來計分，並將結果儲存至 sdata1 的矩陣中，首先宣告 snum×pnum 的矩陣 sdata1。

```
> sdata1 <- matrix(0, nrow=snum, ncol=pnum)
> i <- 1
> while (i <= pnum){
+   j <- 1
+   while (j <= snum) {
+     if (sdata0[1,i+1] == sdata0[j+1,i+1]) sdata1[j,i] <- 1
+     j <- j+1
+   }
+   i <- i+1
+ }
```

sdata1 即計分結果，並將之轉換爲資料框架，如下所示。

```
> sdata1 <- as.data.frame(as.matrix(sdata1))
```

將欄位名稱轉換爲原始檔案的欄位名稱。

```
> colnames(sdata1)<-names(sdata0[,2:(pnum+1)])
```

接下來檢視計分前六筆的結果，如下所示。

```
> head(sdata1)
  P01 P02 P03 P04 P05 P06 P07 P08 P09 P10 P11 P12 P13 P14 P15 P16 P17 P18 P19 P20
1   1   1   1   0   0   1   1   1   1   0   0   1   0   1   0   1   0   1   1   0
2   0   1   1   1   1   0   0   1   1   0   0   0   1   1   1   1   0   0   1   0
3   1   1   1   0   0   1   1   1   1   0   0   0   1   1   1   1   1   1   1   0
4   1   1   1   0   0   1   1   1   1   1   0   1   1   1   1   1   1   1   1   0
5   0   1   1   0   0   1   1   1   1   1   1   1   1   0   1   1   1   1   1   1
6   1   1   1   0   0   1   0   0   1   0   0   0   0   1   1   1   1   0   1   0
  P21 P22 P23 P24 P25 P26 P27 P28 P29 P30 P31 P32 P33 P34 P35 P36 P37 P38 P39 P40
1   1   1   1   1   0   1   1   1   0   0   1   1   1   1   1   1   1   1   1   1
2   1   0   1   0   0   1   1   0   0   1   1   0   0   1   0   0   0   0   1
3   1   1   1   0   1   0   1   1   0   1   1   1   1   1   1   0   1   1   1   1
4   0   1   1   1   0   0   1   0   1   0   1   0   0   0   1   1   1   1   1   1
5   1   1   1   0   1   1   0   1   1   1   1   1   1   1   1   1   1   1   1   1
6   0   1   1   0   0   0   0   0   0   1   0   1   1   0   1   0   1   0   1
```

檢視結果，已成功地將 sdata0 的內容計分，並且儲存至 sdata1 的變項中。

四、誘答力分析

接下來利用 CTT 的 packages 來進行誘答力分析，如下所示。其中將 sdata0 中去除第一列的答案，第一行的受試者編號後的反應資料，並儲存至 data0，並且去除第一列中的第一行成為答案 data1，如下所示。

```
> library(CTT)
```

以下 data0 為反應資料。

```
> data0 <- sdata0[-1,-1]
```

以下 data1 為答案資料。

```
> data1 <- sdata0[1,-1]
```

利用 distractor.analysis() 函數來進行誘答力分析，如下所示，並將結果儲存至 result0 的變數中。

```
> result0 <- distractor.analysis(data0,data1)
```

顯示前 2 題的誘答力分析結果。

```
> head(result0,2)
$P01
        score.level
response lower middle upper
       1     2      0     1
```

```
           2        3        3        0
          *3        9        9       13
           4        1        2        1

$P02
            score.level
  response lower middle upper
          1     5      4     4
         *2     8     10    11
          3     1      0     0
          4     1      0     0
```

　　上述為第 1 題與第 2 題的誘答力分析結果，由第 2 題的誘答力分析結果可以得知，低分組有 5 人選 1，8 人選 2，1 人選 3，1 人選 4，高分組有 4 人選 1，11 人選 2，0 人選 3 與 4，因為反應項中的 2 有個「*」，表示標準答案是 2。

五、描述性統計

　　接下來將進行試題的描述性統計，分別是平均數、標準差、偏態與峰度的計算，其中的平均數即是二元計分類型試題的難度值，如下所示。而為了計算方便，所以先定義一個 my_stats() 的函數，其中包括平均數 (mean)、標準差 (sd)、偏態係數 (skewness) 與峰度係數 (kurtosis)，函數如下所示，啟用這個函數之前，需要先啟用 moments 的套件。

```
> library(moments)
> my_stats <- function(x) {
+    funs <- c(mean, sd, skewness, kurtosis)
+    sapply(funs, function(f) f(x, na.rm = TRUE))
+ }
```

　　上述函數中的 na.rm 代表「remove NA」，亦即若資料裡面有遺漏值 NA，會將它忽略，而只會針對剩下的資料來進行處理。

接下來即開始計算試題的平均數、標準差、偏態以及峰度係數，如下所示。

```
> sdata1_desc <- apply(sdata1, 2, my_stats)
```

顯示計算結果資料。

```
> sdata1_desc
              P01         P02         P03         P04         P05         P06
[1,]   0.7045455   0.6590909   0.8409091  0.52272727  0.52272727   0.8409091
[2,]   0.4615215   0.4794950   0.3699894  0.50525777  0.50525777   0.3699894
[3,]  -0.8966439  -0.6712486  -1.8641093 -0.09100315 -0.09100315  -1.8641093
[4,]   1.8039702   1.4505747   4.4749035  1.00828157  1.00828157   4.4749035
              P07         P08         P09         P10         P11         P12         P13
[1,]  0.52272727   0.7045455   0.8863636  0.4545455  0.2500000   0.7045455  0.6818182
[2,]  0.50525777   0.4615215   0.3210382  0.5036862  0.4380188   0.4615215  0.4711553
[3,] -0.09100315  -0.8966439  -2.4347906  0.1825742  1.1547005  -0.8966439 -0.7807201
[4,]  1.00828157   1.8039702   6.9282051  1.0333333  2.3333333   1.8039702  1.6095238
              P14         P15         P16         P17         P18         P19         P20
[1,]  0.8863636  0.47727273   0.9090909  0.7727273  0.7272727   0.8863636 0.2727273
[2,]  0.3210382  0.50525777   0.2908034  0.4239151  0.4505106   0.3210382 0.4505106
[3,] -2.4347906  0.09100315  -2.8460499 -1.3015827 -1.0206207  -2.4347906 1.0206207
[4,]  6.9282051  1.00828157   9.1000000  2.6941176  2.0416667   6.9282051 2.0416667
              P21         P22         P23         P24         P25         P26         P27
[1,]  0.7045455   0.7727273   0.8863636   0.8636364  0.1818182   0.5909091  0.7500000
[2,]  0.4615215   0.4239151   0.3210382   0.3471418  0.3901537   0.4973503  0.4380188
[3,] -0.8966439  -1.3015827  -2.4347906  -2.1192518  1.6499158  -0.3698001 -1.1547005
[4,]  1.8039702   2.6941176   6.9282051   5.4912281  3.7222222   1.1367521  2.3333333
              P28         P29         P30         P31         P32         P33         P34
[1,]  0.2272727   0.5454545   0.6818182   0.7954545  0.7500000   0.7500000  0.3636364
[2,]  0.4239151   0.5036862   0.4711553   0.4080325  0.4380188   0.4380188  0.4866071
[3,]  1.3015827  -0.1825742  -0.7807201  -1.4649340 -1.1547005  -1.1547005  0.5669467
[4,]  2.6941176   1.0333333   1.6095238   3.1460317  2.3333333   2.3333333  1.3214286
              P35         P36         P37         P38         P39         P40
[1,]   0.9545455   0.6590909   0.8863636   0.8409091  0.7954545   0.9545455
[2,]   0.2107071   0.4794950   0.3210382   0.3699894  0.4080325   0.2107071
[3,]  -4.3643578  -0.6712486  -2.4347906  -1.8641093 -1.4649340  -4.3643578
[4,]  20.0476190   1.4505747   6.9282051   4.4749035  3.1460317  20.0476190
```

由上述的結果可以得知，計算結果總共有 4 列，第 1 列為平均數、第 2 列為標準差、第 3 列則為偏態係數、第 4 列則為峰度係數。因此為了方便識別，分別將這 4 列計算結果的變項加以命名為「難度值」、「標準差」、「偏態」與「峰度」，如下所示。

```
> rownames(sdata1_desc) <- c(" 難度值 "," 標準差 "," 偏態 "," 峰度 ")
```

將資料加以轉置並且儲存至 result1 這個變項。

```
> result1 <- as.data.frame(t(sdata1_desc))
```

將結果取四捨五入至小數點第 3 位後顯示前六筆。

```
> row.names(result1) <- names(sdata0[,2:(pnum+1)])
> head(round(result1,3))
      難度值 標準差   偏態   峰度
P01   0.705  0.462 -0.897  1.804
P02   0.659  0.479 -0.671  1.451
P03   0.841  0.370 -1.864  4.475
P04   0.523  0.505 -0.091  1.008
P05   0.523  0.505 -0.091  1.008
P06   0.841  0.370 -1.864  4.475
```

六、計算分組難度、鑑別度以及 CR 值

接下來要進行分組難度、鑑別度以及 CR 值的計算。二元計分的難度百分比法有二種，一種是將答對人數除以全部的受試者，另外一種算法即是將所有的人分成高分組與低分組，再藉由高分組與低分組的平均數來代表試題的難度，而以下即是利用這種方法來呈現試題難度。至於分組的方法，最常見的方式即是將所

有的受試者分爲前 27% 的高分組與後 27% 的低分組，另外則有取前後 33% 或者是 25%。

首先計算受試者答題的總分 (tot)，如下所示。

```
> sdata1$tot <- apply(sdata1, 1, sum)
> head(sdata1)
  P01 P02 P03 P04 P05 P06 P07 P08 P09 P10 P11 P12 P13 P14 P15 P16 P17 P18 P19 P20 P21
1   1   1   1   0   0   1   1   1   1   0   0   1   0   1   0   1   0   1   1   0   1
2   0   1   1   1   1   0   0   1   1   0   0   0   1   1   1   1   0   0   1   0   1
3   1   1   1   0   0   1   1   1   1   0   0   0   1   1   1   1   1   1   1   0   1
4   1   1   1   0   0   1   1   1   1   1   0   1   1   1   1   1   1   1   1   0   0
5   0   1   1   1   1   1   1   1   1   1   1   1   1   1   0   1   1   1   1   1   1
6   1   1   1   0   0   1   0   0   1   0   0   0   0   1   1   1   1   1   1   0   0
  P22 P23 P24 P25 P26 P27 P28 P29 P30 P31 P32 P33 P34 P35 P36 P37 P38 P39 P40 tot
1   1   1   1   0   1   1   1   0   0   1   1   1   1   1   1   1   1   1   1  29
2   0   1   0   0   1   1   0   0   1   1   1   0   0   1   0   0   0   0   1  20
3   1   1   1   0   1   1   0   1   1   1   1   1   1   0   1   1   1   1   1  31
4   1   1   1   0   0   1   0   1   1   0   0   0   1   1   1   1   1   1   1  29
5   1   1   1   0   1   1   0   1   1   1   1   1   1   1   1   1   1   1   1  36
6   1   1   0   0   0   0   0   0   1   0   1   1   0   1   1   0   1   0   1  20
```

由前述六筆資料中可以得知，新增一個總分的欄位 (tot)，接下來要依據總分來加以分組，新增一個組別的欄位 (grp)，並先指定爲 NA。

```
> sdata1$grp <- NA
```

計算高分組與低分組分組的界限分數 LB 與 HB。

```
> LB=0
> HB=0
> LB=quantile(sdata1$tot,probs=c(0.27))
> HB=quantile(sdata1$tot,probs=c(0.73))
```

顯示 LB 與 HB 的值，如下所示。

```
> LB
  27%
21.61
> HB
73%
 31
```

由上述資料可以得知，低於 21.61 即為低分組，而高於 31 即為高分組。以下即將在組別的欄位 (grp) 指定高低分組。

```
> sdata1$grp[sdata1$tot <= LB] <- "L"
> sdata1$grp[sdata1$tot >= HB] <- "H"
```

檢視前六筆資料分組的結果，如下所示。

```
> head(sdata1)
  P01 P02 P03 P04 P05 P06 P07 P08 P09 P10 P11 P12 P13 P14 P15 P16 P17 P18 P19 P20 P21
1   1   1   1   0   0   1   1   1   1   0   0   1   0   1   0   1   0   1   1   0   1
2   0   1   1   1   1   0   0   1   1   0   0   1   1   1   1   0   0   1   0   1
3   1   1   1   0   0   1   1   1   1   0   0   1   1   1   1   1   1   1   0   1
4   1   1   1   0   0   1   1   1   1   0   1   1   1   1   1   1   1   0   0   0
5   0   1   1   1   1   1   1   1   1   1   1   1   1   0   1   1   1   1   1   1
6   1   1   1   0   0   1   0   0   1   0   0   0   0   1   1   1   1   1   0   0
  P22 P23 P24 P25 P26 P27 P28 P29 P30 P31 P32 P33 P34 P35 P36 P37 P38 P39 P40 tot grp
1   1   1   1   0   1   1   0   0   1   1   1   1   1   1   1   1   1   1  29 <NA>
2   0   1   0   0   1   0   0   1   1   1   0   0   1   0   0   0   0   1  20   L
3   1   1   1   0   1   1   0   1   1   1   1   1   1   0   1   1   1   1  31   H
4   1   1   1   0   0   1   0   0   1   0   0   0   1   1   1   1   1   1  29 <NA>
5   1   1   1   0   1   1   0   1   1   1   1   1   1   1   1   1   1   1  36   H
6   1   1   0   0   0   0   0   0   1   0   1   1   0   1   1   0   1   0  20   L
```

　　由上述的結果可以得知第 2 筆資料因為總分為 20，小於 21.61，所以為低分組，至於第 5 筆資料，總分 36 因為大於等於 31，所以為高分組。

　　以下的程式主要是要計算高分組的難度、低分組的難度、分組難度、鑑別度以及 CR 值，如下所示。

```
> sdata1$grp <- factor(sdata1$grp)
> sdata2 <- aggregate(sdata1[,1:pnum], by=list(sdata1$grp), mean)
> sdata2 <- t(sdata2[,-1])
> item_t <- sapply(sdata1[,1:pnum],
  function(x) c(t.test(x ~ sdata1$grp)$statistic,
  t.test(x ~ sdata1$grp)$p.value))
> result2 <- data.frame(Item=rownames(sdata2),m.1=sdata2[,2],
  m.h=sdata2[,1], m.a=(sdata2[,2]+sdata2[,1])/2,
  m.dif=sdata2[,1]-sdata2[,2], t.stat=item_t[1,], t.p=item_t[2,])
```

　　計算的結果儲存至 result2 的變數中，檢視前六筆的結果，如下所示。

```
> head(result2)
    Item       m.1        m.h        m.a      m.dif     t.stat          t.p
P01  P01 0.5833333 0.8666667 0.7250000 0.2833333 1.6263681 0.120602625
P02  P02 0.5833333 0.7333333 0.6583333 0.1500000 0.7898653 0.437924905
P03  P03 0.5000000 1.0000000 0.7500000 0.5000000 3.3166248 0.006872303
P04  P04 0.3333333 0.7333333 0.5333333 0.4000000 2.1638929 0.041161220
P05  P05 0.4166667 0.6666667 0.5416667 0.2500000 1.2829968 0.212211455
P06  P06 0.7500000 0.8666667 0.8083333 0.1166667 0.7334854 0.471583152
```

　　將題目的編號去除之後，再儲存成 result2。

```
> result2 <- result2[,-1]
```

　　將計算的 5 個欄位結果，分別命名為低分組難度、高分組難度、分組難度、鑑別度以及 CR 值，如下所示。

```
> names(result2) <- c('低分組難度','高分組難度','分組難度','鑑別度','CR值','p值')
> row.names(result2) <- names(sdata0[,2:(pnum+1)])
```

將結果計算四捨五入，取小數點第 3 位後，顯示前六筆資料。

```
> head(round(result2,3))
    低分組難度 高分組難度 分組難度 鑑別度  CR值   p值
P01    0.583      0.867     0.725  0.283 1.626 0.121
P02    0.583      0.733     0.658  0.150 0.790 0.438
P03    0.500      1.000     0.750  0.500 3.317 0.007
P04    0.333      0.733     0.533  0.400 2.164 0.041
P05    0.417      0.667     0.542  0.250 1.283 0.212
P06    0.750      0.867     0.808  0.117 0.733 0.472
```

七、計算題目與總分相關係數

接下來要進行的是題目與總分的相關，利用 psychometrics 套件來計算題目與總分相關，並且利用 item.exam() 函數來計算，如下所示。

```
> library(psychometric)
Loading required package: multilevel
Loading required package: nlme
Loading required package: MASS
> itotr <- item.exam(sdata1[, 1:pnum], discrim = TRUE)
```

檢視計算結果，如下所示。

```
> head(itotr)
    Sample.SD Item.total Item.Tot.woi Difficulty Discrimination Item.Criterion
P01 0.4615215  0.2645232   0.19723309  0.7045455     0.2857143             NA
P02 0.4794950  0.1832099   0.11115963  0.6590909     0.2142857             NA
P03 0.3699894  0.5883484   0.54950698  0.8409091     0.4285714             NA
P04 0.5052578  0.4135759   0.34657047  0.5227273     0.5000000             NA
P05 0.5052578  0.2870102   0.21396705  0.5227273     0.3571429             NA
P06 0.3699894  0.1466506   0.09073826  0.8409091     0.1428571             NA
    Item.Reliab Item.Rel.woi Item.Validity
P01  0.12068788   0.08998697            NA
P02  0.08684419   0.05269132            NA
P03  0.21519480   0.20098813            NA
P04  0.20657423   0.17310613            NA
P05  0.14335677   0.10687295            NA
P06  0.05363906   0.03318850            NA
```

由上述計算的結果，題目與總分相關的欄位是「Item.Tot.woi」，因此只要擷取這個欄位的資料即可，並且將這個資料加以轉置。

```
> result3 <- t(rbind(itotr$Item.Tot.woi))
> result3 <- data.frame(result3)
```

將這個欄位的名稱加以命名。

```
> names(result3) <- c('題目總分相關')
> row.names(result3) <- names(sdata0[,2:(pnum+1)])
> head(round(result3,3))
    題目總分相關
P01        0.197
P02        0.111
P03        0.550
P04        0.347
P05        0.214
P06        0.091
```

八、計算刪題後信度

　　接下來利用 psych 的套件來計算刪題後的信度係數，由於 psychometrics 套件也有相同名稱的指令，所以必須要先卸載 psychometric 套件，如下所示。

```
> detach("package:psychometric", unload = TRUE)
> library(psych)
> itotalpha <- alpha(sdata1[, 1:pnum],check.keys=TRUE)$alpha.drop[,'raw_alpha']
> result4 <- as.data.frame(t(rbind(itotalpha, itotr$Item.Rel.woi)))
> names(result4) <- c(' 總量表信度（刪題)',' 題目信度 ')
```

　　檢視刪題後的信度以及題目信度，如下所示。

```
> row.names(result4) <- names(sdata0[,2:(pnum+1)])
> head(round(result4, 3))
     總量表信度（刪題）題目信度
P01            0.854     0.090
P02            0.856     0.053
P03            0.846     0.201
P04            0.850     0.173
P05            0.854     0.107
P06            0.855     0.033
```

九、檢視二元計分題目分析結果

　　將上述分組難度、鑑別度、CR 值、題目與總分相關、刪題後信度、題目信度等題目分析結果合併，並儲存至 resultall 變項。

```
> resultall <- cbind(result2, result3, result4)
```

檢視合併結果的前六筆資料。

```
> head(round(resulta11, 3))
      低分組難度 高分組難度 分組難度 鑑別度  CR 值   p 值 題目總分相關  總量表信度（刪題）題目信度
P01       0.583      0.867    0.725    0.283 1.626   0.121        0.197              0.854      0.090
P02       0.583      0.733    0.658    0.150 0.790   0.438        0.111              0.856      0.053
P03       0.500      1.000    0.750    0.500 3.317   0.007        0.550              0.846      0.201
P04       0.333      0.733    0.533    0.400 2.164   0.041        0.347              0.850      0.173
P05       0.417      0.667    0.542    0.250 1.283   0.212        0.214              0.854      0.107
P06       0.750      0.867    0.808    0.117 0.733   0.472        0.091              0.855      0.033
```

將二元計分題目的分析結果儲存至文字檔。

```
write.csv(round(resulta11,3), "試題分析結果 .csv")
```

十、二元計分題目分析程式

以下為二元計分題目分析的程式。

```
1.  # 二元試題之試題分析 2017/07/29
2.  # 檔名 CH02_1.R 資料檔 CH02_1.csv
3.  # 設定工作目錄
4.  setwd("D:/DATA/CH02/")
5.  library(readr)
6.  sdata0 <- read_csv("CH02_1.csv")
7.  head(sdata0)
8.  tail(sdata0)
9.  pnum <- ncol(sdata0)-1
10. snum <- nrow(sdata0)-1
11. pnum
12. snum
13. sdata1 <- matrix(0, nrow=snum, ncol=pnum)
14. i <- 1
```

```
15.  while (i <= pnum){
16.    j <- 1
17.    while (j <= snum) {
18.      if (sdata0[1,i+1] == sdata0[j+1,i+1]) sdata1[j,i] <- 1
19.      j <- j+1
20.    }
21.    i <- i+1
22.  }
23.  sdata1 <- as.data.frame(as.matrix(sdata1))
24.  head(sdata1)
25.  library(CTT)
26.  data0 <- sdata0[-1,-1]
27.  data1 <- sdata0[1,-1]
28.  result0 <- distractor.analysis(data0,data1)
29.  head(result0,2)
30.  library(moments)
31.  my_stats <- function(x) {
32.    funs <- c(mean, sd, skewness, kurtosis)
33.    sapply(funs, function(f) f(x, na.rm = TRUE))
34.  }
35.  sdata1_desc <- apply(sdata1, 2, my_stats)
36.  sdata1_desc
37.  rownames(sdata1_desc) <- c("難度值","標準差","偏態","峰度")
38.  result1 <- as.data.frame(t(sdata1_desc))
39.  row.names(result1) <- names(sdata0[,2:(pnum+1)])
40.  head(round(result1,3))
41.  sdata1$tot <- apply(sdata1, 1, sum)
42.  sdata1$grp <- NA
43.  LB=0
44.  HB=0
45.  LB=quantile(sdata1$tot,probs=c(0.27))
46.  HB=quantile(sdata1$tot,probs=c(0.73))
47.  sdata1$grp[sdata1$tot <= LB] <- "L"
48.  sdata1$grp[sdata1$tot >= HB] <- "H"
49.  sdata1$grp <- factor(sdata1$grp)
50.  sdata2 <- aggregate(sdata1[,1:pnum], by=list(sdata1$grp), mean)
51.  sdata2 <- t(sdata2[,-1])
52.  item_t <- sapply(sdata1[,1:pnum], function(x) c(t.test(x ~
     sdata1$grp)$statistic,t.test(x ~ sdata1$grp)$p.value))
```

```
53.  result2 <- data.frame(Item=rownames(sdata2),m.1=sdata2[,2], m.h=sdata2[,1],
     m.a=(sdata2[,2]+sdata2[,1])/2, m.dif=sdata2[,1]-sdata2[,2], t.stat=item_t[1,],
     t.p=item_t[2,])
54.  head(result2)
55.  result2 <- result2[,-1]
56.  names(result2) <- c(' 低分組難度 ',' 高分組難度 ',' 分組難度 ',' 鑑別度 ','CR值 ','p
     值 ')
57.  row.names(result2) <- names(sdata0[,2:(pnum+1)])
58.  head(round(result2,3))
59.  library(psychometric)
60.  itotr <- item.exam(sdata1[, 1:pnum], discrim = TRUE)
61.  head(itotr)
62.  result3 <- t(rbind(itotr$Item.Tot.woi))
63.  result3 <- data.frame(result3)
64.  names(result3) <- c(' 題目總分相關 ')
65.  row.names(result3) <- names(sdata0[,2:(pnum+1)])
66.  head(round(result3,3))
67.  detach("package:psychometric", unload = TRUE)
68.  library(psych)
69.  itotalpha <- alpha(sdata1[, 1:pnum],check.keys=TRUE)$alpha.drop[,'raw_alpha']
70.  result4 <- as.data.frame(t(rbind(itotalpha, itotr$Item.Rel.woi)))
71.  names(result4) <- c(' 總量表信度（刪題）',' 題目信度 ')
72.  row.names(result4) <- names(sdata0[,2:(pnum+1)])
73.  head(round(result4, 3))
74.  resultall <- cbind(result2, result3, result4)
75.  head(round(resultall, 3))
76.  write.csv(round(resultall,3), " 試題分析結果 .csv")
```

貳、多元計分類型的題目分析

　　多元計分類型的題目分析與二元計分類型的題目分析有許多的觀念及作法都是雷同的。例如：CR 值、試題與總分相關、刪題後 α 值等，以下將利用 R 進行多元計分類型的題目分析，說明如下。

一、讀取資料檔

設定工作目錄為「D:\DATA\CH02\」。

```
> setwd("D:/DATA/CH02/")
```

讀取資料檔「CH02_2.csv」，並將資料儲存至 sdata0 這個變項。

```
> library(readr)
> sdata0 <- read_csv("CH02_2.csv")
```

二、檢視資料

檢視前六筆資料，如下所示。

```
> head(sdata0)
# A tibble: 6 x 25
     ID  B101  B102  B103  B104  B105  B106  B201  B202  B203  B204  B205  B206  B301
  <chr> <int> <int> <int> <int> <int> <int> <int> <int> <int> <int> <int> <int> <int>
1 ST001     4     4     4     4     4     4     4     4     4     4     4     4     3
2 ST002     4     4     4     4     4     4     4     4     4     4     4     4     4
3 ST003     3     3     3     3     3     3     3     3     3     3     3     3     2
4 ST004     3     3     3     3     4     3     3     3     3     3     3     3     3
5 ST005     3     3     3     3     3     3     3     3     3     3     3     3     3
6 ST006     3     3     4     4     4     4     3     3     3     3     3     3     3
# ... with 11 more variables: B302 <int>, B303 <int>, B304 <int>, B305 <int>,
#   B306 <int>, B401 <int>, B402 <int>, B403 <int>, B404 <int>, B405 <int>, B406 <int>
```

檢視前六筆資料時，資料檔的第一行是第一筆受試者的反應資料，總共有 100 筆資料，第 1 個欄位是受試者編號，以下檢視後六筆資料，如下所示。

```
> tail(sdata0)
# A tibble: 6 x 25
     ID   B101  B102  B103  B104  B105  B106  B201  B202  B203  B204  B205  B206  B301
   <chr> <int> <int> <int> <int> <int> <int> <int> <int> <int> <int> <int> <int> <int>
1 ST095    3     3     3     3     3     3     3     3     3     3     3     3     2
2 ST096    4     4     4     4     4     4     4     4     4     4     4     4     4
3 ST097    3     3     3     3     3     3     3     3     3     3     3     3     3
4 ST098    4     3     4     4     4     4     4     4     4     4     3     4     3
5 ST099    3     3     3     3     3     3     3     3     3     3     3     3     3
6 ST100    4     4     4     4     4     4     4     4     4     3     4     4     3
# ... with 11 more variables: B302 <int>, B303 <int>, B304 <int>, B305 <int>,
#   B306 <int>, B401 <int>, B402 <int>, B403 <int>, B404 <int>, B405 <int>, B406 <int>
```

　　由後六筆資料中可以得知，總共有 100 筆受試者的反應資料。計算受試者人數與試題數，如下所示，因為第一行是受試者的編號，所以題數是行數再減 1，而人數即是列數。

```
> pnum <- ncol(sdata0)-1
> snum <- nrow(sdata0)
```

　　檢視題數 (pnum) 以及人數 (snum)。

```
> pnum
[1]  24
> snum
[1]  100
```

　　由上述結果可以得知，此範例檔中題數 24，受試人數 100。

三、描述性統計

　　接下來開始進行多元計分檔案的描述性統計，首先將讀入的資料檔變數去除

第一行編號的欄位，如下所示。

```
> sdata1 <- sdata0[,-1]
```

檢視 sdata1 前六筆資料，發現第一行編號資料已經去除，如下所示。

```
> head(sdata1)
# A tibble: 6 x 24
    B101  B102  B103  B104  B105  B106  B201  B202  B203  B204  B205  B206  B301  B302
   <int> <int> <int> <int> <int> <int> <int> <int> <int> <int> <int> <int> <int> <int>
1     4     4     4     4     4     4     4     4     4     4     4     4     3     3
2     4     4     4     4     4     4     4     4     4     4     4     4     3     3
3     3     3     3     3     3     3     3     3     3     3     3     2     3     3
4     3     3     3     3     4     3     3     3     3     3     3     3     3     3
5     3     3     3     3     3     3     3     3     3     3     3     3     3     3
6     3     3     4     4     4     4     3     3     3     3     3     3     3     3
# ... with 10 more variables: B303 <int>, B304 <int>, B305 <int>, B306 <int>,
#   B401 <int>, B402 <int>, B403 <int>, B404 <int>, B405 <int>, B406 <int>
```

檢視結果，已成功地將 sdata0 的內容去除第一行編號欄位，並且儲存至 sdata1 的變項中。

接下來將進行試題的描述性統計，分別是平均數、標準差、偏態與峰度的計算，如下所示。而為了計算方便，所以先定義一個 my_stats() 的函數，其中包括平均數 (mean)、標準差 (sd)、偏態係數 (skewness) 與峰度係數 (kurtosis)，函數如下所示，啟用這個函數之前，需要先啟用 moments 的套件。

```
> library(moments)
> my_stats <- function(x) {
+   funs <- c(mean, sd, skewness, kurtosis)
+   sapply(funs, function(f) f(x, na.rm = TRUE))
+ }
```

接下來即開始計算試題的平均數、標準差、偏態以及峰度係數，如下所示。

```
> sdata1_desc <- apply(sdata1, 2, my_stats)
```

顯示計算結果資料。

```
> print(sdata1_desc)
           B101       B102       B103       B104       B105       B106       B201       B202
[1,] 3.3600000  3.3800000  3.4600000  3.4100000  3.5100000  3.5100000  3.4600000  3.4100000
[2,] 0.4824182  0.5081159  0.5009083  0.5143398  0.5221362  0.5024184  0.5009083  0.4943111
[3,] 0.5833333  0.2611291  0.1605145  0.1413262 -0.2538758 -0.0400080  0.1605145  0.3659777
[4,] 1.3402778  1.6287112  1.0257649  1.5530350  1.5616774  1.0016006  1.0257649  1.1339396
           B203       B204        B205       B206       B301       B302       B303
[1,] 3.4400000  3.3000000  3.46000000  3.5100000  2.9500000  3.2400000  3.3900000
[2,] 0.5378596  0.6113406  0.52068331  0.5221362  0.7017295  0.6050294  0.5666667
[3,] -0.1515748 -0.2665930 -0.05557678 -0.2538758 -0.1079681 -0.1592933 -0.2302049
[4,] 1.8375519  2.3674215  1.50869645  1.5616774  2.5050099  2.4730787  2.1879861
           B304       B305        B306       B401       B402        B403       B404
[1,] 3.4400000  3.4800000  3.4000000  3.3300000  3.2100000  3.31000000  3.3200000
[2,] 0.6083593  0.5408560  0.5860327  0.6204430  0.6403124  0.54485657  0.5839607
[3,] -0.8514172 -0.3055309 -0.3631735 -0.3537534 -0.2125986  0.04319319 -0.1879312
[4,] 4.0913026  1.8838558  2.2768166  2.3340325  2.3479470  2.34747534  2.3626379
           B405       B406
[1,] 3.3800000  3.3100000
[2,] 0.5464301  0.5978919
[3,] -0.0737703 -0.2323528
[4,] 2.0721360  2.3742574
```

由上述的結果可以得知，計算結果總共有 4 列，第 1 列為平均數、第 2 列為標準差、第 3 列則為偏態係數、第 4 列則為峰度係數。為了方便識別，分別將這 4 列計算結果的變項加以命名為「難度值」、「標準差」、「偏態」與「峰度」，如下所示。

```
> rownames(sdata1_desc) <- c(" 難度值 "," 標準差 "," 偏態 "," 峰度 ")
```

將資料加以轉置並且儲存至 result1 這個變項。

```
> result1 <- as.data.frame(t(sdata1_desc))
```

將 result1 的欄位名稱取自 sdata0 的欄位名稱。

```
> row.names(result1) <- names(sdata0[,2:(pnum+1)])
```

將結果取四捨五入至小數點第 3 位後,顯示前六筆。

```
> head(round(result1,3))
      平均數 標準差   偏態   峰度
B101    3.36  0.482  0.583 1.340
B102    3.38  0.508  0.261 1.629
B103    3.46  0.501  0.161 1.026
B104    3.41  0.514  0.141 1.553
B105    3.51  0.522 -0.254 1.562
B106    3.51  0.502 -0.040 1.002
```

四、計算分組平均數、差異以及 CR 值

　　接下來要進行分組平均數、差異以及 CR 值的計算。多元計分鑑別力 CR 值的計算需要將所有的人分成高分組與低分組,再藉由高分組與低分組的平均數進行 t 檢定,所計算的 t 值即為 CR 值。至於分組的方法,最常見的方式即是將所有的受試者分為前 27% 的高分組與後 27% 的低分組,另外則有取前後 33% 或者是 25%。

首先計算受試者答題的總分 (tot)，如下所示。

```
> sdata1$tot <- apply(sdata1, 1, sum)
> print(sdata1[1:6,20:25])
# A tibble: 6 x 6
    B402  B403  B404  B405  B406   tot
   <int> <int> <int> <int> <int> <int>
1     3     3     3     3     3    88
2     3     4     3     4     3    92
3     2     3     3     3     3    70
4     3     3     3     3     3    73
5     3     3     3     3     3    74
6     3     3     3     3     3    79
```

由前述六筆資料中可以得知，新增一個總分的欄位 (tot)，接下來要依據總分來加以分組，新增一個組別的欄位 (grp)，並先指定為 NA。

```
> sdata1$grp <- NA
```

計算高分組與低分組分組的界限分數 LB 與 HB。

```
> LB=0
> HB=0
> LB=quantile(sdata1$tot,probs=c(0.27))
> HB=quantile(sdata1$tot,probs=c(0.73))
```

顯示 LB 與 HB 的值，如下所示。

```
> LB
27%
 72
```

```
> HB
73%
 91
```

由上述資料可以得知，低於 72.00 即為低分組，而高於 91.00 即為高分組。
以下即將在組別的欄位 (grp) 指定高低分組。

```
> sdata1$grp[sdata1$tot <= LB] <- "L"
> sdata1$grp[sdata1$tot >= HB] <- "H"
```

檢視前六筆資料分組的結果，如下所示。

```
> print(sdata1[1:6,20:26])
# A tibble: 6 x 7
    B402  B403  B404  B405  B406   tot   grp
  <int> <int> <int> <int> <int> <int> <chr>
1     3     3     3     3     3    88  <NA>
2     3     4     3     4     3    92     H
3     2     3     3     3     3    70     L
4     3     3     3     3     3    73  <NA>
5     3     3     3     3     3    74  <NA>
6     3     3     3     3     3    79  <NA>
```

由上述的結果可以得知，第 2 筆資料因為總分為 92，高於 91.00 所以為高分
組，至於第 3 筆資料，總分 70 因為小於等於 72.00，所以為低分組。

以下的程式主要是要計算高分組的難度、低分組的難度、分組難度、鑑別度
以及 CR 值，如下所示。

```
> sdata1$grp <- factor(sdata1$grp)
> sdata2 <- aggregate(sdata1[,1:pnum], by=list(sdata1$grp), mean)
```

```
> sdata2 <- t(sdata2[,-1])
> item_t <- sapply(sdata1[,1:pnum], function(x)
  c(t.test(x ~ sdata1$grp, var.equal=TRUE)$statistic,
  t.test(x ~ sdata1$grp, var.equal=TRUE)$p.value))
> result2 <- data.frame(Item=rownames(sdata2),m.1=sdata2[,2],
  m.h=sdata2[,1], m.a=(sdata2[,2]+sdata2[,1])/2,
  m.dif=sdata2[,1]-sdata2[,2], t.stat=item_t[1,], t.p=item_t[2,])
```

計算的結果儲存至 result2 的變數中，檢視前六筆的結果，如下所示。

```
> head(result2)
     Item      m.1       m.h       m.a      m.dif     t.stat           t.p
B101 B101 3.000000 3.821429 3.410714 0.8214286 11.345453 5.006785e-16
B102 B102 3.000000 3.928571 3.464286 0.9285714 19.072806 6.528376e-26
B103 B103 3.034483 3.857143 3.445813 0.8226601 10.985200 1.731408e-15
B104 B104 3.000000 3.714286 3.357143 0.7142857  8.363979 2.234019e-11
B105 B105 2.965517 3.892857 3.429187 0.9273399 13.597730 3.114025e-19
B106 B106 3.034483 3.928571 3.481527 0.8940887 14.896122 5.920127e-21
```

將題目的編號去除之後，再儲存成 result2。

```
> result2 <- result2[,-1]
```

將計算的 5 個欄位結果，分別命名爲低分組平均、高分組平均、差異、鑑別
度以及 CR 值，如下所示。

```
> names(result2) <- c(' 低分組平均 ',' 高分組平均 ',' 差異 ',
  ' 鑑別度 ','CR 值 ','p 值 ')
```

將結果計算四捨五入，取小數第 3 位後，顯示前六筆資料。

```
> row.names(result2) <- names(sdata0[,2:(pnum+1)])
> head(round(result2,3))
     低分組平均 高分組平均  差異 鑑別度  CR 值 p 值
B101      3.000      3.821 3.411  0.821 11.345     0
B102      3.000      3.929 3.464  0.929 19.073     0
B103      3.034      3.857 3.446  0.823 10.985     0
B104      3.000      3.714 3.357  0.714  8.364     0
B105      2.966      3.893 3.429  0.927 13.598     0
B106      3.034      3.929 3.482  0.894 14.896     0
```

五、計算題目與總分相關係數

接下來要進行的是題目與總分的相關，利用 psychometrics 套件來計算題目與總分相關，並且利用 item.exam() 函數來計算，如下所示。

```
> library(psychometric)
Loading required package: multilevel
Loading required package: nlme
Loading required package: MASS
> itotr <- item.exam(sdata1[, 1:pnum], discrim = TRUE)
```

檢視計算結果，如下所示。

```
> head(itotr)
     Sample.SD Item.total Item.Tot.woi Difficulty Discrimination Item.Criterion
B101 0.4824182  0.7030215    0.6758338       3.36      0.7575758             NA
B102 0.5081159  0.7305450    0.7040032       3.38      0.8181818             NA
B103 0.5009083  0.6606804    0.6292748       3.46      0.7575758             NA
B104 0.5143398  0.6078748    0.5719076       3.41      0.6666667             NA
B105 0.5221362  0.7076408    0.6784511       3.51      0.7878788             NA
B106 0.5024184  0.6696240    0.6387605       3.51      0.7878788             NA
```

```
      Item.Reliab Item.Rel.woi Item.Validity
B101    0.3374503    0.3244002            NA
B102    0.3693409    0.3559222            NA
B103    0.3292814    0.3136290            NA
B104    0.3110870    0.2926804            NA
B105    0.3676329    0.3524682            NA
B106    0.3347450    0.3193164            NA
```

由上述計算的結果，題目與總分相關的欄位是「Item.Tot.woi」，因此只要擷取這個欄位的資料即可，並且將這個資料加以轉置。

```
> result3 <- t(rbind(itotr$Item.Tot.woi))
> result3 <- data.frame(result3)
```

將這個欄位的名稱加以命名。

```
> names(result3) <- c('題目總分相關')
> row.names(result3) <- names(sdata0[,2:(pnum+1)])
> head(round(result3,3))
     題目總分相關
B101        0.676
B102        0.704
B103        0.629
B104        0.572
B105        0.678
B106        0.639
```

六、計算刪題後信度

接下來利用 psych 的套件來計算刪題後的信度係數，由於 psychometrics 套件也有相同名稱的指令，所以必須要先卸載 psychometric 套件，如下所示。

```
> detach("package:psychometric", unload = TRUE)
> library(psych)
> itotalpha <- alpha(sdata1[, 1:pnum],check.keys=TRUE)$alpha.drop[,'raw_alpha']
> result4 <- as.data.frame(t(rbind(itotalpha, itotr$Item.Rel.woi)))
> names(result4) <- c('總量表信度（刪題）',' 題目信度 ')
> row.names(result4) <- names(sdata0[,2:(pnum+1)])
```

檢視刪題後的信度以及題目信度，如下所示。

```
> head(round(result4, 3))
        總量表信度（刪題） 題目信度
B101            0.954    0.324
B102            0.954    0.356
B103            0.955    0.314
B104            0.955    0.293
B105            0.954    0.352
B106            0.955    0.319
```

七、檢視多元計分題目分析結果

　　將上述分組平均數、差異、CR 值、題目與總分相關、刪題後信度、題目信度等題目分析結果合併，並儲存至 resultall 變項。

```
> resultall <- cbind(result2, result3, result4)
```

檢視合併結果的前六筆資料。

```
> round(resultall, 3)
```

	低分組平均	高分組平均	差異	鑑別度	CR 值	p 值	題目總分相關	總量表信度（刪題）	題目信度
B101	3.000	3.821	3.411	0.821	11.345	0	0.676	0.954	0.324
B102	3.000	3.929	3.464	0.929	19.073	0	0.704	0.954	0.356
B103	3.034	3.857	3.446	0.823	10.985	0	0.629	0.955	0.314
B104	3.000	3.714	3.357	0.714	8.364	0	0.572	0.955	0.293
B105	2.966	3.893	3.429	0.927	13.598	0	0.678	0.954	0.352
B106	3.034	3.929	3.482	0.894	14.896	0	0.639	0.955	0.319
B201	3.000	3.964	3.482	0.964	27.487	0	0.705	0.954	0.351
B202	3.000	3.821	3.411	0.821	11.345	0	0.646	0.955	0.318
B203	3.000	3.929	3.464	0.929	13.234	0	0.655	0.955	0.350
B204	2.897	3.821	3.359	0.925	9.930	0	0.637	0.955	0.388
B205	2.966	3.893	3.429	0.927	13.598	0	0.747	0.954	0.387
B206	2.966	3.964	3.465	0.999	20.125	0	0.745	0.954	0.387
B301	2.483	3.536	3.009	1.053	6.908	0	0.663	0.955	0.463
B302	2.862	3.857	3.360	0.995	10.621	0	0.670	0.954	0.403
B303	2.897	3.786	3.341	0.889	9.147	0	0.637	0.955	0.359
B304	2.897	3.857	3.377	0.961	9.437	0	0.676	0.954	0.409
B305	2.966	3.964	3.465	0.999	20.125	0	0.756	0.954	0.407
B306	2.931	3.857	3.394	0.926	11.270	0	0.645	0.955	0.376
B401	2.828	3.857	3.342	1.030	10.477	0	0.692	0.954	0.427
B402	2.690	3.857	3.273	1.167	10.528	0	0.724	0.954	0.461
B403	2.931	3.857	3.394	0.926	11.270	0	0.663	0.954	0.359
B404	2.897	3.821	3.359	0.925	9.930	0	0.697	0.954	0.405
B405	2.931	3.893	3.412	0.962	12.635	0	0.672	0.954	0.365
B406	2.828	3.893	3.360	1.065	11.421	0	0.731	0.954	0.435

將多元計分題目的分析結果儲存至文字檔。

```
write.csv(round(resulta11,3), " 多元試題分析結果 .csv")
```

八、多元計分題目分析程式

以下為多元計分題目分析完整的程式。

```
1.   #量表之試題分析 2017/07/30
2.   #檔名 CH02_2.R 資料檔 CH02_2.csv
3.   #設定工作目錄
4.   setwd("D:/DATA/CH02/")
5.   library(readr)
6.   sdata0 <- read_csv("CH02_2.csv")
7.   head(sdata0)
8.   tail(sdata0)
9.   pnum <- ncol(sdata0)-1
10.  snum <- nrow(sdata0)
11.  print(pnum)
12.  print(snum)
13.  sdata1 <- sdata0[,-1]
14.  head(sdata1)
15.  library(moments)
16.  my_stats <- function(x) {
17.    funs <- c(mean, sd, skewness, kurtosis)
18.    sapply(funs, function(f) f(x, na.rm = TRUE))
19.  }
20.  sdata1_desc <- apply(sdata1, 2, my_stats)
21.  print(sdata1_desc)
22.  rownames(sdata1_desc) <- c("平均數", "標準差", "偏態", "峰度")
23.  result1 <- as.data.frame(t(sdata1_desc))
24.  row.names(result1) <- names(sdata0[,2:(pnum+1)])
25.  head(round(result1,3))
26.  sdata1$tot <- apply(sdata1, 1, sum)
27.  sdata1$grp <- NA
28.  LB=0
29.  HB=0
30.  LB=quantile(sdata1$tot,probs=c(0.27))
31.  HB=quantile(sdata1$tot,probs=c(0.73))
32.  print(LB)
33.  print(HB)
34.  sdata1$grp[sdata1$tot <= LB] <- "L"
35.  sdata1$grp[sdata1$tot >= HB] <- "H"
36.  sdata1$grp <- factor(sdata1$grp)
37.  sdata2 <- aggregate(sdata1[,1:pnum], by=list(sdata1$grp), mean)
38.  sdata2 <- t(sdata2[,-1])
```

```
39. item_t <- sapply(sdata1[,1:pnum], function(x) c(t.test(x ~ sdata1$grp, var.
    equal=TRUE)$statistic,t.test(x ~ sdata1$grp, var.equal=TRUE)$p.value))
40. result2 <- data.frame(Item=rownames(sdata2),m.1=sdata2[,2], m.h=sdata2[,1],
    m.a=(sdata2[,2]+sdata2[,1])/2, m.dif=sdata2[,1]-sdata2[,2], t.stat=item_t[1,],
    t.p=item_t[2,])
41. head(result2)
42. result2 <- result2[,-1]
43. names(result2) <- c('低分組平均','高分組平均','差異','鑑別度','CR值','p值')
44. row.names(result2) <- names(sdata0[,2:(pnum+1)])
45. head(round(result2,3))
46. library(psychometric)
47. itotr <- item.exam(sdata1[, 1:pnum], discrim = TRUE)
48. head(itotr)
49. result3 <- t(rbind(itotr$Item.Tot.woi))
50. result3 <- data.frame(result3)
51. names(result3) <- c('題目總分相關')
52. row.names(result3) <- names(sdata0[,2:(pnum+1)])
53. head(round(result3,3))
54. detach("package:psychometric", unload = TRUE)
55. library(psych)
56. itotalpha <- alpha(sdata1[, 1:pnum],check.keys=TRUE)$alpha.drop[,'raw_alpha']
57. result4 <- as.data.frame(t(rbind(itotalpha, itotr$Item.Rel.woi)))
58. names(result4) <- c('總量表信度（刪題）','題目信度')
59. row.names(result4) <- names(sdata0[,2:(pnum+1)])
60. head(round(result4, 3))
61. resultall <- cbind(result2, result3, result4)
62. round(resultall, 3)
63. write.csv(round(resultall,3), "多元試題分析結果.csv")
```

參、分量表多元計分題目分析

一、計算題目與總分相關係數

多元計分的量表中，若是總量表還具有分量表時，多元計分題目量表的分析在計算總分與題目相關時，會有所不同，說明如下，首先仍然是利用

psychometrics 套件，來計算題目與總分相關。

```
> library(psychometric)
Loading required package: multilevel
Loading required package: nlme
Loading required package: MASS
```

以上為啓用 psychometric 套件及相關套件，以下將利用 item.exam() 來計算題目與總分相關，如下所示。

```
> itotr <- item.exam(sdata1[, 1:pnum], discrim = TRUE)
```

檢視計算結果，如下所示。

```
> head(itotr)
       Sample.SD Item.total Item.Tot.woi Difficulty Discrimination Item.Criterion Item.Reliab Item.Rel.woi Item.Validity
B101  0.4824182  0.7030215   0.6758338      3.36      0.7575758             NA     0.3374503    0.3244002            NA
B102  0.5081159  0.7305450   0.7040032      3.38      0.8181818             NA     0.3693409    0.3559222            NA
B103  0.5009083  0.6606804   0.6292748      3.46      0.7575758             NA     0.3292814    0.3136290            NA
B104  0.5143398  0.6078748   0.5719076      3.41      0.6666667             NA     0.3110870    0.2926804            NA
B105  0.5221362  0.7076408   0.6784511      3.51      0.7878788             NA     0.3676329    0.3524682            NA
B106  0.5024184  0.6696240   0.6387605      3.51      0.7878788             NA     0.3347450    0.3193164            NA
```

由上述計算的結果，題目與總分相關的欄位是「Item.Tot.woi」，因此只要擷取這個欄位的資料即可。接下來需要開始計算分量表題目與總分的相關係數，因為本範例量表有 4 個分量表，分別是 B01 有 6 題、B02 有 6 題、B03 有 6 題、B04 有 6 題，合計 24 題。所以 1-6 題為 B01 分量表、7-12 為 B02 分量表、13-18 為 B03 分量表、19-24 為 B04 分量表，以下是先將資料轉換為包含 5 個資料框架的列。

```
> ldta <- list(x1=sdata1[,1:6],x2=sdata1[,7:12],
  x3=sdata1[,13:18],x4=sdata1[,19:24])
> isubr <- lapply(ldta, item.exam, discrim = TRUE)
```

　　計算分量表中的題目與總分的相關係數，檢視第 1 個分量表計算結果，如下
所示。

```
> head(isubr,1)
$x1
     Sample.SD Item.total Item.Tot.woi Difficulty Discrimination Item.Criterion Item.Reliab Item.Rel.woi Item.Validity
B101 0.4824182 0.8284568  0.7496269     3.36       0.9393939     NA             0.3976593   0.3598209    NA
B102 0.5081159 0.8244778  0.7385989     3.38       0.9393939     NA             0.4168304   0.3734127    NA
B103 0.5009083 0.8279017  0.7449581     3.46       0.9090909     NA             0.4126241   0.3712852    NA
B104 0.5143398 0.8074672  0.7133577     3.41       0.8787879     NA             0.4132308   0.3650691    NA
B105 0.5221362 0.8164302  0.7241336     3.51       1.0000000     NA             0.4241510   0.3762012    NA
B106 0.5024184 0.8161090  0.7281474     3.51       0.9696970     NA             0.4079729   0.3640009    NA
```

　　上述分量表題目與總分相關係數計算的結果，題目與總分相關的欄位是
「Item.Tot.woi」，因此只要擷取這個欄位的資料即可。

```
> result3 <- t(rbind(itotr$Item.Tot.woi,
+ c(isubr$x1$Item.Tot.woi,isubr$x2$Item.Tot.woi,isubr$x3$Item.Tot.woi,
+   isubr$x4$Item.Tot.woi,isubr$x5$Item.Tot.woi)))
```

　　上述程式即是將 5 個分量表的資料加以合併。

```
> result3 <- data.frame(result3)
```

　　標題新增「題目分量表相關」的欄位。

```
> names(result3) <- c(' 題目總分相關 ',' 題目分量表相關 ')
> row.names(result3) <- names(sdata0[,2:(pnum+1)])
```

檢視結果，如下所示。

```
> head(round(result3,3))
     題目總分相關 題目分量表相關
B101       0.676           0.750
B102       0.704           0.739
B103       0.629           0.745
B104       0.572           0.713
B105       0.678           0.724
B106       0.639           0.728
```

二、計算刪題後信度

接下來要計算刪題後的信度係數，如下所示。

```
> isubrel <- c(isubr$x1$Item.Rel.woi,
  isubr$x2$Item.Rel.woi,isubr$x3$Item.Rel.woi,
  isubr$x4$Item.Rel.woi)
```

上述為擷取題目的信度。

```
> detach("package:psychometric", unload = TRUE)
```

利用 psych 套件，計算刪題後信度。

```
> library(psych)
```

```
> itotalpha <- alpha(sdata1[, 1:pnum],
  check.keys=TRUE)$alpha.drop[,'raw_alpha']
```

計算刪題後分量表的信度。

```
> isubalpha <- lapply(ldta, alpha)
```

將分量表中刪題後信度資料擷取出來。

```
> ialpha <- c(isubalpha$x1$alpha.drop[,'raw_alpha'],
+             isubalpha$x2$alpha.drop[,'raw_alpha'],
+             isubalpha$x3$alpha.drop[,'raw_alpha'],
+             isubalpha$x4$alpha.drop[,'raw_alpha']
+             )
```

合併總量表刪題後信度、題目刪除後信度以及題目信度資料。

```
> result4 <- as.data.frame(t(rbind(itotalpha, ialpha,
  itotr$Item.Rel.woi)))
```

命名欄位標題如下所示。

```
> names(result4) <- c(' 總量表信度（刪題）',' 分量表信度（刪題）',' 題目信度 ')
> row.names(result4) <- names(sdata0[,2:(pnum+1)])
```

檢視分析結果。

```
> head(round(result4, 3))
```

	總量表信度（刪題）	分量表信度（刪題）	題目信度
B101	0.954	0.883	0.324
B102	0.954	0.884	0.356
B103	0.955	0.883	0.314
B104	0.955	0.888	0.293
B105	0.954	0.887	0.352
B106	0.955	0.886	0.319

三、檢視具分量表多元計分題目分析結果

以下部分即與多元計分相同，將結果合併後輸出以及存檔，以下檢視具分量表之多元計分題目分析結果。

```
> resultall <- cbind(result2, result3, result4)
> round(resultall, 3)
```

	低分組平均	高分組平均	差異	鑑別度	CR 值	p 值	題目總分相關
B101	3.000	3.821	3.411	0.821	11.345	0	0.676
B102	3.000	3.929	3.464	0.929	19.073	0	0.704
B103	3.034	3.857	3.446	0.823	10.985	0	0.629
B104	3.000	3.714	3.357	0.714	8.364	0	0.572
B105	2.966	3.893	3.429	0.927	13.598	0	0.678
B106	3.034	3.929	3.482	0.894	14.896	0	0.639
B201	3.000	3.964	3.482	0.964	27.487	0	0.705
B202	3.000	3.821	3.411	0.821	11.345	0	0.646
B203	3.000	3.929	3.464	0.929	13.234	0	0.655
B204	2.897	3.821	3.359	0.925	9.930	0	0.637
B205	2.966	3.893	3.429	0.927	13.598	0	0.747
B206	2.966	3.964	3.465	0.999	20.125	0	0.745
B301	2.483	3.536	3.009	1.053	6.908	0	0.663
B302	2.862	3.857	3.360	0.995	10.621	0	0.670
B303	2.897	3.786	3.341	0.889	9.147	0	0.637
B304	2.897	3.857	3.377	0.961	9.437	0	0.676
B305	2.966	3.964	3.465	0.999	20.125	0	0.756
B306	2.931	3.857	3.394	0.926	11.270	0	0.645
B401	2.828	3.857	3.342	1.030	10.477	0	0.692

B402	2.690	3.857	3.273	1.167	10.528	0	0.724
B403	2.931	3.857	3.394	0.926	11.270	0	0.663
B404	2.897	3.821	3.359	0.925	9.930	0	0.697
B405	2.931	3.893	3.412	0.962	12.635	0	0.672
B406	2.828	3.893	3.360	1.065	11.421	0	0.731

	題目分量表相關	總量表信度（刪題）	分量表信度（刪題）	題目信度
B101	0.750	0.954	0.883	0.324
B102	0.739	0.954	0.884	0.356
B103	0.745	0.955	0.883	0.314
B104	0.713	0.955	0.888	0.293
B105	0.724	0.954	0.887	0.352
B106	0.728	0.955	0.886	0.319
B201	0.754	0.954	0.858	0.351
B202	0.693	0.955	0.868	0.318
B203	0.740	0.955	0.860	0.350
B204	0.546	0.955	0.896	0.388
B205	0.738	0.954	0.860	0.387
B206	0.767	0.954	0.856	0.387
B301	0.666	0.955	0.880	0.463
B302	0.679	0.954	0.875	0.403
B303	0.656	0.955	0.878	0.359
B304	0.785	0.954	0.858	0.409
B305	0.805	0.954	0.857	0.407
B306	0.682	0.955	0.874	0.376
B401	0.772	0.954	0.884	0.427
B402	0.702	0.954	0.896	0.461
B403	0.752	0.954	0.888	0.359
B404	0.744	0.954	0.889	0.405
B405	0.731	0.954	0.891	0.365
B406	0.754	0.954	0.887	0.435

四、分量表多元計分題目分析報告

　　根據上述的題目分析結果，撰寫之報告如下所示。

　　題目分析主要的目的在針對預試題目進行適切性的評估，爲確保問卷題項的品質，將預試問卷回收的資料進行遺漏值、平均數、鑑別度、相關等分析資料，並依據綜合比較分析結果，將品質較差的題項刪除，以進行下一階段的分析。

　　遺漏值分析結果，所有預試資料都有完整填答，無任何遺漏。平均數分析標準為若平均數過高或過低，則考慮刪除該題。鑑別度分析求得個別題項的 t 值為決斷值（CR 值又稱臨界比），通常 CR 值大於 3，且 t 值達顯著水準時，表示該題具有鑑別度，決斷值愈高代表題目的鑑別度愈好。相關分析則是以各題的得分與因素的總得分進行相關分析，題項與總分的相關若低於 0.3 者，考慮刪題。

　　在「教師領導問卷」的預試題目中，題項品質皆符合標準，故 24 題皆保留，如下表所示。

表 2-1　教師領導項目分析結果一覽表

構面	題號	CR 決斷值	與總分相關	刪題後之 α 值	不良指標	結果
展現教室領導	1	11.345***	0.676	0.883	0	保留
	2	19.073***	0.704	0.884	0	保留
	3	10.985***	0.629	0.883	0	保留
	4	8.364***	0.572	0.888	0	保留
	5	13.598***	0.678	0.887	0	保留
	6	14.896***	0.639	0.886	0	保留
提升專業成長	7	27.487***	0.705	0.858	0	保留
	8	11.345***	0.646	0.868	0	保留
	9	13.234***	0.655	0.860	0	保留
	10	9.930***	0.637	0.896	0	保留
	11	13.598***	0.747	0.860	0	保留
	12	20.125***	0.745	0.856	0	保留
促進同儕合作	13	6.908***	0.663	0.880	0	保留
	14	10.621***	0.670	0.875	0	保留

表 2-1 教師領導項目分析結果一覽表（續）

構面	題號	CR 決斷值	與總分相關	刪題後之 α 值	不良指標	結果
促進同儕合作	15	9.147***	0.637	0.878	0	保留
	16	9.437***	0.676	0.858	0	保留
	17	20.125***	0.756	0.857	0	保留
	18	11.270***	0.645	0.874	0	保留
參與校務決策	19	10.477***	0.692	0.884	0	保留
	20	10.528***	0.724	0.896	0	保留
	21	11.270***	0.663	0.888	0	保留
	22	9.930***	0.697	0.889	0	保留
	23	12.635***	0.672	0.891	0	保留
	24	11.421***	0.731	0.887	0	保留

五、分量表多元計分題目分析程式

以下具分量表之多元計分題目分析結果的完整程式。

```
1.  #量表之試題分析 2017/07/30 有分量表
2.  #檔名 CH02_3.R 資料檔 CH02_2.csv
3.  #設定工作目錄
4.  setwd("D:/DATA/CH02/")
5.  library(readr)
6.  sdata0 <- read_csv("CH02_2.csv")
7.  head(sdata0)
8.  tail(sdata0)
9.  pnum <- ncol(sdata0)-1
10. snum <- nrow(sdata0)
11. print(pnum)
12. print(snum)
13. sdata1 <- sdata0[,-1]
14. library(moments)
15. my_stats <- function(x) {
```

```
16.    funs <- c(mean, sd, skewness, kurtosis)
17.    sapply(funs, function(f) f(x, na.rm = TRUE))
18. }
19. sdata1_desc <- apply(sdata1, 2, my_stats)
20. rownames(sdata1_desc) <- c("平均數", "標準差", "偏態", "峰度")
21. result1 <- as.data.frame(t(sdata1_desc))
22. row.names(result1) <- names(sdata0[,2:(pnum+1)])
23. round(result1,3)
24. sdata1$tot <- apply(sdata1, 1, sum)
25. sdata1$grp <- NA
26. LB=0
27. HB=0
28. LB=quantile(sdata1$tot,probs=c(0.27))
29. HB=quantile(sdata1$tot,probs=c(0.73))
30. sdata1$grp[sdata1$tot <= LB] <- "L"
31. sdata1$grp[sdata1$tot >= HB] <- "H"
32. sdata1$grp <- factor(sdata1$grp)
33. sdata2 <- aggregate(sdata1[,1:pnum], by=list(sdata1$grp), mean)
34. sdata2 <- t(sdata2[,-1])
35. item_t <- sapply(sdata1[,1:pnum], function(x) c(t.test(x ~ sdata1$grp, var.
    equal=TRUE)$statistic,t.test(x ~ sdata1$grp, var.equal=TRUE)$p.value))
36. result2 <- data.frame(Item=rownames(sdata2),m.1=sdata2[,2], m.h=sdata2[,1],
    m.a=(sdata2[,2]+sdata2[,1])/2, m.dif=sdata2[,1]-sdata2[,2], t.stat=item_t[1,],
    t.p=item_t[2,])
37. result2 <- result2[,-1]
38. names(result2) <- c('低分組平均','高分組平均','差異','鑑別度','CR值','p值')
39. row.names(result2) <- names(sdata0[,2:(pnum+1)])
40. head(round(result2,3))
41. library(psychometric)
42. itotr <- item.exam(sdata1[, 1:pnum], discrim = TRUE)
43. head(itotr)
44. ldta <- list(x1=sdata1[,1:6],x2=sdata1[,7:12],x3=sdata1[,13:18],x4=sda
    ta1[,19:24])
45. isubr <- lapply(ldta, item.exam, discrim = TRUE)
46. head(isubr,1)
47. result3 <- t(rbind(itotr$Item.Tot.woi,
48. c(isubr$x1$Item.Tot.woi,isubr$x2$Item.Tot.woi,isubr$x3$Item.Tot.
    woi,isubr$x4$Item.Tot.woi)))
49. result3 <- data.frame(result3)
```

```
50.  names(result3) <- c(' 題目總分相關 ',' 題目分量表相關 ')
51.  row.names(result3) <- names(sdata0[,2:(pnum+1)])
52.  head(round(result3,3))
53.  isubre1 <- c(isubr$x1$Item.Rel.woi,isubr$x2$Item.Rel.woi,isubr$x3$Item.Rel.
     woi,isubr$x4$Item.Rel.woi)
54.  detach("package:psychometric", unload = TRUE)
55.  library(psych)
56.  itotalpha <- alpha(sdata1[, 1:pnum],check.keys=TRUE)$alpha.drop[,'raw_alpha']
57.  isubalpha <- lapply(1dta, alpha)
58.  ialpha <- c(isubalpha$x1$alpha.drop[,'raw_alpha'], isubalpha$x2$alpha.
     drop[,'raw_alpha'],isubalpha$x3$alpha.drop[,'raw_alpha'],isubalpha$x4$alpha.
     drop[,'raw_alpha'])
59.  result4 <- as.data.frame(t(rbind(itotalpha, ialpha, itotr$Item.Rel.woi)))
60.  names(result4) <- c(' 總量表信度 ( 刪題 )',' 分量表信度 ( 刪題 )',' 題目信度 ')
61.  row.names(result4) <- names(sdata0[,2:(pnum+1)])
62.  head(round(result4, 3))
63.  resultall <- cbind(result2, result3, result4)
64.  round(resultall, 3)
65.  write.csv(round(resultall,3), " 多元試題分析結果 .csv")
```

習　題

套件 ltm 中，有一份包括 1,000 個受試樣本，5 個二元計分題目的資料檔 LSAT，請利用此資料檔以及相關試題分析的套件，分析並完成以下的問題。

1. 請安裝 ltm 這個套件，並讀取 LSAT 資料檔。

2. 請利用 descript() 來說明 LSAT 資料檔的測驗特性。

3. 請利用二元計分的相關套件，計算試題的難度值、標準差、偏態以及峰度。

4. 請計算出分組情況下的難度、鑑別度以及 CR 值。

5. 請計算題目與總分之間的相關以及每個題目之刪題後信度。

6. 請將上述題目分析的結果合併，並輸出至檔案「試題分析結果 .csv」

量表信度與效度分析

上一個章節已經介紹過二元計分與多元計分的題目分析，接下來繼續要說明的是測驗分析，測驗分析包括信度分析與效度分析。信度分析的方法主要有重測信度、複本信度、內部一致性係數以及評分者信度，其中內部一致性係數則包括折半信度、庫李信度、α 信度，又以 α 信度最常被研究者所採用，以下主要介紹 α 信度的分析方法。

以下為本章使用的 R 套件。

1. readr
2. psych
3. lavaan
4. semPlot

壹、量表的信度分析

以下將說明如何利用 R 語言來進行量表的信度分析，包括讀取資料檔、檢視所讀取的資料、進行信度分析以及撰寫信度分析的結果報告等步驟，說明如下。

一、讀取資料檔

設定工作目錄為「D:\DATA\CH03\」。

```
> setwd("D:/DATA/CH03/")
```

讀取資料檔「CH03_1.csv」，並將資料儲存至 sdata0 這個變項。

```
> library(readr)
> sdata0 <- read_csv("CH03_1.csv")
```

二、檢視資料

　　檢視前六筆資料，如下所示。

```
> head(sdata0)
# A tibble: 6 x 25
     ID  B101  B102  B103  B104  B105  B106  B201  B202  B203  B204  B205  B206  B301  B302
  <chr> <int> <int> <int> <int> <int> <int> <int> <int> <int> <int> <int> <int> <int> <int>
1 ST001     4     4     4     4     4     4     4     4     4     4     4     4     3     3
2 ST002     4     4     4     4     4     4     4     4     4     4     4     4     4     4
3 ST003     3     3     3     3     3     3     3     3     3     3     3     3     2     3
4 ST004     3     3     3     3     4     3     3     3     3     3     3     3     3     3
5 ST005     3     3     3     3     3     3     3     3     3     3     3     3     3     3
6 ST006     3     3     4     4     4     4     3     3     3     3     3     3     3     3
# ... with 10 more variables: B303 <int>, B304 <int>, B305 <int>, B306 <int>, B401 <int>,
#   B402 <int>, B403 <int>, B404 <int>, B405 <int>, B406 <int>
```

　　檢視前六筆資料時，資料檔的第一行是第一筆受試者的反應資料，總共有100 筆資料，第 1 個欄位是受試者編號，以下檢視後六筆資料，如下所示。

```
> tail(sdata0)
# A tibble: 6 x 25
     ID  B101  B102  B103  B104  B105  B106  B201  B202  B203  B204  B205  B206  B301  B302
  <chr> <int> <int> <int> <int> <int> <int> <int> <int> <int> <int> <int> <int> <int> <int>
1 ST095     3     3     3     3     3     3     3     3     3     3     3     3     2     3
2 ST096     4     4     4     4     4     4     4     4     4     4     4     4     4     4
3 ST097     3     3     3     3     3     3     3     3     3     3     3     3     3     3
4 ST098     4     3     4     4     4     4     4     4     4     4     3     4     3     3
5 ST099     3     3     3     3     3     3     3     3     3     3     3     3     3     3
6 ST100     4     4     4     4     4     4     4     4     4     3     4     4     3     3
# ... with 10 more variables: B303 <int>, B304 <int>, B305 <int>, B306 <int>, B401 <int>,
#   B402 <int>, B403 <int>, B404 <int>, B405 <int>, B406 <int>
```

　　由後六筆資料中，可以得知，總共有 100 筆受試者的反應資料。計算受試者人數與試題數，如下所示，因為第一行是受試者的編號，所以題數是行數再減1，而人數即是列數。

```
> pnum <- nco1(sdata0)-1
> snum <- nrow(sdata0)
```

檢視題數 (pnum) 以及人數 (snum)。

```
> pnum
[1]  24
> snum
[1]  100
```

由上述結果可以得知，此範例檔中題數 24，受試人數 100。

三、信度分析

接下來開始進行量表的信度分析，首先將讀入的資料檔變數去除第一行編號的欄位，如下所示。

```
> sdata1 <- sdata0[,-1]
```

檢視 sdata1 前六筆資料，發現第一行編號資料已經去除，如下所示。

```
> head(sdata1)
# A tibble: 6 x 24
   B101  B102  B103  B104  B105  B106  B201  B202  B203  B204  B205  B206  B301  B302  B303
  <int> <int> <int> <int> <int> <int> <int> <int> <int> <int> <int> <int> <int> <int> <int>
1     4     4     4     4     4     4     4     4     4     4     4     3     3     4
2     4     4     4     4     4     4     4     4     4     4     4     4     4     4
```

```
3   3   3   3   3   3   3   3   3   3   3   3   3   2   3   3
4   3   3   3   3   4   3   3   3   3   3   3   3   3   3   3
5   3   3   3   3   3   3   3   3   3   3   3   3   3   3   4
6   3   3   4   4   4   4   3   3   3   3   3   3   3   3   4
# ... with 9 more variables: B304 <int>, B305 <int>, B306 <int>, B401 <int>, B402 <int>,
#   B403 <int>, B404 <int>, B405 <int>, B406 <int>
```

　　檢視結果，已成功地將 sdata0 的內容去除第一行編號欄位，並且儲存至 sdata1 的變項中。

　　接下來將進行量表的信度分析，主要是利用 psych 套件的 alpha() 函數來分析量表信度，首先開啓 psych 套件。

```
> library(psych)
```

　　接下來即開始利用 alpha() 函數來分析量表信度，如下所示。

```
> sdata1 <- as.data.frame(sdata1)
> alpha(sdata1)

Reliability analysis
Call: alpha(x = sdata1)

  raw_alpha std.alpha G6(smc) average_r S/N    ase mean   sd
      0.96      0.96    0.98      0.48  22 0.0064  3.4 0.39

 lower alpha upper     95% confidence boundaries
0.94 0.96 0.97

 Reliability if an item is dropped:
     raw_alpha std.alpha G6(smc) average_r S/N alpha se
B101      0.95      0.96    0.97      0.48  21   0.0066
B102      0.95      0.95    0.97      0.48  21   0.0067
B103      0.95      0.96    0.97      0.48  22   0.0066
B104      0.96      0.96    0.98      0.49  22   0.0065
```

B105	0.95	0.96	0.97	0.48	21	0.0066
B106	0.95	0.96	0.97	0.48	21	0.0066
B201	0.95	0.95	0.97	0.48	21	0.0067
B202	0.95	0.96	0.97	0.48	21	0.0066
B203	0.95	0.96	0.97	0.48	21	0.0066
B204	0.95	0.96	0.98	0.48	22	0.0066
B205	0.95	0.95	0.97	0.48	21	0.0067
B206	0.95	0.95	0.97	0.48	21	0.0067
B301	0.95	0.96	0.97	0.48	21	0.0066
B302	0.95	0.96	0.97	0.48	21	0.0066
B303	0.95	0.96	0.98	0.48	22	0.0066
B304	0.95	0.96	0.97	0.48	21	0.0066
B305	0.95	0.95	0.97	0.48	21	0.0068
B306	0.95	0.96	0.97	0.48	22	0.0066
B401	0.95	0.96	0.97	0.48	21	0.0067
B402	0.95	0.95	0.97	0.48	21	0.0067
B403	0.95	0.96	0.97	0.48	21	0.0066
B404	0.95	0.96	0.97	0.48	21	0.0067
B405	0.95	0.96	0.97	0.48	21	0.0066
B406	0.95	0.95	0.97	0.48	21	0.0067

```
Item statistics
        n raw.r std.r r.cor r.drop mean   sd
B101 100  0.70  0.71  0.70   0.68  3.4 0.48
B102 100  0.73  0.74  0.73   0.70  3.4 0.51
B103 100  0.66  0.67  0.66   0.63  3.5 0.50
B104 100  0.61  0.62  0.60   0.57  3.4 0.51
B105 100  0.71  0.72  0.71   0.68  3.5 0.52
B106 100  0.67  0.68  0.67   0.64  3.5 0.50
B201 100  0.73  0.74  0.74   0.70  3.5 0.50
B202 100  0.68  0.69  0.68   0.65  3.4 0.49
B203 100  0.69  0.69  0.68   0.65  3.4 0.54
B204 100  0.67  0.67  0.65   0.64  3.3 0.61
B205 100  0.77  0.78  0.77   0.75  3.5 0.52
B206 100  0.77  0.77  0.77   0.74  3.5 0.52
B301 100  0.70  0.69  0.68   0.66  3.0 0.70
B302 100  0.70  0.69  0.68   0.67  3.2 0.61
B303 100  0.67  0.67  0.65   0.64  3.4 0.57
B304 100  0.71  0.70  0.70   0.68  3.4 0.61
```

```
B305 100   0.78   0.77   0.77    0.76   3.5 0.54
B306 100   0.68   0.67   0.66    0.65   3.4 0.59
B401 100   0.73   0.72   0.71    0.69   3.3 0.62
B402 100   0.76   0.75   0.74    0.72   3.2 0.64
B403 100   0.69   0.69   0.68    0.66   3.3 0.54
B404 100   0.73   0.72   0.71    0.70   3.3 0.58
B405 100   0.70   0.70   0.69    0.67   3.4 0.55
B406 100   0.76   0.75   0.75    0.73   3.3 0.60


Non missing response frequency for each item
            1    2    3    4 miss
B101 0.00 0.00 0.64 0.36    0
B102 0.00 0.01 0.60 0.39    0
B103 0.00 0.00 0.54 0.46    0
B104 0.00 0.01 0.57 0.42    0
B105 0.00 0.01 0.47 0.52    0
B106 0.00 0.00 0.49 0.51    0
B201 0.00 0.00 0.54 0.46    0
B202 0.00 0.00 0.59 0.41    0
B203 0.00 0.02 0.52 0.46    0
B204 0.00 0.08 0.54 0.38    0
B205 0.00 0.01 0.52 0.47    0
B206 0.00 0.01 0.47 0.52    0
B301 0.01 0.24 0.54 0.21    0
B302 0.00 0.09 0.58 0.33    0
B303 0.00 0.04 0.53 0.43    0
B304 0.01 0.03 0.47 0.49    0
B305 0.00 0.02 0.48 0.50    0
B306 0.00 0.05 0.50 0.45    0
B401 0.00 0.08 0.51 0.41    0
B402 0.00 0.12 0.55 0.33    0
B403 0.00 0.04 0.61 0.35    0
B404 0.00 0.06 0.56 0.38    0
B405 0.00 0.03 0.56 0.41    0
B406 0.00 0.07 0.55 0.38    0
```

　　由以上信度分析結果中，可以知道 alpha() 函數除了計算整體量表的信度之外，尚且針對題目來進行信度計算分析，因為本章主要是量表中的信度分析，所以只需顯示整體量表 ($total) 中的信度 ($raw_alpha)，如下所示。

```
> alpha(sdata1)$total$raw_alpha
[1] 0.9561834
```

由上述的結果可以得知，本量表 24 題中的信度為 0.956。接下來因為本範例量表中有 4 個分量表，分別是 B1 有 6 題、B2 有 6 題、B3 有 6 題、B4 有 6 題，合計 24 題。所以 1-6 題為 B1 分量表、7-12 為 B2 分量表、13-18 為 B3 分量表、19-24 為 B4 分量表，以下是先將資料轉換為包含 4 個資料框架的列。

```
> subdata <- list(x0=sdata1, x1=sdata1[,1:6], x2=sdata1[,7:12], x3=sdata1[,13:18],
x4=sdata1[,19:24])
```

計算總量表及分量表的信度。

```
> palpha <- lapply(subdata, alpha)
```

檢視總量表以及分量表的信度係數。

```
> palpha$x0$total$raw_alpha
[1] 0.9561834
> palpha$x1$total$raw_alpha
[1] 0.9023899
> palpha$x2$total$raw_alpha
[1] 0.8862003
> palpha$x3$total$raw_alpha
[1] 0.8897778
> palpha$x4$total$raw_alpha
[1] 0.9059855
```

　　由上述信度的計算結果，可以得知，總量表信度為 0.956、B1 信度 0.902、B2 信度 0.886、B3 信度 0.890、B4 信度 0.906。

四、信度分析結果報告

　　本研究採用 Cronbach's α 係數值，針對同一構面的題項，進行內部一致性的分析，如下表所示。Cronbach's α 係數介於 0.886～0.956，依據陳新豐 (2014) 即表示內部一致性高。由下表問卷信度分析結果可知，「教師領導問卷」四個構面之 α 係數介於 0.886～0.906 之間，總量表之 α 係數為 0.956，表示量表之內部一致性良好。

表 3-1　教師領導量表總量表及各分量表內部一致性係數一覽表

量表	構面	各構面 α 係數	量表 α 係數
教師領導	展現教室領導	0.902	0.956
	提升專業成長	0.886	
	促進同儕合作	0.890	
	參與校務決策	0.906	

五、信度分析程式

```
1.  #量表之信度分析 2017/07/30
2.  #檔名CH03_1.R 資料檔CH03_1.csv
3.  #設定工作目錄
4.  setwd("D:/DATA/CH03/")
5.  library(readr)
6.  sdata0 <- read_csv("CH03_1.csv")
7.  head(sdata0)
8.  tail(sdata0)
9.  pnum <- ncol(sdata0)-1
10. snum <- nrow(sdata0)
```

```
11.  pnum
12.  snum
13.  sdata1 <- sdata0[,-1]
14.  head(sdata1)
15.  library(psych)
16.  sdata1 <- as.data.frame(sdata1)
17.  alpha(sdata1)
18.  alpha(sdata1)$total$raw_alpha
19.  subdata <- list(x0=sdata1, x1=sdata1[,1:6], x2=sdata1[,7:12],
     x3=sdata1[,13:18], x4=sdata1[,19:24])
20.  palpha <- lapply(subdata, alpha)
21.  palpha$x0$total$raw_alpha
22.  palpha$x1$total$raw_alpha
23.  palpha$x2$total$raw_alpha
24.  palpha$x3$total$raw_alpha
25.  palpha$x4$total$raw_alpha
```

貳、量表的效度分析

以下將說明如何分析量表的建構效度，以探索式因素分析來加以進行分析，如下所示。

一、讀取資料檔

設定工作目錄為「D:\DATA\CH03\」。

```
> setwd("D:/DATA/CH03/")
```

讀取資料檔「CH03_1.csv」，並將資料儲存至 sdata0 這個變項。

```
> library(readr)
> sdata0 <- read_csv("CH03_1.csv")
```

二、檢視資料

　　檢視前六筆資料，如下所示。

```
> head(sdata0)
# A tibble: 6 x 25
    ID   B101  B102  B103  B104  B105  B106  B201  B202  B203  B204  B205  B206  B301  B302
  <chr> <int> <int> <int> <int> <int> <int> <int> <int> <int> <int> <int> <int> <int> <int>
1 ST001    4     4     4     4     4     4     4     4     4     4     4     3     3
2 ST002    4     4     4     4     4     4     4     4     4     4     4     4     4
3 ST003    3     3     3     3     3     3     3     3     3     3     3     2     3
4 ST004    3     3     3     3     4     3     3     3     3     3     3     3     3
5 ST005    3     3     3     3     3     3     3     3     3     3     3     3     3
6 ST006    3     3     4     4     4     4     3     3     3     3     3     3     3
# ... with 10 more variables: B303 <int>, B304 <int>, B305 <int>, B306 <int>, B401 <int>,
#   B402 <int>, B403 <int>, B404 <int>, B405 <int>, B406 <int>
```

　　檢視前六筆資料時，資料檔的第一行是第一筆受試者的反應資料，總共有 100 筆資料，第 1 個欄位是受試者編號，以下檢視後六筆資料，如下所示。

```
> tail(sdata0)
# A tibble: 6 x 25
    ID   B101  B102  B103  B104  B105  B106  B201  B202  B203  B204  B205  B206  B301  B302
  <chr> <int> <int> <int> <int> <int> <int> <int> <int> <int> <int> <int> <int> <int> <int>
1 ST095    3     3     3     3     3     3     3     3     3     3     3     2     3
2 ST096    4     4     4     4     4     4     4     4     4     4     4     4     4
3 ST097    3     3     3     3     3     3     3     3     3     3     3     3     3
4 ST098    4     3     4     4     4     4     4     4     4     3     4     3     3
5 ST099    3     3     3     3     3     3     3     3     3     3     3     3     3
6 ST100    4     4     4     4     4     4     4     4     4     3     4     3     3
# ... with 10 more variables: B303 <int>, B304 <int>, B305 <int>, B306 <int>, B401 <int>,
#   B402 <int>, B403 <int>, B404 <int>, B405 <int>, B406 <int>
```

　　由後六筆資料中，可以得知，總共有 100 筆受試者的反應資料。計算受試者人數與試題數，如下所示，因為第一行是受試者的編號，所以題數是行數再減1，而人數即是列數。

```
> pnum <- ncol(sdata0)-1
> snum <- nrow(sdata0)
```

檢視題數 (pnum) 以及人數 (snum)。

```
> pnum
[1]  24
> snum
[1]  100
```

由上述結果可以得知，此範例檔中題數 24，受試人數 100。

三、探索式因素分析

接下來開始進行量表的效度分析，以探索式因素分析來進行量表建構效度的分析，首先將讀入的資料檔變數去除第一行編號的欄位，如下所示。

```
> sdata1 <- sdata0[,-1]
```

檢視 sdata1 前六筆資料，發現第一行編號資料已經去除，如下所示。

```
> head(sdata1)
# A tibble: 6 x 24
    B101  B102  B103  B104  B105  B106  B201  B202  B203  B204  B205  B206  B301  B302  B303
   <int> <int> <int> <int> <int> <int> <int> <int> <int> <int> <int> <int> <int> <int> <int>
1      4     4     4     4     4     4     4     4     4     4     4     3     3     4
2      4     4     4     4     4     4     4     4     4     4     4     4     4     4
```

```
3     3     3     3     3     3     3     3     3     3     3     3     2     3     3
4     3     3     3     3     4     3     3     3     3     3     3     3     3     3
5     3     3     3     3     3     3     3     3     3     3     3     3     3     4
6     3     3     4     4     4     4     3     3     3     3     3     3     3     4
# ... with 9 more variables: B304 <int>, B305 <int>, B306 <int>, B401 <int>, B402 <int>,
#   B403 <int>, B404 <int>, B405 <int>, B406 <int>
```

　　檢視結果，已成功地將 sdata0 的內容去除第一行編號欄位，並且儲存至
sdata1 的變項中。

　　接下來將進行量表的效度分析，主要是利用 psych 套件的 fa() 函數來分析量
表效度，首先開啓 psych 套件。

```
> library(psych)
```

　　進行 KMO 檢定，如下所示。

```
> KMO(sdata1)
Kaiser-Meyer-Olkin factor adequacy
Call: KMO(r = sdata1)
Overall MSA =  0.9
MSA for each item =
B101 B102 B103 B104 B105 B106 B201 B202 B203 B204 B205 B206 B301 B302
0.93 0.91 0.91 0.91 0.90 0.89 0.89 0.88 0.88 0.91 0.95 0.90 0.90 0.91
B303 B304 B305 B306 B401 B402 B403 B404 B405 B406
0.91 0.87 0.91 0.91 0.88 0.94 0.88 0.89 0.86 0.92
```

　　上述為 KMO 取樣適切性量數，依據 Kaiser 以及 Rice(1977) 的建議，KMO
的判斷值，如下所示。

表 3-2　KMO 判斷規準一覽表

KMO	建議
0.90 以上	極佳
0.80 以上	良好
0.70 以上	中等
0.60 以上	普通
0.50 以上	欠佳
0.50 以下	無法接受

　　本範例所計算出的 KMO 值為 0.90，代表極佳，而各題的取樣適切性量數 MSA，最小也有 0.86，代表相當理想，可繼續進行因素分析。

　　進行 Bartlett 球形檢定，如下所示。

```
> cortest.bartlett(sdata1)
R was not square, finding R from data
$chisq
[1] 1854.244

$p.value
[1] 1.671149e-231

$df
[1] 276
```

　　由上述的球形檢定結果中，可以得知，檢定結果 $\chi^2(276)=1854.244$，p<0.001，表示此 24 個題目之間具有相關性，可以進行因素分析。

　　接下來即開始利用 fa() 函數來分析量表建構效度，如下所示。

　　因素萃取方法 (fm) 是以主軸法 (fa)、抽取因素 (nfactor) 固定 4 因素、進行轉軸 (rotate) 並且以最大變異 (varimax) 方法，顯示時因素負荷量小於 0.35 則不加以顯示，結果依大小排序後呈現。

　　fa() 函數中因素萃取方法，除了主軸法 (fa) 之外，尚有「minres」最小殘差法、「uls」未加權最小平方法、「ols」次序性最小平方法、「wls」加權平方法、「gls」一般化最小平方法、「ml」最大概似法、「minchi」最小化樣本權重卡方值、「minrank」最小等級因素分析法等因素萃取方法。

　　另外在轉軸 (rotate) 部分，則除了最大變異法 (varimax) 之外，尚有「none」不轉軸、「quartimax」四方最大的旋轉法、「equamax」相等最大值法「geominT」、「bifactor」等直交方法，斜交方法則包括「promax」、「oblimin」直接斜交轉軸法、「simplimax」、「bentlerQ」、「geominQ」、「biquartimin」、「cluster」叢集方法等。

```
> print.psych(fa(sdata1, fm="pa", nfactor=4, rotate="varimax"),cut=0.35,sort=TRUE)
Factor Analysis using method =  pa
Call: fa(r = sdata1, nfactors = 4, rotate = "varimax", fm = "pa")
Standardized loadings (pattern matrix) based upon correlation matrix
      item PA2  PA1  PA3  PA4   h2   u2  com
B106   6  0.74                0.64 0.356 1.4
B103   3  0.73                0.60 0.403 1.2
B101   1  0.71                0.63 0.372 1.5
B105   5  0.71                0.61 0.388 1.5
B102   2  0.69                0.65 0.352 1.7
B104   4  0.69                0.54 0.459 1.3
B201   7  0.67 0.37           0.63 0.370 1.8
B205  11  0.64           0.38 0.67 0.334 2.3
B202   8  0.63                0.57 0.432 1.9
B206  12  0.59                0.60 0.397 2.5
B203   9  0.56           0.42 0.55 0.455 2.3
B404  22       0.72           0.69 0.311 1.7
B403  21       0.69           0.64 0.359 1.8
B405  23       0.68 0.38      0.67 0.331 1.9
B401  19       0.68           0.63 0.365 1.8
B406  24       0.61           0.63 0.368 2.5
B402  20  0.42 0.51      0.38 0.60 0.404 3.0
```

```
B304   16              0.87         0.92 0.076 1.5
B305   17        0.39  0.67         0.77 0.232 2.5
B306   18        0.43  0.53         0.58 0.422 2.8
B303   15              0.48         0.48 0.517 3.0
B302   14                    0.73 0.74 0.261 1.8
B301   13                    0.62 0.63 0.369 2.3
B204   10                    0.45 0.46 0.536 3.3
```

　　由上述的結果可以得知，B2 與 B1 合併成一個新因素，而 B302、B301 與 B204 新增加的因素，所以擬就將 B302、B301、B204 刪除，仍以原 4 個因素來建立建構效度，進行第 2 次因素分析，如下所示。

```
> print.psych(fa(sdata1[-c(10,13,14)], fm="pa", nfactor=4, rotate="varimax"),cut=0.
35,sort=TRUE)
Factor Analysis using method =  pa
Call: fa(r = sdata1[-c(10, 13, 14)], nfactors = 4, rotate = "varimax",
    fm = "pa")
Standardized loadings (pattern matrix) based upon correlation matrix
      item PA1 PA2 PA3 PA4   h2    u2 com
B104     4 0.76              0.64 0.363 1.2
B101     1 0.74              0.66 0.336 1.5
B103     3 0.69              0.60 0.405 1.6
B102     2 0.66              0.64 0.364 1.9
B106     6 0.64              0.60 0.401 1.9
B105     5 0.64              0.60 0.397 2.0
B205    10 0.52         0.50 0.67 0.331 3.0
B401    16     0.74         0.70 0.304 1.6
B404    19     0.71         0.68 0.324 1.7
B403    18     0.68 0.36    0.64 0.357 1.8
B405    20     0.65 0.39    0.63 0.371 1.9
B406    21     0.60 0.35    0.64 0.358 2.6
B402    17 0.41 0.60        0.60 0.396 2.3
B304    13          0.87    0.90 0.096 1.4
B305    14     0.38 0.71    0.78 0.224 2.1
B306    15     0.36 0.64 0.36 0.67 0.333 2.3
B303    12     0.36 0.49    0.49 0.505 2.8
```

```
B201     7 0.45              0.64 0.71 0.289 2.4
B203     9 0.38              0.63 0.61 0.393 2.0
B206    11 0.42              0.57 0.67 0.334 3.0
B202     8 0.46              0.54 0.60 0.401 2.6
```

　　由上述的結果可以得知，B205 與原先量表構念有所不合，所以擬刪除，進行第 3 次因素分析，如下所示。

```
> print.psych(fa(sdata1[-c(10,11,13,14)], fm="pa", nfactor=4, rotate="varimax"),cut
=0.35,sort=TRUE)
Factor Analysis using method =  pa
Call: fa(r = sdata1[-c(10, 11, 13, 14)], nfactors = 4, rotate = "varimax",
    fm = "pa")
Standardized loadings (pattern matrix) based upon correlation matrix
      item PA2 PA1 PA3 PA4   h2   u2 com
B104     4 0.76              0.64 0.36 1.2
B101     1 0.74              0.66 0.34 1.5
B103     3 0.69              0.60 0.40 1.6
B102     2 0.66              0.63 0.37 1.9
B106     6 0.65              0.60 0.40 1.9
B105     5 0.65              0.61 0.39 2.0
B401    15     0.74          0.70 0.30 1.6
B404    18     0.69          0.67 0.33 1.9
B403    17     0.66 0.39     0.64 0.36 1.9
B405    19     0.62 0.42     0.62 0.38 2.1
B402    16 0.41 0.62         0.62 0.38 2.1
B406    20     0.60 0.37     0.64 0.36 2.5
B304    12         0.85      0.88 0.12 1.4
B305    13     0.36 0.73     0.78 0.22 2.0
B306    14         0.67 0.36 0.69 0.31 2.1
B303    11         0.51      0.50 0.50 2.7
B201     7 0.45              0.67 0.75 0.25 2.3
B203     9 0.39              0.58 0.57 0.43 2.3
B202     8 0.46              0.55 0.61 0.39 2.6
B206    10 0.43              0.54 0.65 0.35 3.1
```

```
                        PA2  PA1  PA3  PA4
SS loadings             4.27 3.58 2.94 2.26
Proportion Var          0.21 0.18 0.15 0.11
Cumulative Var          0.21 0.39 0.54 0.65
Proportion Explained    0.33 0.27 0.23 0.17
Cumulative Proportion   0.33 0.60 0.83 1.00

Mean item complexity =  2
Test of the hypothesis that 4 factors are sufficient.

The degrees of freedom for the null model are  190  and the objective function was
16.46 with Chi Square of  1505.98
The degrees of freedom for the model are 116  and the objective function was  2.53

The root mean square of the residuals (RMSR) is  0.04
The df corrected root mean square of the residuals is  0.05

The harmonic number of observations is  100 with the empirical chi square  52.67
with prob <  1
The total number of observations was  100  with Likelihood Chi Square =  224.95
with prob <  5.7e-09

Tucker Lewis Index of factoring reliability =  0.86
RMSEA index =  0.108  and the 90 % confidence intervals are  0.078 0.116
BIC =  -309.25
Fit based upon off diagonal values = 0.99
Measures of factor score adequacy
                                             PA2  PA1  PA3  PA4
Correlation of scores with factors           0.91 0.89 0.94 0.85
Multiple R square of scores with factors     0.84 0.80 0.88 0.73
Minimum correlation of possible factor scores  0.67 0.59 0.75 0.46
```

　　檢視結果發現因素大致與原擬之構念相符合，只是有交叉因素負荷 (cross loading)的情形發生，修改轉軸方式(promax)後進行第4次因素分析，如下所示。

```
> print.psych(fa(sdata1[-c(10,11,13,14)], fm="pa", nfactor=4, rotate="promax"),cut=
0.35,sort=TRUE)
Loading required namespace: GPArotation
Factor Analysis using method =  pa
Call: fa(r = sdata1[-c(10, 11, 13, 14)], nfactors = 4, rotate = "promax",
    fm = "pa")
Standardized loadings (pattern matrix) based upon correlation matrix
      item  PA2  PA1  PA3  PA4   h2   u2 com
B104     4 0.89                0.64 0.36 1.1
B101     1 0.76                0.66 0.34 1.1
B103     3 0.68                0.60 0.40 1.1
B106     6 0.62                0.60 0.40 1.7
B102     2 0.60                0.63 0.37 1.3
B105     5 0.59                0.61 0.39 1.2
B401    15      0.89           0.70 0.30 1.1
B404    18      0.76           0.67 0.33 1.2
B403    17      0.71           0.64 0.36 1.2
B402    16      0.70           0.62 0.38 1.3
B405    19      0.65           0.62 0.38 1.3
B406    20      0.58           0.64 0.36 1.5
B304    12           0.97      0.88 0.12 1.1
B305    13           0.75      0.78 0.22 1.1
B306    14           0.69      0.69 0.31 1.8
B303    11           0.47      0.50 0.50 2.0
B201     7                0.78 0.75 0.25 1.1
B203     9                0.68 0.57 0.43 1.1
B202     8                0.60 0.61 0.39 1.6
B206    10                0.57 0.65 0.35 1.3
```

因素交叉負荷的情形不再出現，因素也依原量表建立時之構念。

```
                        PA2  PA1  PA3  PA4
SS loadings            3.87 3.66 2.81 2.71
Proportion Var         0.19 0.18 0.14 0.14
Cumulative Var         0.19 0.38 0.52 0.65
Proportion Explained   0.30 0.28 0.22 0.21
Cumulative Proportion  0.30 0.58 0.79 1.00
```

　　上述「SS loadings」為因素特徵值皆大於 1，符合因素抽取原則，「Proportion Var」為萃取個別因素的解釋變異量，「Cumulative Var」為萃取個別因素的累積解釋變異量，總解釋變異量為 0.65，符合因素分析抽取變異值的要求水準。「Proportion Explained」為個別特徵值占總特徵值的比值，「Cumulative Proportion」為個別特徵值占總特徵值的累積值。

```
 With factor correlations of
      PA2  PA1  PA3  PA4
PA2 1.00 0.58 0.47 0.67
PA1 0.58 1.00 0.69 0.66
PA3 0.47 0.69 1.00 0.54
PA4 0.67 0.66 0.54 1.00

Mean item complexity =  1.3
Test of the hypothesis that 4 factors are sufficient.

The degrees of freedom for the null model are  190  and the objective function was
16.46 with Chi Square of  1505.98
The degrees of freedom for the model are 116  and the objective function was  2.53

The root mean square of the residuals (RMSR) is  0.04
The df corrected root mean square of the residuals is  0.05
The harmonic number of observations is  100 with the empirical chi square  52.67
with prob <  1
The total number of observations was  100  with Likelihood Chi Square =  224.95
with prob <  5.7e-09

Tucker Lewis Index of factoring reliability =  0.86
RMSEA index =  0.108  and the 90 % confidence intervals are  0.078 0.116
BIC =  -309.25
Fit based upon off diagonal values = 0.99
Measures of factor score adequacy
                                            PA2  PA1  PA3  PA4
Correlation of scores with factors          0.95 0.96 0.97 0.94
Multiple R square of scores with factors    0.91 0.92 0.94 0.89
Minimum correlation of possible factor scores 0.82 0.83 0.88 0.78
```

進行因素分析結果的繪圖。

```
> fit1 <-fa(sdata1[-c(10,11,13,14)], fm="pa", nfactor=4, rotate="promax")
> fa.diagram(fit1,cut=0.35,sort=TRUE,digits=2)
```

結果如下圖所示。

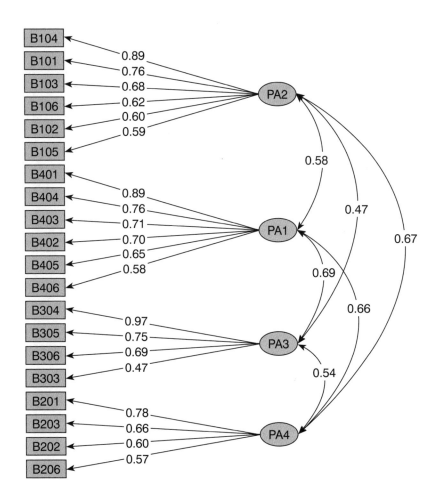

此時經刪題後的信度結果，如下所示。

總量表 sdata1[-c(10,11,13,14)]，刪除 10、11、13、14 題，由 24 題刪除 4 題後為 20 題。

分量表 1 仍保有 6 題，sdata1[,1:6]。

分量表 2 刪除 10、11，由原來 6 題刪除 2 題後剩 4 題，sdata1[,c(7,8,9,12)]。

分量表 3 刪除 13、14 題，由原有 6 題刪除 2 題剩 4 題，sdata1[,15:18]。

分量表 4 仍保有原編製的 6 題，sdata1[,19:24]。

```
> subdata <- list(x0=sdata1[-c(10,11,13,14)], x1=sdata1[,1:6],
x2=sdata1[,c(7,8,9,12)], x3=sdata1[,15:18], x4=sdata1[,19:24])
```

計算分量表及總量表的信度。

```
> palpha <- lapply(subdata, alpha)
```

顯示總量表信度。

```
> palpha$x0$total$raw_alpha
[1] 0.9488241
```

顯示分量表 1 信度。

```
> palpha$x1$total$raw_alpha
[1] 0.9023899
```

顯示分量表 2 信度。

```
> palpha$x2$total$raw_alpha
[1] 0.875443
```

顯示分量表 3 信度。

```
> palpha$x3$total$raw_alpha
[1] 0.8848153
```

顯示分量表 4 信度。

```
> palpha$x4$total$raw_alpha
[1] 0.9059855
```

接下來繼續利用另外一種因素萃取的方法 —— 主成分分析來進行因素分析，可以利用 principal() 函數，如下表示。

```
> fit2 <- principal(sdata1, nfactors=4, rotate="varimax")
```

顯示因素分析結果。

```
> print(fit2, digits=2, cut=0.35, sort=TRUE)
Principal Components Analysis
Call: principal(r = sdata1, nfactors = 4, rotate = "varimax")
Standardized loadings (pattern matrix) based upon correlation matrix
     item RC2  RC1  RC3  RC4   h2   u2  com
B106    6 0.77               0.70 0.30 1.3
B103    3 0.77               0.66 0.34 1.2
B104    4 0.77               0.69 0.31 1.3
B105    5 0.74               0.67 0.33 1.5
B101    1 0.72               0.67 0.33 1.6
```

```
B102    2 0.69        0.39        0.68 0.32 1.8
B201    7 0.66 0.43               0.69 0.31 2.1
B202    8 0.62 0.41               0.66 0.34 2.4
B205   11 0.61        0.48        0.70 0.30 2.5
B206   12 0.57        0.40        0.64 0.36 2.8
B404   22      0.75               0.73 0.27 1.6
B401   19      0.74               0.70 0.30 1.6
B403   21      0.73        0.35   0.71 0.29 1.7
B405   23      0.71        0.42   0.73 0.27 1.9
B406   24      0.65               0.68 0.32 2.3
B402   20 0.38 0.56 0.40          0.63 0.37 2.8
B302   14           0.75          0.76 0.24 1.7
B301   13           0.67   0.40   0.69 0.31 2.1
B204   10           0.60          0.57 0.43 2.2
B203    9 0.51      0.59          0.67 0.33 2.3
B304   16                 0.83    0.86 0.14 1.5
B305   17      0.37        0.70   0.79 0.21 2.3
B303   15                 0.62    0.59 0.41 2.1
B306   18      0.41 0.35   0.58   0.64 0.36 2.6

                      RC2  RC1  RC3  RC4
SS loadings          5.83 4.27 3.30 3.10
Proportion Var       0.24 0.18 0.14 0.13
Cumulative Var       0.24 0.42 0.56 0.69
Proportion Explained 0.35 0.26 0.20 0.19
Cumulative Proportion 0.35 0.61 0.81 1.00

Mean item complexity =  2
Test of the hypothesis that 4 components are sufficient.

The root mean square of the residuals (RMSR) is  0.05
 with the empirical chi square  153.35  with prob <  0.96

Fit based upon off diagonal values = 0.99
```

　　因素分析結果並不十分精簡，所以利用斜交轉軸 (promax) 重新進行一次因素分析，如下所示。

```
> fit3 <- principal(sdata1, nfactors=4, rotate="promax")
> print(fit3, digits=2, cut=0.35, sort=TRUE)
Principal Components Analysis
Call: principal(r = sdata1, nfactors = 4, rotate = "promax")
Standardized loadings (pattern matrix) based upon correlation matrix
      item   RC2   RC1   RC3   RC4   h2   u2  com
B104    4  0.97                    0.69 0.31 1.3
B106    6  0.92                    0.70 0.30 1.2
B103    3  0.88                    0.66 0.34 1.0
B105    5  0.82                    0.67 0.33 1.2
B101    1  0.75                    0.67 0.33 1.2
B102    2  0.66                    0.68 0.32 1.4
B201    7  0.60                    0.69 0.31 1.8
B202    8  0.53                    0.66 0.34 2.6
B205   11  0.53        0.45        0.70 0.30 2.2
B206   12  0.45                    0.64 0.36 2.0
B401   19        0.86              0.70 0.30 1.0
B403   21        0.85              0.71 0.29 1.1
B404   22        0.84              0.73 0.27 1.1
B405   23        0.82              0.73 0.27 1.4
B406   24        0.65              0.68 0.32 1.2
B402   20        0.51              0.63 0.37 1.8
B302   14              0.93        0.76 0.24 1.1
B301   13              0.81        0.69 0.31 1.3
B204   10              0.70        0.57 0.43 1.1
B203    9              0.63        0.67 0.33 1.8
B304   16                    0.79  0.86 0.14 1.1
B305   17                    0.61  0.79 0.21 1.5
B303   15                    0.56  0.59 0.41 1.4
B306   18                    0.48  0.64 0.36 2.5

                      RC2  RC1  RC3  RC4
SS loadings           5.91 4.36 3.66 2.57
Proportion Var        0.25 0.18 0.15 0.11
Cumulative Var        0.25 0.43 0.58 0.69
Proportion Explained  0.36 0.26 0.22 0.16
Cumulative Proportion 0.36 0.62 0.84 1.00
```

```
With component correlations of
     RC2  RC1  RC3  RC4
RC2 1.00 0.60 0.65 0.30
RC1 0.60 1.00 0.69 0.45
RC3 0.65 0.69 1.00 0.38
RC4 0.30 0.45 0.38 1.00

Mean item complexity =  1.5
Test of the hypothesis that 4 components are sufficient.

The root mean square of the residuals (RMSR) is  0.05
 with the empirical chi square  153.35  with prob <  0.96

Fit based upon off diagonal values = 0.99
```

　　刪除與原有理論建構不符之題項 (B302、B301、B204、B203)，重新進行一次因素分析，如下所示。

```
> fit4<- principal(sdata1[-c(9,10,13,14)],nfactors=4,rotate="promax")
> print(fit4, digits=2, cut=0.35, sort=TRUE)
Principal Components Analysis
Call: principal(r = sdata1[-c(9, 10, 13, 14)], nfactors = 4, rotate = "promax")
Standardized loadings (pattern matrix) based upon correlation matrix
      item  RC2  RC1  RC3  RC4   h2   u2  com
B104    4  0.94                0.73 0.27 1.1
B101    1  0.77                0.71 0.29 1.1
B103    3  0.69                0.66 0.34 1.2
B106    6  0.68                0.66 0.34 1.6
B105    5  0.67                0.66 0.34 1.1
B102    2  0.64                0.68 0.32 1.3
B401   15       0.94           0.78 0.22 1.1
B402   16       0.76           0.70 0.30 1.4
B403   17       0.75           0.71 0.29 1.2
B404   18       0.74           0.73 0.27 1.3
B405   19       0.66           0.68 0.32 1.3
B406   20       0.55           0.70 0.30 2.0
```

```
B304    12              0.96        0.88 0.12 1.1
B305    13              0.80        0.82 0.18 1.0
B306    14              0.79        0.78 0.22 1.6
B303    11              0.59        0.61 0.39 2.2
B201     7                    0.82 0.79 0.21 1.1
B202     8                    0.78 0.73 0.27 1.4
B206    10                    0.67 0.72 0.28 1.2
B205     9  0.37              0.48 0.69 0.31 2.6

                        RC2  RC1  RC3  RC4
SS loadings             4.34 3.82 3.22 3.03
Proportion Var          0.22 0.19 0.16 0.15
Cumulative Var          0.22 0.41 0.57 0.72
Proportion Explained    0.30 0.26 0.22 0.21
Cumulative Proportion   0.30 0.57 0.79 1.00


 With component correlations of
      RC2  RC1  RC3  RC4
RC2 1.00 0.51 0.45 0.61
RC1 0.51 1.00 0.64 0.60
RC3 0.45 0.64 1.00 0.54
RC4 0.61 0.60 0.54 1.00

Mean item complexity =  1.4
Test of the hypothesis that 4 components are sufficient.

The root mean square of the residuals (RMSR) is  0.05
 with the empirical chi square  90.52  with prob <  0.96

Fit based upon off diagonal values = 0.99
```

　　最後再刪除有交叉負荷情形的題目 (B205) 再重新進行一次因素分析，結果如下。

```
> fit5<- principal(sdata1[-c(9,10,11,13,14)],nfactors=4,rotate="promax")
> print(fit5, digits=2, cut=0.35, sort=TRUE)
```

```
Principal Components Analysis
Call: principal(r = sdata1[-c(9, 10, 11, 13, 14)], nfactors = 4, rotate = "promax")
Standardized loadings (pattern matrix) based upon correlation matrix
      item  RC2   RC1   RC3   RC4   h2   u2   com
B104    4  0.92                    0.73 0.27 1.1
B101    1  0.77                    0.71 0.29 1.1
B103    3  0.69                    0.67 0.33 1.3
B106    6  0.68                    0.67 0.33 1.6
B105    5  0.66                    0.66 0.34 1.1
B102    2  0.65                    0.67 0.33 1.3
B401   14        0.95             0.78 0.22 1.1
B402   15        0.83             0.73 0.27 1.3
B403   16        0.74             0.71 0.29 1.2
B404   17        0.71             0.73 0.27 1.4
B405   18        0.63             0.67 0.33 1.4
B406   19        0.59             0.69 0.31 1.6
B304   11              0.96       0.88 0.12 1.2
B306   13              0.81       0.79 0.21 1.6
B305   12              0.81       0.82 0.18 1.0
B303   10              0.62       0.61 0.39 1.8
B201    7                    0.82 0.81 0.19 1.1
B202    8                    0.79 0.75 0.25 1.3
B206    9                    0.63 0.71 0.29 1.4

                     RC2  RC1  RC3  RC4
SS loadings         4.11 3.84 3.23 2.60
Proportion Var      0.22 0.20 0.17 0.14
Cumulative Var      0.22 0.42 0.59 0.73
Proportion Explained 0.30 0.28 0.23 0.19
Cumulative Proportion 0.30 0.58 0.81 1.00

 With component correlations of
     RC2  RC1  RC3  RC4
RC2 1.00 0.51 0.43 0.57
RC1 0.51 1.00 0.66 0.60
RC3 0.43 0.66 1.00 0.52
RC4 0.57 0.60 0.52 1.00

Mean item complexity = 1.3
Test of the hypothesis that 4 components are sufficient.
```

```
The root mean square of the residuals (RMSR) is  0.05
 with the empirical chi square  84.19  with prob <  0.89

Fit based upon off diagonal values = 0.99
```

主成分因素分析完成。

四、建構效度分析結果報告

針對教師領導問卷的因素分析結果，可撰寫如下。

(1) 內容效度：本研究之問卷內容，邀請專家學者就問卷設計的適切性加以指正、修改文句，以建構本問卷之內容效度。

(2) 建構效度：本研究以因素分析來檢定問卷的建構效度，採用主軸分析法來萃取因素。因素分析首先考量 KMO 取樣適切性與 Bartlett 球形檢定來檢定量表因素，依據陳新豐 (2014) 所提分析之適切性，KMO 值在 0.8 以上而 Bartlett 球形檢定亦顯著 (p 值 <0.05)，表示這些題目適合進行因素分析，接著以最大變異法配合主軸分析，因素分析後，將不符合因素負荷量的題項刪除。

在「教師領導問卷」的 24 題預試題目中，經過第一次因素分析得到 KMO 值為 0.905，Bartlett 球形檢定亦顯著 (p 值 <0.05)，表示這些題目適合進行因素分析。其中第 B204 題、第 B301 題、第 B302 題原先在「提升專業成長」與「促進同儕合作」構面，新增一個構面，第 B205 題原先在「提升專業成長」構面，經過因素分析後，被歸納在第一個構面，第一個構面的題目數量已足夠，考量受試者填答的意願，研究者與指導教授討論探究後，因此進行逐一刪題，並重新執行因素分析，結果如表 3-3 所示。

表 3-3　教師領導量表預試問卷之因素摘要一覽表

預試題號	正式題號	因素負荷量			
		展現教室領導	參與校務決策	促進同儕合作	提升專業成長
B104	1	0.76			
B101	2	0.74			
B103	3	0.69			
B102	4	0.66			
B106	5	0.65			
B105	6	0.65			
B401	7		0.74		
B404	8		0.69		
B403	9		0.66		
B405	10		0.62		
B402	11		0.62		
B406	12		0.60		
B304	13			0.85	
B305	14			0.73	
B306	15			0.67	
B303	16			0.51	
B201	17				0.67
B203	18				0.58
B202	19				0.55
B206	20				0.54
特徵值		4.27	3.58	2.94	2.26
解釋變異量 (%)		0.21	0.18	0.15	0.11
累積解釋變異量 (%)		0.21	0.39	0.54	0.65

在「教師專業社群參與問卷」的 24 題預試題目中，經過第一次因素分析得到 KMO 值為 0.90，代表極佳，而各題的取樣適切性量數 MSA，最小也有 0.86，代表相當理想。Bartlett 球形檢定亦顯著 ($\chi^2(276)=1854.244$，p 值 <0.001)，表示這些題目適合進行因素分析。因 KMO 在 0.8 以上，p 值 <0.001，累積解釋變異量達 65% 以上，因此將預試題目 20 題全數保留。詳見表 3-3。

五、效度分析程式

```
1.   #量表之測驗分析 2017/07/30 探索式因素分析
2.   #檔名 CH03_2.R 資料檔 CH03_1.csv
3.   #設定工作目錄
4.   setwd("D:/DATA/CH03/")
5.   library(readr)
6.   sdata0 <- read_csv("CH03_1.csv")
7.   head(sdata0)
8.   tail(sdata0)
9.   pnum <- ncol(sdata0)-1
10.  snum <- nrow(sdata0)
11.  print(pnum)
12.  print(snum)
13.  sdata1 <- sdata0[,-1]
14.  head(sdata1)
15.  library(psych)
16.  KMO(sdata1)
17.  cortest.bartlett(sdata1)
18.  print.psych(fa(sdata1, fm="pa", nfactor=4, rotate="varimax"),cut=0.35,sort=TRUE)
19.  print.psych(fa(sdata1[-c(10,13,14)], fm="pa", nfactor=4, rotate="varimax"),cut=0.35,sort=TRUE)
20.  print.psych(fa(sdata1[-c(10,11,13,14)], fm="pa", nfactor=4, rotate="varimax"),cut=0.35,sort=TRUE)
21.  print.psych(fa(sdata1[-c(10,11,13,14)], fm="pa", nfactor=4, rotate="promax"),cut=0.35,sort=TRUE)
22.  fit1 <-fa(sdata1[-c(10,11,13,14)], fm="pa", nfactor=4, rotate="promax")
23.  fa.diagram(fit1,cut=0.35,sort=TRUE,digits=2)
24.  library(psych)
25.  fit2 <- principal(sdata1, nfactors=4, rotate="varimax")
```

```
26.  print(fit2, digits=2, cut=0.35, sort=TRUE)
27.  fit3 <- principal(sdata1, nfactors=4, rotate="promax")
28.  print(fit3, digits=2, cut=0.35, sort=TRUE)
29.  fit4<- principal(sdata1[-c(9,10,13,14)],nfactors=4,rotate="promax")
30.  print(fit4, digits=2, cut=0.35, sort=TRUE)
31.  fit5<- principal(sdata1[-c(9,10,11,13,14)],nfactors=4,rotate="promax")
32.  print(fit5, digits=2, cut=0.35, sort=TRUE)
33.  print(loadings(fit5),digits=2,cut=0.35, sort=TRUE)
34.  plot(fit5)
35.  print(fit5$scores,digits=2)
```

參、驗證性因素分析

　　驗證性因素分析 (confirmatory factor analysis, CFA) 可運用於測驗或量的建構效度，R 語言中要進行驗證性的因素分析，可資運用的套件不少，以下將以 lavaan(latent variable analysis) 套件來進行分析，將逐項分別說明如下。

一、基本統計概念

　　以下將從進行驗證性因素分析的步驟以及模式適配度等 2 個部分，加以說明。

（一）CFA 的分析步驟

　　結構方程模式主要的分析步驟可以分為六個步驟，另外還有二個選擇式的步驟。其中主要的六個步驟分別為：(1) 模式列述 (specify the model)；(2) 模式辨識 (model identified)；(3) 測量的選擇與資料的蒐集；(4) 模式的估計 (estimate the model) 以及適配性；(5) 模式的再確認 (respecify the model)；(6) 報告分析結果 (report the result)(Kline, 2011)。另外二個選擇式的步驟則分別為：(7) 複製結果 (replication)；以及 (8) 應用結果 (application)。

（二）適配度指標

結構方程模型的適配度指標主要可以分為四大類，分別是絕對適配指標、相對適配指標、精簡適配指標以及訊息規準指標，說明如下。

1. 絕對適配指標

(1) 卡方值

卡方值愈大，代表理論模式與資料模式的差異愈大，期待卡方值愈小愈好，最好不顯著。

(2) 卡方值與自由度的比值

因應卡方值受到樣本人數大小，容易有顯著情形，所以採用卡方值與自由度的比值來代表適配度，比值若小於 3，代表模式適配情形良好。

(3) 適配度指標 (GFI)

代表理論模型所能解釋的變異量，介於 0 與 1 之間，大於 0.90 表示模式適配情形良好。

(4) 調整適配度指標 (AGFI)

將自由度納入考量的適配度指標 (GFI)，介於 0 與 1 之間，大於 0.90 表示模式適配情形良好。

(5) 殘差均方根 (RMR)

RMR 值最小為 0，愈小愈好，小於 0.50 代表適配情形良好。

(6) 標準化殘差均方根 (SRMR)

RMR 標準化之後即為 SRMR，小於 0.05 適配良好，小於 0.08 為可接受的適配度。

(7) 近似誤差均方根 (RMSEA)

小於 0.05 代表良好適配，0.05～0.08 之間則代表可接受的適配度。

(8) Hoelter 臨界 N 值

大於 200，代表樣本適當，模型適配情形良好。

2. 相對適配指標

相對適配指標是指計算理論模型比基準模型（獨立模型）改善的比例，其中的獨立模型即是適配度最差的模型，相對適配指標的數值最好能大於 0.90 以上，以下說明相對適配指標常用的指標。

(1) 標準適配度指標 (NFI)

標準適配度指標大於 0.90 以上，代表理論模型比基準模型有更佳的適配度。

(2) 非標準適配度指標 (NNFI)

最好大於 0.90 以上，NNFI 指標又稱為 Tucker-Lewis 指標 TLI。

(3) 相對適配度指標 (RFI)

最好大於 0.90 以上。

(4) 增值適配度指標 (IFI)

最好大於 0.90 以上。

(5) 比較適配度指標 (CFI)

最好大於 0.90 以上。

3. 精簡適配指標

精簡適配指標主要是代表模型精簡的程度，數值大於 0.50 以上，代表模型適配，以下說明精簡適配指標常用的指標。

(1) PGFI

最好大於 0.50 以上。

(2) PNFI

最好大於 0.50 以上。

(3) PCFI

最好大於 0.50 以上。

4. 訊息規準指標

訊息規準指標是用在不同模型之間的比較，數值愈小，表示模型的適配情形愈好，常用的指標有 AIC、CAIC、BIC、BCC、ECVI 等。

（三）聚斂效度與區別效度

根據 Hair、Black、Babin 與 Anderson(2009) 指出，若量表具有聚斂效度，需要符合以下四項標準。

1. 標準化的負荷量至少要 0.50 以上，最好在 0.70 以下。

2. 個別題目被因素解釋的變異量要在 0.50 以上。

3. 個別因素的平均抽取變異量要在 0.50 以上。

4. 每個因素的組合信度，需要達 0.70 以上。

至於區別效度，若每兩個因素的相關係數平方，小於個別因素的平均抽取變異 (AVE)，則具有區別效度。

二、驗證性因素分析範例

以下將以李爭宜 (2014)「國民小學教師領導、教師專業學習社群參與與教師專業發展之關係研究」中部分資料來進行。其中教師領導問卷預試的反應資料，包括參與校務決策 6 題、展現教室領導 6 題、促進同儕合作 6 題、提升專業成長 6 題，合計為 24 題，詳細說明如下所示。

（一）讀取資料檔

設定工作目錄為「D:\DATA\CH03\」。

```
> setwd("D:/DATA/CH03/")
```

讀取資料檔「CH03_3.csv」，並將資料儲存至 sdata0 這個變項。

```
> library(readr)
> sdata0 <- read_csv("CH03_3.csv")
```

（二）檢視資料

檢視前六筆資料，如下所示。

```
> head(sdata0)
# A tibble: 6 x 25
     ID  B101  B102  B103  B104  B105  B106  B201  B202  B203  B204  B205  B206  B301  B302  B303
  <chr> <int> <int> <int> <int> <int> <int> <int> <int> <int> <int> <int> <int> <int> <int> <int>
1 ST001     4     4     4     4     4     4     4     4     4     4     4     4     3     3     4
2 ST002     4     4     4     4     4     4     4     4     4     4     4     4     4     4     4
3 ST003     3     3     3     3     3     3     3     3     3     3     3     3     2     3     3
4 ST004     3     3     3     3     4     3     3     3     3     3     3     3     3     3     3
5 ST005     3     3     3     3     3     3     3     3     3     3     3     3     3     3     4
6 ST006     3     3     4     4     4     3     3     3     3     3     3     3     3     3     4
# ... with 9 more variables: B304 <int>, B305 <int>, B306 <int>, B401 <int>, B402 <int>,
#   B403 <int>, B404 <int>, B405 <int>, B406 <int>
```

檢視前六筆資料時，總共有 24 題資料，第 1 個欄位是受試者編號，以下檢視後六筆資料，如下所示。

```
> tail(sdata0)
# A tibble: 6 x 25
     ID  B101  B102  B103  B104  B105  B106  B201  B202  B203  B204  B205  B206  B301  B302  B303
  <chr> <int> <int> <int> <int> <int> <int> <int> <int> <int> <int> <int> <int> <int> <int> <int>
1 ST095     3     3     3     3     3     3     3     3     3     3     3     3     2     3     3
2 ST096     4     4     4     4     4     4     4     4     4     4     4     4     4     4     4
3 ST097     3     3     3     3     3     3     3     3     3     3     3     3     3     3     3
4 ST098     4     3     4     4     4     4     4     4     4     3     4     3     3     3     4
5 ST099     3     3     3     3     3     3     3     3     3     3     3     3     3     3     3
6 ST100     4     4     4     4     4     4     4     4     4     3     4     4     3     3     4
# ... with 9 more variables: B304 <int>, B305 <int>, B306 <int>, B401 <int>, B402 <int>,
#   B403 <int>, B404 <int>, B405 <int>, B406 <int>
```

由後六筆資料中，可以得知，總共有 100 筆受試者的反應資料。由上述結果可以得知，此範例檔中，題數 24，受試人數 100。

（三）進行 CFA 分析

接下來開始進行 CFA 的分析，首先將讀入的資料檔變數去除第一行編號的欄位，如下所示。

```
> sdata1 <- sdata0[,-1]
```

檢視 sdata1 前六筆資料，發現第一行編號資料已經去除，如下所示。

```
> head(sdata1)
# A tibble: 6 x 24
    B101  B102  B103  B104  B105  B106  B201  B202  B203  B204  B205  B206
   <int> <int> <int> <int> <int> <int> <int> <int> <int> <int> <int> <int>
1     4     4     4     4     4     4     4     4     4     4     4     4
2     4     4     4     4     4     4     4     4     4     4     4     4
3     3     3     3     3     3     3     3     3     3     3     3     3
4     3     3     3     3     4     3     3     3     3     3     3     3
5     3     3     3     3     3     3     3     3     3     3     3     3
6     3     3     4     4     4     4     3     3     3     3     3     3
# ... with 12 more variables: B301 <int>, B302 <int>, B303 <int>,
#   B304 <int>, B305 <int>, B306 <int>, B401 <int>, B402 <int>, B403 <int>,
#   B404 <int>, B405 <int>, B406 <int>
```

檢視結果，已成功地將 sdata0 的內容去除第一行編號欄位，並且儲存至 sdata1 的變項中。

接下來將進行 CFA 分析工作，首先載入 lavaan 套件來分析，分析時再先設定理論模型，指令中 =～代表迴歸模型，=～之前為潛在因素，=～之後則為觀察分數（變項），內定以第 1 個變項為參照指標，因素之間自動設定有相關。設定理論模型後，即可以利用 cfa() 來進行參數估計，並且利用 summary() 來檢視估計的結果，如下所示。

```
> library(lavaan)
```

假設所要估計的理論模型。

```
> cfa.model1 <- 'f1=~B101+B102+B103+B104+B105+B106
+                 f2=~B401+B402+B403+B404+B405+B406
+                 f3=~B303+B304+B305+B306
+                 f4=~B201+B202+B203'
```

進行驗證性因素分析的參數估計。

```
> fit1 <- cfa(cfa.model1, data=sdata1)
```

檢視估計結果。

```
> summary(fit1, fit.measures=TRUE, standardized=TRUE, rsquare=TRUE)
lavaan (0.5-23.1097) converged normally after  92 iterations
    Number of observations                          100
    Estimator                                        ML
    Minimum Function Test Statistic              272.128
    Degrees of freedom                              146
    P-value (Chi-square)                          0.000
```

卡方值為 272.128，自由度 146，$p < 0.001$。

```
Parameter Estimates:
    Information                                Expected
    Standard Errors                            Standard

Latent Variables:
```

	Estimate	Std.Err	z-value	P(>|z|)	Std.lv	Std.all
f1 =~						
B101	1.000				0.382	0.796
B102	1.066	0.120	8.869	0.000	0.407	0.805
B103	1.021	0.120	8.537	0.000	0.390	0.782
B104	0.982	0.125	7.865	0.000	0.375	0.733
B105	1.064	0.125	8.542	0.000	0.406	0.782
B106	1.010	0.120	8.396	0.000	0.386	0.772
f2 =~						
B401	1.000				0.496	0.803
B402	0.957	0.117	8.149	0.000	0.475	0.745
B403	0.866	0.098	8.827	0.000	0.429	0.792
B404	0.926	0.105	8.800	0.000	0.459	0.790
B405	0.865	0.098	8.787	0.000	0.429	0.789
B406	0.966	0.107	9.032	0.000	0.479	0.805
f3 =~						
B303	1.000				0.400	0.710
B304	1.325	0.159	8.328	0.000	0.530	0.876
B305	1.221	0.142	8.577	0.000	0.488	0.908
B306	1.127	0.152	7.394	0.000	0.451	0.774
f4 =~						
B201	1.000				0.443	0.888
B202	0.909	0.091	9.940	0.000	0.403	0.818
B203	0.869	0.106	8.235	0.000	0.385	0.719

Covariances:

	Estimate	Std.Err	z-value	P(>|z|)	Std.lv	Std.all
f1 ~~						
f2	0.123	0.027	4.500	0.000	0.648	0.648
f3	0.090	0.022	4.074	0.000	0.588	0.588
f4	0.137	0.026	5.259	0.000	0.813	0.813
f2 ~~						
f3	0.157	0.033	4.761	0.000	0.793	0.793
f4	0.148	0.031	4.749	0.000	0.675	0.675
f3 ~~						
f4	0.101	0.025	4.086	0.000	0.572	0.572

Variances:

	Estimate	Std.Err	z-value	P(>|z|)	Std.lv	Std.all

.B101	0.085	0.014	5.953	0.000	0.085	0.367
.B102	0.090	0.015	5.872	0.000	0.090	0.351
.B103	0.096	0.016	6.051	0.000	0.096	0.388
.B104	0.121	0.019	6.321	0.000	0.121	0.463
.B105	0.105	0.017	6.048	0.000	0.105	0.388
.B106	0.101	0.017	6.116	0.000	0.101	0.404
.B401	0.135	0.023	5.974	0.000	0.135	0.355
.B402	0.181	0.029	6.321	0.000	0.181	0.445
.B403	0.110	0.018	6.058	0.000	0.110	0.373
.B404	0.127	0.021	6.071	0.000	0.127	0.376
.B405	0.112	0.018	6.076	0.000	0.112	0.378
.B406	0.124	0.021	5.956	0.000	0.124	0.351
.B303	0.158	0.024	6.456	0.000	0.158	0.496
.B304	0.085	0.017	4.952	0.000	0.085	0.233
.B305	0.051	0.012	4.134	0.000	0.051	0.176
.B306	0.136	0.022	6.157	0.000	0.136	0.401
.B201	0.052	0.014	3.844	0.000	0.052	0.211
.B202	0.080	0.015	5.279	0.000	0.080	0.330
.B203	0.138	0.022	6.167	0.000	0.138	0.483
f1	0.146	0.031	4.664	0.000	1.000	1.000
f2	0.246	0.052	4.742	0.000	1.000	1.000
f3	0.160	0.040	3.976	0.000	1.000	1.000
f4	0.196	0.036	5.413	0.000	1.000	1.000

R-Square:

	Estimate
B101	0.633
B102	0.649
B103	0.612
B104	0.537
B105	0.612
B106	0.596
B401	0.645
B402	0.555
B403	0.627
B404	0.624
B405	0.622
B406	0.649
B303	0.504

B304	0.767
B305	0.824
B306	0.599
B201	0.789
B202	0.670
B203	0.517

檢視所有的適配指標。

```
> fitMeasures(fit1)
             npar                  fmin                 chisq
           44.000                 1.361               272.128
               df                pvalue         baseline.chisq
          146.000                 0.000              1518.188
      baseline.df       baseline.pvalue                   cfi
          171.000                 0.000                 0.906
              tli                  nnfi                   rfi
            0.890                 0.890                 0.790
              nfi                  pnfi                   ifi
            0.821                 0.701                 0.908
              rni                  logl       unrestricted.logl
            0.906              -911.671              -775.607
              aic                   bic                ntotal
         1911.342              2025.970               100.000
             bic2                 rmsea        rmsea.ci.lower
         1887.007                 0.093                 0.076
   rmsea.ci.upper          rmsea.pvalue                   rmr
            0.110                 0.000                 0.017
       rmr_nomean                  srmr          srmr_bentler
            0.017                 0.058                 0.058
srmr_bentler_nomean           srmr_bollen   srmr_bollen_nomean
            0.058                 0.058                 0.058
       srmr_mplus    srmr_mplus_nomean                 cn_05
            0.058                 0.058                65.381
            cn_01                   gfi                  agfi
           70.330                 0.792                 0.729
             pgfi                   mfi                  ecvi
            0.608                 0.532                 3.601
```

因為模式適配度指標中，χ^2 為 272.128，自由度 =146，p<0.05，RMSEA=0.093>0.080，SRMR=0.058>0.050，CN=65.381<200，表示模式並不適配，所以檢視 MI 值，進行模式修正的步驟。

```
> mi <- modindices(fit1)
> print(head(mi))
   lhs op  rhs    mi    epc sepc.lv sepc.all sepc.nox
49  f1 =~ B401 0.277  0.083   0.032    0.052    0.052
50  f1 =~ B402 7.362  0.478   0.182    0.286    0.286
51  f1 =~ B403 2.130 -0.206  -0.079   -0.145   -0.145
52  f1 =~ B404 0.518 -0.109  -0.042   -0.072   -0.072
53  f1 =~ B405 0.863 -0.132  -0.050   -0.093   -0.093
54  f1 =~ B406 0.020  0.022   0.008    0.014    0.014
```

（四）進行模型修正

依據理論建構的向度以及精簡原則，將測量模型修正如下所示。

```
> cfa.mode12 <- 'f1=~B101+B102+B103
+               f2=~B401+B405+B406
+               f3=~B304+B305+B306
+               f4=~B201+B202+B203'
```

進行驗證性因素分析的參數估計。

```
> fit2 <- cfa(cfa.mode12, data=sdata1)
> summary(fit2, fit.measures=TRUE, standardized=TRUE, rsquare=TRUE)
lavaan (0.5-23.1097) converged normally after  72 iterations

  Number of observations                          100
  Estimator                                        ML
  Minimum Function Test Statistic              63.826
  Degrees of freedom                               48
  P-value (Chi-square)                          0.063
```

```
Model test baseline model:
  Minimum Function Test Statistic            815.438
  Degrees of freedom                              66
  P-value                                      0.000
User model versus baseline model:
  Comparative Fit Index (CFI)                  0.979
  Tucker-Lewis Index (TLI)                     0.971
Loglikelihood and Information Criteria:
  Loglikelihood user model (H0)             -585.351
  Loglikelihood unrestricted model (H1)     -553.438
  Number of free parameters                       30
  Akaike (AIC)                              1230.702
  Bayesian (BIC)                            1308.857
  Sample-size adjusted Bayesian (BIC)       1214.110
Root Mean Square Error of Approximation:
  RMSEA                                        0.057
  90 Percent Confidence Interval      0.000   0.092
  P-value RMSEA <= 0.05                        0.353
Standardized Root Mean Square Residual:
  SRMR                                         0.043
Parameter Estimates:
  Information                              Expected
  Standard Errors                          Standard
Latent Variables:
              Estimate  Std.Err  z-value  P(>|z|)  Std.lv  Std.all
  f1 =~
    B101        1.000                                0.399   0.831
    B102        1.080    0.115    9.412    0.000     0.431   0.852
    B103        0.942    0.115    8.163    0.000     0.376   0.754
  f2 =~
    B401        1.000                                0.483   0.782
    B405        0.894    0.110    8.124    0.000     0.431   0.793
    B406        1.003    0.120    8.346    0.000     0.484   0.814
  f3 =~
    B304        1.000                                0.509   0.840
    B305        0.996    0.084   11.811    0.000     0.506   0.941
    B306        0.895    0.097    9.235    0.000     0.455   0.781
  f4 =~
    B201        1.000                                0.441   0.884
```

B202	0.921	0.093	9.892	0.000	0.406	0.825
B203	0.869	0.107	8.106	0.000	0.383	0.716

Covariances:

	Estimate	Std.Err	z-value	P(>|z|)	Std.lv	Std.all
f1 ~~						
f2	0.120	0.028	4.259	0.000	0.622	0.622
f3	0.112	0.027	4.093	0.000	0.550	0.550
f4	0.140	0.027	5.217	0.000	0.794	0.794
f2 ~~						
f3	0.201	0.040	5.062	0.000	0.818	0.818
f4	0.144	0.031	4.600	0.000	0.676	0.676
f3 ~~						
f4	0.129	0.030	4.314	0.000	0.575	0.575

Variances:

	Estimate	Std.Err	z-value	P(>|z|)	Std.lv	Std.all
.B101	0.071	0.015	4.853	0.000	0.071	0.310
.B102	0.070	0.016	4.458	0.000	0.070	0.275
.B103	0.107	0.019	5.798	0.000	0.107	0.432
.B401	0.148	0.027	5.523	0.000	0.148	0.389
.B405	0.110	0.020	5.393	0.000	0.110	0.370
.B406	0.120	0.023	5.127	0.000	0.120	0.338
.B304	0.108	0.020	5.460	0.000	0.108	0.294
.B305	0.033	0.013	2.642	0.008	0.033	0.114
.B306	0.133	0.022	6.104	0.000	0.133	0.391
.B201	0.054	0.014	3.851	0.000	0.054	0.218
.B202	0.077	0.015	5.101	0.000	0.077	0.319
.B203	0.140	0.023	6.150	0.000	0.140	0.488
f1	0.159	0.033	4.853	0.000	1.000	1.000
f2	0.233	0.052	4.445	0.000	1.000	1.000
f3	0.259	0.051	5.061	0.000	1.000	1.000
f4	0.194	0.036	5.357	0.000	1.000	1.000

R-Square:

	Estimate
B101	0.690
B102	0.725
B103	0.568

B401	0.611
B405	0.630
B406	0.662
B304	0.706
B305	0.886
B306	0.609
B201	0.782
B202	0.681
B203	0.512

檢視所有的適配指標，發現模式適配度指標中，χ^2 為 63.826，自由度 =48，p=0.063>0.050，RMSEA=0.057<0.080，SRMR=0.043<0.050，基本適配指標卡方值未達顯著，表示模式適配；其餘的適配性指標幾乎都達到適配水準，表示模式適配。

```
> fitMeasures(fit2)
          npar                fmin               chisq
        30.000               0.319              63.826
            df              pvalue       baseline.chisq
        48.000               0.063             815.438
   baseline.df      baseline.pvalue                 cfi
        66.000               0.000               0.979
           tli                nnfi                 rfi
         0.971               0.971               0.892
           nfi                pnfi                 ifi
         0.922               0.670               0.979
           rni                logl    unrestricted.logl
         0.979            -585.351            -553.438
           aic                 bic              ntotal
      1230.702            1308.857             100.000
          bic2               rmsea      rmsea.ci.lower
      1214.110               0.057               0.000
rmsea.ci.upper        rmsea.pvalue                 rmr
         0.092               0.353               0.013
   rmr_nomean                srmr         srmr_bentler
```

```
          0.013                0.043                0.043
srmr_bentler_nomean          srmr_bollen    srmr_bollen_nomean
          0.043                0.043                0.043
     srmr_mplus    srmr_mplus_nomean                cn_05
          0.043                0.043              103.107
          cn_01                  gfi                 agfi
        116.443                0.909                0.853
           pgfi                  mfi                 ecvi
          0.560                0.924                1.238
```

檢視估計參數。

```
> parameterEstimates(fit2)
     lhs op  rhs   est    se       z pvalue ci.lower ci.upper
1     f1 =~ B101 1.000 0.000      NA     NA    1.000    1.000
2     f1 =~ B102 1.080 0.115   9.412  0.000    0.855    1.304
3     f1 =~ B103 0.942 0.115   8.163  0.000    0.716    1.168
4     f2 =~ B401 1.000 0.000      NA     NA    1.000    1.000
5     f2 =~ B405 0.894 0.110   8.124  0.000    0.678    1.109
6     f2 =~ B406 1.003 0.120   8.346  0.000    0.767    1.238
7     f3 =~ B304 1.000 0.000      NA     NA    1.000    1.000
8     f3 =~ B305 0.996 0.084  11.811  0.000    0.831    1.161
9     f3 =~ B306 0.895 0.097   9.235  0.000    0.705    1.085
10    f4 =~ B201 1.000 0.000      NA     NA    1.000    1.000
11    f4 =~ B202 0.921 0.093   9.892  0.000    0.738    1.103
12    f4 =~ B203 0.869 0.107   8.106  0.000    0.659    1.079
13 B101 ~~ B101 0.071 0.015   4.853  0.000    0.043    0.100
14 B102 ~~ B102 0.070 0.016   4.458  0.000    0.039    0.101
15 B103 ~~ B103 0.107 0.019   5.798  0.000    0.071    0.144
16 B401 ~~ B401 0.148 0.027   5.523  0.000    0.096    0.201
17 B405 ~~ B405 0.110 0.020   5.393  0.000    0.070    0.149
18 B406 ~~ B406 0.120 0.023   5.127  0.000    0.074    0.165
19 B304 ~~ B304 0.108 0.020   5.460  0.000    0.069    0.147
20 B305 ~~ B305 0.033 0.013   2.642  0.008    0.009    0.058
21 B306 ~~ B306 0.133 0.022   6.104  0.000    0.090    0.175
22 B201 ~~ B201 0.054 0.014   3.851  0.000    0.027    0.082
```

```
23 B202 ~~ B202 0.077 0.015   5.101   0.000      0.048      0.107
24 B203 ~~ B203 0.140 0.023   6.150   0.000      0.095      0.184
25   f1 ~~   f1 0.159 0.033   4.853   0.000      0.095      0.223
26   f2 ~~   f2 0.233 0.052   4.445   0.000      0.130      0.336
27   f3 ~~   f3 0.259 0.051   5.061   0.000      0.158      0.359
28   f4 ~~   f4 0.194 0.036   5.357   0.000      0.123      0.265
29   f1 ~~   f2 0.120 0.028   4.259   0.000      0.065      0.175
30   f1 ~~   f3 0.112 0.027   4.093   0.000      0.058      0.165
31   f1 ~~   f4 0.140 0.027   5.217   0.000      0.087      0.192
32   f2 ~~   f3 0.201 0.040   5.062   0.000      0.123      0.278
33   f2 ~~   f4 0.144 0.031   4.600   0.000      0.082      0.205
34   f3 ~~   f4 0.129 0.030   4.314   0.000      0.070      0.187
```

檢視標準化的估計參數。

```
> standardizedSolution(fit2)
   lhs op  rhs est.std    se     z pvalue
1   f1 =~ B101   0.831 0.042 19.930  0.000
2   f1 =~ B102   0.852 0.039 21.687  0.000
3   f1 =~ B103   0.754 0.052 14.591  0.000
4   f2 =~ B401   0.782 0.048 16.295  0.000
5   f2 =~ B405   0.793 0.046 17.084  0.000
6   f2 =~ B406   0.814 0.044 18.562  0.000
7   f3 =~ B304   0.840 0.036 23.466  0.000
8   f3 =~ B305   0.941 0.024 38.892  0.000
9   f3 =~ B306   0.781 0.044 17.661  0.000
10  f4 =~ B201   0.884 0.035 25.554  0.000
11  f4 =~ B202   0.825 0.041 19.945  0.000
12  f4 =~ B203   0.716 0.056 12.798  0.000
13 B101 ~~ B101  0.310 0.069  4.468  0.000
14 B102 ~~ B102  0.275 0.067  4.106  0.000
15 B103 ~~ B103  0.432 0.078  5.550  0.000
16 B401 ~~ B401  0.389 0.075  5.183  0.000
17 B405 ~~ B405  0.370 0.074  5.027  0.000
18 B406 ~~ B406  0.338 0.071  4.739  0.000
19 B304 ~~ B304  0.294 0.060  4.893  0.000
```

```
20 B305 ~~ B305   0.114 0.046   2.510   0.012
21 B306 ~~ B306   0.391 0.069   5.660   0.000
22 B201 ~~ B201   0.218 0.061   3.565   0.000
23 B202 ~~ B202   0.319 0.068   4.680   0.000
24 B203 ~~ B203   0.488 0.080   6.094   0.000
25   f1 ~~   f1   1.000 0.000      NA      NA
26   f2 ~~   f2   1.000 0.000      NA      NA
27   f3 ~~   f3   1.000 0.000      NA      NA
28   f4 ~~   f4   1.000 0.000      NA      NA
29   f1 ~~   f2   0.622 0.080   7.758   0.000
30   f1 ~~   f3   0.550 0.083   6.653   0.000
31   f1 ~~   f4   0.794 0.055  14.484   0.000
32   f2 ~~   f3   0.818 0.050  16.513   0.000
33   f2 ~~   f4   0.676 0.073   9.282   0.000
34   f3 ~~   f4   0.575 0.079   7.243   0.000
```

檢視模式的共變矩陣與平均向量。

```
> fitted(fit2)
$cov
      B101  B102  B103  B401  B405  B406  B304  B305  B306  B201  B202  B203
B101 0.230
B102 0.172 0.256
B103 0.150 0.162 0.248
B401 0.120 0.129 0.113 0.381
B405 0.107 0.115 0.101 0.208 0.296
B406 0.120 0.130 0.113 0.234 0.209 0.354
B304 0.112 0.120 0.105 0.201 0.179 0.201 0.366
B305 0.111 0.120 0.105 0.200 0.179 0.200 0.258 0.290
B306 0.100 0.108 0.094 0.180 0.161 0.180 0.231 0.231 0.340
B201 0.140 0.151 0.131 0.144 0.128 0.144 0.129 0.128 0.115 0.248
B202 0.129 0.139 0.121 0.132 0.118 0.133 0.119 0.118 0.106 0.179 0.242
B203 0.121 0.131 0.114 0.125 0.112 0.125 0.112 0.111 0.100 0.169 0.155 0.286
$mean
B101 B102 B103 B401 B405 B406 B304 B305 B306 B201 B202 B203
   0    0    0    0    0    0    0    0    0    0    0    0
```

　　檢視殘差矩陣，內定是非標準化值，若是需要檢視標準化值，則需要在參數中指定 type = "standardized"，如下所示。

```
> resid(fit2, type = "standardized")
$type
[1] "standardized"
$cov
        B101   B102   B103   B401   B405   B406   B304   B305   B306   B201   B202   B203
B101   0.000
B102   0.399  0.000
B103   0.709 -4.036  0.000
B401   0.713  0.341  1.287     NA
B405  -2.120 -0.805 -0.362  1.391     NA
B406  -0.121  0.188  0.815  0.445     NA     NA
B304  -0.694 -1.280 -1.026 -1.239  0.910 -0.629  0.000
B305   0.577  0.736  0.336     NA  0.919  1.042  0.416     NA
B306  -1.597  0.013  0.104 -1.496  0.483  1.849  0.287     NA  0.000
B201  -4.651  0.572 -0.335 -0.435  0.557  0.271 -1.819  1.165  0.668  0.000
B202   0.418 -0.590  0.852  0.155 -1.207  0.014 -3.076 -0.498 -0.632  0.672  0.000
B203   0.021  1.482  0.223  0.946 -1.878  0.941  0.221  0.464  1.494 -0.276 -0.994  0.000
$mean
B101 B102 B103 B401 B405 B406 B304 B305 B306 B201 B202 B203
   0    0    0    0    0    0    0    0    0    0    0    0
```

　　AIC and BIC 是指模式適配指標中的訊息規準指標，數值愈小則表示模型適配情形更好。以下利用 AIC() 與 BIC() 函數來顯示適配的情形。

```
> AIC(fit2)
[1] 1230.702
> BIC(fit2)
[1] 1308.857
```

（五）計算 AVE 與 CR

平均變異數抽取量 (average variance extracted, AVE)，表示潛在變項所解釋的變異量有多少是來自於測量誤差 (>0.50)，AVE 是一種聚斂效度的指標，數值愈大，表示測量的指標能有效反應出共同因素構念的潛在特質。計算公式如下所示。

$$AVE = \frac{\left(\sum \lambda^2\right)}{\left(\sum \lambda^2 + \sum \theta\right)}$$

以第 1 個層面為例，其平均抽取變異量計算過程，如下所示。

$$\begin{aligned}
AVE_1 &= \frac{\left(\sum \lambda^2\right)}{\left(\sum \lambda^2 + \sum \theta\right)} \\
&= \frac{(0.691 + 0.726 + 0.569)}{(0.691 + 0.726 + 0.569 + 0.309 + 0.274 + 0.431)} \\
&= \frac{1.986}{1.986 + 1.014} \\
&= \frac{1.986}{3.000} \\
&= 0.662
\end{aligned}$$

組合信度 (composite reliability, CR) 又稱建構信度 (construct reliability, CR)，組合信度可作為潛在變項的信度指標 (>0.60)。

$$CR = \frac{\left(\sum \lambda\right)^2}{\left(\left(\sum \lambda\right)^2 + \sum \theta\right)}$$

以第 1 個層面爲例，其組合信度的計算過程，如下所示。

$$CR_1 = \frac{\left(\sum \lambda\right)^2}{\left(\left(\sum \lambda\right)^2 + \sum \theta\right)}$$

$$= \frac{(0.831 + 0.852 + 0.754)^2}{(0.831 + 0.852 + 0.754)^2 + (0.309 + 0.274 + 0.431)}$$

$$= \frac{2.437^2}{2.437^2 + 1.014}$$

$$= \frac{5.939}{5.939 + 1.014}$$

$$= \frac{5.939}{6.953}$$

$$= 0.854$$

計算 AVE 與 CR 亦可至作者之個人網站 (http://cat.nptu.edu.tw)，下載試算的 EXCEL 檔案來進行計算，計算結果如下表所示。

層面	標準化係數	項目信度	測量誤差變異	平均抽取變異 AVE	組合信度 CR
1	0.831	0.691	0.309	0.662	0.854
	0.852	0.726	0.274		
	0.754	0.569	0.431		
2	0.782	0.612	0.388	0.634	0.839
	0.793	0.629	0.371		
	0.814	0.663	0.337		
3	0.840	0.706	0.294	0.734	0.891
	0.941	0.885	0.115		
	0.781	0.610	0.390		

層面	標準化係數	項目信度	測量誤差變異	平均抽取 變異 AVE	組合信度 CR
	0.884	0.781	0.219	0.658	0.852
4	0.825	0.681	0.319		
	0.716	0.513	0.487		

（六）繪製模型圖

　　繪製 CFA 的結構圖，可運用 semPlot 套件中的 semPaths() 函數來加以繪製，以下是用 lisrel 的格式加以呈現。

```
> library(semPlot)
> semPaths(fit2, what="path", layout="tree2", whatLabels="std",style="lisrel",nDigits=2)
```

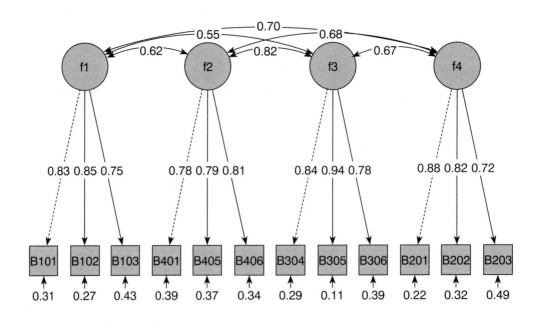

下圖的呈現格式是以 RAM(reticular action model) 表示。

```
> semPaths(fit2, what="path", layout="tree2", whatLabels="std",style="ram",nDigits=2)
```

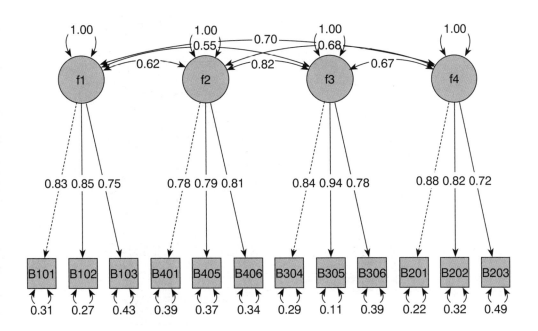

（七）撰寫 CFA 分析結果報告

研究者自編之國小教師領導問卷，共有 4 個分量表，每個分量表共有 6 題，經利用 R 3.4.1 進行驗證性因素分析，刪除不適當題目後，每個分量表為 3 題，分析結果模式卡方值 =63.826，自由度 =48，p=0.063。卡方值與自由度之比值為 1.330，AGFI=0.853，RMSEA=0.057，SRMR=0.043，除 AGFI 外，其餘之適配度指標皆符合模式適配良好。四個因素的 AVE 分別是 0.662、0.634、0.734、0.658，皆達到大於 0.50 的規準，CR 分別是 0.854、0.839、0.891、0.852，均符合大於 0.60 的規準。整體而言，本量表具有聚斂效度，四個因素之間的相關係數分別是 0.622、0.550、0.794、0.818、0.676、0.575，取平方後只 1 個 (0.669) 大於 AVE 的最小值 0.662，其餘皆小於 AVE 的最小值，因此表示本量表亦具有不錯的區別效度，驗證性因素分析的測量模型圖，如下所示。

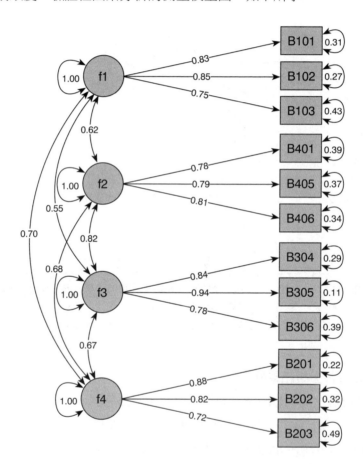

（八）驗證性因素分析程式

以下為驗證性因素分析完整程式。

```
1.   # 驗證性因素分析 2017/07/30 有分量表
2.   # 檔名 CH03_3.R 資料檔 CH03_3.csv
3.   # 設定工作目錄
4.   setwd("D:/DATA/CH03/")
5.   # 讀取資料檔
6.   library(readr)
7.   sdata0 <- read_csv("CH03_3.csv")
8.   head(sdata0)
9.   tail(sdata0)
10.  sdata1 <- sdata0[,-1]
11.  head(sdata1)
12.  library(lavaan)
13.  cfa.model1 <- 'f1=~B101+B102+B103+B104+B105+B106
14.                 f2=~B401+B402+B403+B404+B405+B406
15.                 f3=~B303+B304+B305+B306
16.                 f4=~B201+B202+B203'
17.  fit1 <- cfa(cfa.model1, data=sdata1)
18.  summary(fit1, fit.measures=TRUE, standardized=TRUE, rsquare=TRUE)
19.  fitMeasures(fit1)
20.  mi <- modindices(fit1)
21.  print(head(mi))
22.  library(semPlot)
23.  semPaths(fit1, what="path", layout="tree2", whatLabels="std",style="lisrel",ed
     ge.color=c("black"),nDigits=3)
24.  cfa.model2 <- 'f1=~B101+B102+B103
25.                 f2=~B401+B405+B406
26.                 f3=~B304+B305+B306
27.                 f4=~B201+B202+B203'
28.  fit2 <- cfa(cfa.model2, data=sdata1)
29.  summary(fit2, fit.measures=TRUE, standardized=TRUE, rsquare=TRUE)
30.  fitMeasures(fit2)
31.  mi <- modindices(fit2)
32.  summary(mi)
33.  parameterEstimates(fit2)
34.  standardizedSolution(fit2)
35.  fitted(fit2)
36.  resid(fit2, type = "standardized")
37.  AIC(fit2)
```

```
38.  BIC(fit2)
39.  semPaths(fit2, what="path", layout="tree2", whatLabels="std",style="lisrel",nD
     igits=2)
40.  semPaths(fit2, what="path", layout="tree2", whatLabels="std",style="ram",nDigi
     ts=2)
```

習　題

一、請利用 CH06_1.csv 來進行量表的信度與效度分析，這個檔案的第 1 個欄位是編號 ID、第 44 至第 63 個欄位是教師專業發展問卷得分，總共有 20 題，4 個分量表。第 1 分量表為教育專業自主 7 題，分別是第 44 至第 50 欄位，第 2 分量表為專業倫理與態度 5 題，分別是第 51 至第 55 欄位，第 3 分量表是教育專業知能 4 題，分別是第 56 至第 59 欄位，第 4 分量表是學科專門知能 4 題，分別是第 60 至第 63 欄位，全量表 20 題，分別是第 44 至第 63 欄位，請分析並回答以下的問題。

　1.請利用 descript() 來說明教師專業發展問卷資料檔的測驗特性。

　2.請計算教師專業發展各分量表及總量表的信度。

　3.請利用探索式因素分析，建立教師專業發展的建構效度。

二、請利用 CH06_1.csv 來進行量表的驗證性因素分析，這個檔案的第 44 至第 63 個欄位是教師專業發展問卷得分，總共有 4 個分量表。第 1 分量表為教育專業自主 7 題，分別是第 44 至第 50 欄位，第 2 分量表為專業倫理與態度 5 題，分別是第 51 至第 55 欄位，第 3 分量表是教育專業知能 4 題，分別是第 56 至第 59 欄位，第 4 分量表是學科專門知能 4 題，分別是第 60 至第 63 欄位，全量表 20 題，分別是第 44 至第 63 欄位，請利用驗證性因素分析，建立建構效度。

平均數差異檢定

平均數考驗主要分爲自變項是 2 個類別，以 t 考驗或者是 z 考驗爲主。至於自變項若是 3 個類別以上，則是採用變異數分析。以下將依 t 考驗以及變異數分析等 2 個部分，逐項分別說明。

以下爲本章使用的 R 套件。

1. readr
2. Rmisc
3. DescTools
4. agricolae
5. DTK
6. multcomp

壹、獨立樣本 t 考驗

t 考驗與 z 考驗都是處理 2 個類別的自變項之平均數差異檢定，z 考驗爲母數已知的情形下使用，至於 t 考驗則是以母數未知的情形下使用，以下將說明 t 考驗在 R 語言中分析的步驟及相關說明。

一、讀取資料檔

設定工作目錄爲「D:\DATA\CH04\」。

```
> setwd("D:/DATA/CH04/")
```

讀取資料檔「CH04_1.csv」，並將資料儲存至 sdata0 這個變項。

```
> library(readr)
> sdata0 <- read_csv("CH04_1.csv")
```

二、檢視資料

檢視前六筆資料，如下所示。

```
> head(sdata0)
# A tibble: 6 x 22
      ID GENDER   JOB A0101 A0102 A0103 A0104 A0105 A0106 A0201 A0202 A0203 A0204 A0205 A0206
   <chr>  <int> <int> <int> <int> <int> <int> <int> <int> <int> <int> <int> <int> <int> <int>
1 A0101      2     2     3     3     4     3     4     3     4     3     4     3     3     4
2 A0103      2     4     3     3     3     3     3     3     3     3     3     3     3     3
3 A0107      1     2     4     4     4     4     4     4     4     4     4     4     4     4
4 A0108      1     1     4     4     4     4     4     4     4     4     4     4     4     4
5 A0112      1     2     4     4     4     3     3     3     4     4     4     4     3     3
6 A0202      1     4     4     3     4     4     4     4     4     3     4     4     4     4
# ... with 7 more variables: A0301 <int>, A0302 <int>, A0303 <int>, A0304 <int>, A0401 <int>,
#   A0402 <int>, A0403 <int>
```

檢視前六筆資料時，資料檔總共有 22 個欄位變項，其中第 1 個欄位為使用者編號 ID、第 2 個欄位為性別 GENDER、第 3 個欄位則是工作職務 JOB、第 4 至第 22 欄位則是教師領導問卷的反應資料，包括參與校務決策 6 題、展現教室領導 6 題、促進同儕合作 4 題、提升專業成長 3 題，合計為 19 題。以下為檢視後六筆資料。

```
> tail(sdata0)
# A tibble: 6 x 22
      ID GENDER   JOB A0101 A0102 A0103 A0104 A0105 A0106 A0201 A0202 A0203 A0204 A0205 A0206
   <chr>  <int> <int> <int> <int> <int> <int> <int> <int> <int> <int> <int> <int> <int> <int>
1 C2505      1     2     3     3     3     3     3     3     3     3     3     3     3     3
2 C2506      2     4     3     3     3     3     3     3     3     3     3     3     3     2
3 C2507      2     4     3     3     3     3     3     3     3     4     3     3     3     3
4 C2602      2     4     3     3     3     3     3     3     3     4     3     4     3     3
5 C2604      2     3     3     2     3     2     2     2     3     4     3     3     3     3
6 C2606      2     4     3     3     3     3     3     3     3     3     3     3     3     3
# ... with 7 more variables: A0301 <int>, A0302 <int>, A0303 <int>, A0304 <int>, A0401 <int>,
#   A0402 <int>, A0403 <int>
```

　　由後六筆資料中可以得知，總共有 22 個變項資料。本資料庫爲 120 筆受試資料，因爲要進行 2 個類別的平均數考驗，所以先將性別 GENDER 轉換爲類別變項，以 factor() 加以進行轉換，如下所示。

```
> sdata0$GENDER <- factor(sdata0$GENDER)
```

　　檢視轉換結果。

```
> print(sdata0$GENDER)
  [1] 2 2 1 1 1 1 2 2 1 2 2 2 2 2 2 1 1 2 1 1 2 2 2 1 1 2 1 2 1 2 2 2 2 2 1 1 1 2 2 2 1 1 1 2 2 2 2
 [47] 2 1 2 2 2 2 2 2 1 2 1 2 2 1 2 1 1 1 1 2 1 1 2 2 1 1 1 2 2 1 2 2 2 1 1 2 1 2 1 2 1 2 2 1 1 2 1 2
 [93] 1 1 2 2 2 2 2 2 2 2 1 2 2 2 2 2 2 2 2 2 1 2 2 1 2 2 2 2 2
Levels: 1 2
```

三、計算分量表變項總分

　　接下來開始進行分量表變項的計分步驟，本範例是教師領導問卷得分，總共有 19 題 4 個分量表。第 1 分量表爲參與校務決策 6 題，分別是第 4 至第 9 欄位，第 2 分量表爲展現教室領導 6 題，分別是第 10 至第 15 欄位，第 3 分量表是促進同儕合作 4 題，分別是第 16 至第 19 欄位，第 4 分量表是提升專業成長 3 題，分別是第 20 至第 22 欄位。全量表 19 題，分別是第 4 至第 22 欄位，所以計算各分量表總分如下所示。

```
> sdata0$A01 <- apply(sdata0[4:9],1,sum)
> sdata0$A02 <- apply(sdata0[10:15],1,sum)
> sdata0$A03 <- apply(sdata0[16:19],1,sum)
> sdata0$A04 <- apply(sdata0[20:22],1,sum)
> sdata0$A00 <- apply(sdata0[4:22],1,sum)
```

接下來計算單題平均數，分別從上述的總分轉為計算其平均數，如下所示。

```
> sdata0$SA01 <- apply(sdata0[4:9],1,mean)
> sdata0$SA02 <- apply(sdata0[10:15],1,mean)
> sdata0$SA03 <- apply(sdata0[16:19],1,mean)
> sdata0$SA04 <- apply(sdata0[20:22],1,mean)
> sdata0$SA00 <- apply(sdata0[4:22],1,mean)
```

檢視計算前六筆結果，如下所示。

```
> head(sdata0)
# A tibble: 6 x 32
     ID GENDER    JOB A0101 A0102 A0103 A0104 A0105 A0106 A0201 A0202 A0203 A0204 A0205 A0206
  <chr> <fctr> <fctr> <int> <int> <int> <int> <int> <int> <int> <int> <int> <int> <int> <int>
1 A0101      2   組長     3     3     4     3     4     3     4     3     4     3     3     4
2 A0103      2   級任     3     3     3     3     3     3     3     3     3     3     3     3
3 A0107      1   組長     4     4     4     4     4     4     4     4     4     4     4     4
4 A0108      1   主任     4     4     4     4     4     4     4     4     4     4     4     4
5 A0112      1   組長     4     4     4     3     3     3     4     4     4     3     3     3
6 A0202      1   級任     4     3     4     4     4     4     4     3     4     4     4     4
# ... with 17 more variables: A0301 <int>, A0302 <int>, A0303 <int>, A0304 <int>, A0401 <int>,
#   A0402 <int>, A0403 <int>, A01 <int>, A02 <int>, A03 <int>, A04 <int>, A00 <int>, SA01 <dbl>,
#   SA02 <dbl>, SA03 <dbl>, SA04 <dbl>, SA00 <dbl>
```

四、進行 t 考驗

進行 t 考驗之前，先列出樣本摘要，利用 Rmisc 套件來檢視樣本，如下所示。

```
> library(Rmisc)
Loading required package: lattice
Loading required package: plyr
```

利用 summarySE() 函數來檢視樣本摘要。

```
> summarySE(data=sdata0, groupvars="GENDER", measurevar="SA01")
  GENDER  N    SA01       sd          se          ci
1      1 44 3.291667 0.4491235 0.06770791 0.13654601
2      2 76 3.015351 0.4020113 0.04611386 0.09186351
```

上述函數中 groupvars="GENDER" 表示是以性別為分組依據，而評量變項則是參與校務決策的單題平均數 (SA01)。由上述摘要結果可以得知，男生有 44 位，平均數為 3.29，標準差為 0.45，標準誤為 0.07，女生有 76 位，平均數為 3.02，標準差為 0.40，標準誤為 0.05。接下來進行變異數同質性檢定，載入 DescTools 套件，變異數同質性檢定，內定值是以各組中位數平移方法為 Brown-Forsythe，而 SPSS 是採用以各組平均數平移方法為 Levene。本範例是以各組平均數平移方法的 Levene 方法，如下所示。

```
> library(DescTools)
> LeveneTest(SA01 ~ GENDER, data=sdata0, center=mean)
Levene's Test for Homogeneity of Variance (center = mean)
       Df F value Pr(>F)
group   1  4.7094  0.032 *
      118
___
Signif. codes:  0 '***' 0.001 '**' 0.01 '*' 0.05 '.' 0.1 ' ' 1
```

由上述檢定的結果可以得知，以性別為自變項，參與校務決策單題平均數為依變項的變異數同質檢定達顯著水準 F=4.7094，p=0.032<0.050，所以需拒絕虛無假設，接受對立假設，亦即其變異數不同質。因為是變異數不同質，所以進行 t 考驗時需要選擇的是當變異數不同質的 t 考驗結果。R 語言中的 t.test() 函數進行 t 考驗時，內定即為變異數不同質的情形下，進行考驗，因此當變異數不同質時，進行的 t 考驗如下所示。

```
> mgender1 <- t.test(SA01 ~ GENDER, data=sdata0)
```

檢視變異數不同質的 t 考驗結果，如下所示。

```
> print(mgender1)
    Welch Two Sample t-test
data:  SA01 by GENDER
t = 3.373, df = 82.025, p-value = 0.001137
alternative hypothesis: true difference in means is not equal to 0
95 percent confidence interval:
 0.1133520 0.4392796
sample estimates:
mean in group 1 mean in group 2
        3.291667        3.015351
```

上述 t 考驗的結果，可以得知，t=3.373，df=82.025，p=0.001<0.05 達考驗的顯著水準，所以需要推翻虛無假設，成立對立假設。亦即不同的性別，其參與校務決策有所不同，再經由描述統計中的平均數可以得知，男性教師 (M=3.29) 在參與校務決策上的意願，高於女性教師 (M=3.01)。

上述所談及的變異數同質性檢定不通過的原因，第一個是樣本不具隨機性，自然沒有推論意義。如果樣本具備隨機性，變異數同質性檢定仍然不通過，經常是某組內出現極端值 (outlier) 的狀況。在此條件下仍擬分析，後續處理就是檢查與排除極端值。

以上的範例之變異數同質性檢定，雖然顯示本範例性別在參與校務決策分數上的變異數不同質，但因為示範之故，以下仍然介紹當變異數同質時，R 語言中如何進行 t 考驗。當要進行以變異數同質情形下的 t 考驗時，需要在 t.test() 函數中加上 var.equal=TRUE 的參數，即可進行變異數同質情形下的 t 考驗，如下所示。

```
> mgender2 <-t.test(SA01 ~ GENDER, data=sdata0, var.equal=TRUE)
```

檢視變異數同質情形下 t 考驗結果。

```
> print(mgender2)
    Two Sample t-test
data:  SA01 by GENDER
t = 3.4747, df = 118, p-value = 0.0007162
alternative hypothesis: true difference in means is not equal to 0
95 percent confidence interval:
 0.1188390 0.4337926
sample estimates:
mean in group 1 mean in group 2
      3.291667        3.015351
```

上述 t 考驗的結果可以得知，t＝3.474，df＝118，p＝0.001＜0.05 達考驗的顯著水準，所以需要推翻虛無假設，成立對立假設。亦即不同的性別，其參與校務決策有所不同，再經由描述統計中的平均數可以得知，男性教師 (M=3.29) 在參與校務決策上的意願，高於女性教師 (M=3.01)。

五、t 考驗結果報告

由教師領導知覺層面中，不同性別之國小教師在教師領導參與校務決策的 t 考驗分析結果 t=3.474，df=118，p=0.001＜0.05 達考驗的顯著水準，所以需要推翻虛無假設，成立對立假設。亦即發現不同性別的國小教師，其參與校務決策的知覺程度有所不同，再經由描述統計中的平均數可以得知，男性教師 (M=3.29) 在參與校務決策上的知覺程度，高於女性教師 (M=3.01)。

六、t 考驗分析程式

```
1.    #t 考驗 2017/08/04
2.    # 檔名 CH04_1.R 資料檔 CH04_1.csv
3.    # 設定工作目錄
4.    setwd("D:/DATA/CH04/")
```

```
5.  library(readr)
6.  sdata0 <- read_csv("CH04_1.csv")
7.  head(sdata0)
8.  tail(sdata0)
9.  sdata0$GENDER <- factor(sdata0$GENDER)
10. print(sdata0$GENDER)
11. sdata0$A01 <- apply(sdata0[4:9],1,sum)
12. sdata0$A02 <- apply(sdata0[10:15],1,sum)
13. sdata0$A03 <- apply(sdata0[16:19],1,sum)
14. sdata0$A04 <- apply(sdata0[20:22],1,sum)
15. sdata0$A00 <- apply(sdata0[4:22],1,sum)
16. sdata0$SA01 <- apply(sdata0[4:9],1,mean)
17. sdata0$SA02 <- apply(sdata0[10:15],1,mean)
18. sdata0$SA03 <- apply(sdata0[16:19],1,mean)
19. sdata0$SA04 <- apply(sdata0[20:22],1,mean)
20. sdata0$SA00 <- apply(sdata0[4:22],1,mean)
21. head(sdata0)
22.
23. library(Rmisc)
24. summarySE(data=sdata0, groupvars="GENDER", measurevar="SA01")
25.
26. library(DescTools)
27. LeveneTest(SA01 ~ GENDER, data=sdata0, center=mean)
28. mgender1 <- t.test(SA01 ~ GENDER, data=sdata0)
29. print(mgender1)
30. mgender2 <-t.test(SA01 ~ GENDER, data=sdata0, var.equal=TRUE)
31. print(mgender2)
```

貳、獨立樣本變異數分析

　　以下將說明如何利用 R 來進行獨立樣本的變異數分析，包括讀取分析資料檔、檢視資料、計算分量表變項總分、進行獨立樣本的變異數分析以及撰寫獨立樣本，單因子變異數分析的結果報告等步驟，分別說明如下。

一、讀取資料檔

設定工作目錄為「D:\DATA\CH04\」。

```
> setwd("D:/DATA/CH04/")
```

讀取資料檔「CH04_1.csv」，並將資料儲存至 sdata0 這個變項。

```
> library(readr)
> sdata0 <- read_csv("CH04_1.csv")
```

二、檢視資料

檢視前六筆資料，如下所示。

```
> head(sdata0)
# A tibble: 6 x 22
    ID GENDER   JOB A0101 A0102 A0103 A0104 A0105 A0106 A0201 A0202 A0203 A0204 A0205 A0206
  <chr>  <int> <int> <int> <int> <int> <int> <int> <int> <int> <int> <int> <int> <int> <int>
1 A0101     2     2     3     3     4     3     4     3     4     3     4     3     3     4
2 A0103     2     4     3     3     3     3     3     3     3     3     3     3     3     3
3 A0107     1     2     4     4     4     4     4     4     4     4     4     4     4     4
4 A0108     1     1     4     4     4     4     4     4     4     4     4     4     4     4
5 A0112     1     2     4     4     4     3     3     3     4     4     4     3     3     3
6 A0202     1     4     4     3     4     4     4     4     3     4     4     4     4     4
# ... with 7 more variables: A0301 <int>, A0302 <int>, A0303 <int>, A0304 <int>, A0401 <int>,
#   A0402 <int>, A0403 <int>
```

檢視前六筆資料時，資料檔總共有 22 個欄位變項，其中第 1 個欄位為使用者編號 ID、第 2 個欄位為性別 GENDER、第 3 個欄位則是工作職務 JOB、第 4 至第 22 欄位則是教師領導問卷的反應資料，包括參與校務決策 6 題、展現教室

領導 6 題、促進同儕合作 4 題、提升專業成長 3 題，合計為 19 題。以下為檢視
後六筆資料。

```
> tail(sdata0)
# A tibble: 6 x 22
    ID GENDER   JOB A0101 A0102 A0103 A0104 A0105 A0106 A0201 A0202 A0203 A0204 A0205 A0206
  <chr>  <int> <int> <int> <int> <int> <int> <int> <int> <int> <int> <int> <int> <int> <int>
1 C2505      1     2     3     3     3     3     3     3     3     3     3     3     3     3
2 C2506      2     4     3     3     3     3     3     3     3     3     3     3     3     2
3 C2507      2     4     3     3     3     3     3     3     3     4     3     3     3     3
4 C2602      2     4     3     3     3     3     3     3     3     4     3     4     3     3
5 C2604      2     3     3     2     3     2     2     2     3     4     3     3     3     3
6 C2606      2     3     3     3     3     3     3     3     3     3     3     3     3     3
# ... with 7 more variables: A0301 <int>, A0302 <int>, A0303 <int>, A0304 <int>, A0401 <int>,
#   A0402 <int>, A0403 <int>
```

由後六筆資料中可以得知，總共有 22 個變項資料。本資料庫為 120 筆受試
資料，因為要進行 3 個類別以上的平均數考驗，所以先將工作職務 JOB 轉換為
類別變項，以 factor() 加以進行轉換，如下所示。

```
> sdata0$JOB <- factor(sdata0$JOB)
```

檢視轉換結果。

```
> print(sdata0$JOB)
 [1] 2 4 2 1 2 4 2 3 2 4 4 4 4 4 1 4 2 2 4 4 4 2 4 4 4 4 4 4 2 2 2 4 2 2 4 3 2 4 4 2 4 4
[47] 1 4 4 2 1 4 4 2 1 4 2 2 4 4 1 3 1 4 3 4 4 4 4 2 1 4 4 3 2 4 4 2 1 3 4 4 1 4 4 4 1 4 4 4
[93] 2 1 4 4 4 2 4 4 3 4 2 4 3 4 2 4 4 4 4 2 1 4 2 4 4 4 3 4
Levels: 1 2 3 4
```

修改工作職務的類別名稱，從 1、2、3、4 轉換為主任、組長、科任以及級

任等 4 個類別名稱。

```
> sdata0$JOB <- factor(sdata0$JOB, levels = c(1,2,3,4), labels = c("主任", "組長","
科任","級任"))
```

檢視轉換結果。

```
> print(head(sdata0$JOB))
[1] 組長 級任 組長 主任 組長 級任
Levels: 主任 組長 科任 級任
```

三、計算分量表變項總分

接下來開始進行分量表變項的計分步驟，本範例是教師領導問卷得分，總共有 19 題 4 個分量表。第 1 分量表為參與校務決策 6 題，分別是第 4 至第 9 欄位，第 2 分量表為展現教室領導 6 題，分別是第 10 至第 15 欄位，第 3 分量表是促進同儕合作 4 題，分別是第 16 至第 19 欄位，第 4 分量表是提升專業成長 3 題，分別是第 20 至第 22 欄位，全量表 19 題，分別是第 4 至第 22 欄位，所以計算各分量表總分，如下所示。

```
> sdata0$A01 <- apply(sdata0[4:9],1,sum)
> sdata0$A02 <- apply(sdata0[10:15],1,sum)
> sdata0$A03 <- apply(sdata0[16:19],1,sum)
> sdata0$A04 <- apply(sdata0[20:22],1,sum)
> sdata0$A00 <- apply(sdata0[4:22],1,sum)
```

接下來計算單題平均數，分別從上述的總分轉為計算其平均數，如下所示。

```
> sdata0$SA01 <- apply(sdata0[4:9],1,mean)
> sdata0$SA02 <- apply(sdata0[10:15],1,mean)
> sdata0$SA03 <- apply(sdata0[16:19],1,mean)
> sdata0$SA04 <- apply(sdata0[20:22],1,mean)
> sdata0$SA00 <- apply(sdata0[4:22],1,mean)
```

檢視計算前六筆結果，如下所示。

```
> head(sdata0)
# A tibble: 6 x 32
    ID GENDER    JOB A0101 A0102 A0103 A0104 A0105 A0106 A0201 A0202 A0203 A0204 A0205 A0206
  <chr> <fctr> <fctr> <int> <int> <int> <int> <int> <int> <int> <int> <int> <int> <int> <int>
1 A0101      2   組長     3     3     4     3     4     3     4     3     4     3     3     4
2 A0103      2   級任     3     3     3     3     3     3     3     3     3     3     3     3
3 A0107      1   組長     4     4     4     4     4     4     4     4     4     4     4     4
4 A0108      1   主任     4     4     4     4     4     4     4     4     4     4     4     4
5 A0112      1   組長     4     4     4     3     3     3     4     4     4     4     3     3
6 A0202      1   級任     4     3     4     4     4     4     3     4     4     4     4     4
# ... with 17 more variables: A0301 <int>, A0302 <int>, A0303 <int>, A0304 <int>, A0401 <int>,
#    A0402 <int>, A0403 <int>, A01 <int>, A02 <int>, A03 <int>, A04 <int>, A00 <int>, SA01 <dbl>,
#    SA02 <dbl>, SA03 <dbl>, SA04 <dbl>, SA00 <dbl>
```

四、進行變異數分析

　　進行變異數分析之前，先檢視樣本摘要，下列將利用 Rmisc 套件來檢視樣本，如下所示。

```
> library(Rmisc)
Loading required package: lattice
Loading required package: plyr
```

　　利用 summarySE() 函數來檢視樣本摘要。

```
> summarySE(data=sdata0, groupvars="JOB", measurevar="SA01")
   JOB  N    SA01         sd         se         ci
1 主任 13 3.474359 0.4657041 0.12916309 0.28142219
2 組長 28 3.250000 0.4069863 0.07691318 0.15781282
3 科任  9 3.203704 0.4984544 0.16615147 0.38314597
4 級任 70 2.985714 0.3887952 0.04646992 0.09270495
```

　　上述函數中 groupvars="JOB" 表示是以工作職務 (JOB) 為分組依據，而評量變項則是參與校務決策的單題平均數 (SA01)。由上述摘要結果可以得知，主任有 13 位，平均數為 3.47，標準差為 0.47，標準誤為 0.13。組長有 28 位，平均數為 3.25，標準差為 0.41，標準誤為 0.08。科任有 9 位，平均數為 3.20，標準差為 0.50，標準誤為 0.17。級任有 70 位，平均數為 2.99，標準差為 0.39，標準誤為 0.05。接下來進行變異數同質性檢定，載入 DescTools 套件，變異數同質性檢定，內定值是以各組中位數平移方法為 Brown-Forsythe，而 SPSS 是採用以各組平均數平移方法為 Levene。本範例是以各組平均數平移方法的 Levene 方法，如下所示。

```
> library(DescTools)
> LeveneTest(SA01 ~ JOB, data=sdata0, center=mean)
Levene's Test for Homogeneity of Variance (center = mean)
       Df F value  Pr(>F)
group   3  2.1418 0.09874 .
      116
───
Signif. codes:  0 '***' 0.001 '**' 0.01 '*' 0.05 '.' 0.1 ' ' 1
```

　　由上述檢定的結果，可以得知，以工作職務為自變項，參與校務決策單題平均數為依變項的變異數同質檢定達顯著水準 F=2.1418，p=0.099>0.050，所以需接受虛無假設，拒絕對立假設。亦即其變異數同質，符合變異數分析的假設，繼續進行變異數分析。

　　以下將以 aov() 函數來進行變異數分析，自變項為工作職務，依變項為參與校務決策知覺程度，資料檔變數為 sdata0，程式如下所示。

```
> m.job <- aov(SA01 ~ JOB, data=sdata0)
```

　　檢視變異數分析的結果。

```
> anova(m.job)
Analysis of Variance Table

Response: SA01
           Df  Sum Sq Mean Sq F value    Pr(>F)
JOB         3  3.4296 1.14321  6.8032 0.0002895 ***
Residuals 116 19.4926 0.16804
---
Signif. codes:  0 '***' 0.001 '**' 0.01 '*' 0.05 '.' 0.1 ' ' 1
```

　　由上述變異數分析的結果，可以得知，F=6.8032，df=3，p<0.001 達顯著水準，拒絕虛無假設，接受對立假設。不同類別之間的平均數有所不同，亦即不同的工作職務，其參與校務決策的知覺程度有所不同，變異數分析摘要，列述如下。

Source	SS	df	MS	F	p
組間	3.4296	3	1.1432	6.8032	<0.001
組內	19.4926	116	0.1680		
總和	22.9222	119	1.3112		

　　因為變異數分析的結果達顯著，所以需要進一步了解組別平均數的差異情形，因此進行事後比較，如下所示。

以下說明如何利用 LSD 事後比較方法進行，以 agricolae 套件分析，如下所示。

```
> library(agricolae)
```

以 LSD.test() 函數來進行事後比較的分析工作。

```
> mLSD <- LSD.test(mjob, "JOB")
```

檢視 LSD 事後比較的分析結果，如下所示。

```
> print(mLSD)
$statistics
      Mean        CV    MSerror
  3.116667 13.15272 0.1680396
$parameters
   Df ntr  t.value alpha       test name.t
  116   4 1.980626  0.05 Fisher-LSD    JOB
$means
          SA01       std  r      LCL      UCL      Min Max
級任 2.985714 0.3887952 70 2.888672 3.082756 2.333333   4
科任 3.203704 0.4984544  9 2.933067 3.474341 2.333333   4
主任 3.474359 0.4657041 13 3.249175 3.699543 3.000000   4
組長 3.250000 0.4069863 28 3.096563 3.403437 2.500000   4
$comparison
NULL
$groups
    trt    means  M
1  主任 3.474359  a
2  組長 3.250000  a
3  科任 3.203704 ab
4  級任 2.985714  b
```

　　由上述事後比較的分析結果中，M 欄位下若同時有相同的符號，即代表其平均的差異並未達到顯著。所以主任與級任，以及組長與級任有所差異，再由其平均數上可以得知主任 > 級任，組長 > 級任，所以事後比較的結果是「主任、組長 > 級任」。

　　以下是利用 Tukey 事後比較的方法來進行變異數分析的事後比較，利用 HSD.test() 來進行分析，如下所示。

```
> mTUKEY <- HSD.test(mjob, "JOB")
```

　　檢視 Tukey 事後比較的分析結果，如下所示。

```
> print(mTUKEY)
$statistics
      Mean       CV   MSerror       HSD r.harmonic
  3.116667 13.15272 0.1680396 0.3686343   16.80431
$parameters
   Df ntr StudentizedRange alpha  test name.t
  116   4         3.686381  0.05 Tukey    JOB
$means
           SA01       std  r      Min Max
級任 2.985714 0.3887952 70 2.333333   4
科任 3.203704 0.4984544  9 2.333333   4
主任 3.474359 0.4657041 13 3.000000   4
組長 3.250000 0.4069863 28 2.500000   4
$comparison
NULL
$groups
    trt    means  M
1 主任 3.474359  a
2 組長 3.250000  a
3 科任 3.203704 ab
4 級任 2.985714  b
```

　　由上述 Tukey 事後比較的分析結果中，M 欄位下若同時有相同的符號，即代表其平均的差異並未達到顯著，所以主任與級任，以及組長與級任有所差異。再由其平均數可以得知主任 > 級任，組長 > 級任，所以事後比較的結果是「主任、組長 > 級任」。

　　以下是利用 Scheffe 事後比較的方法來進行變異數分析的事後比較，利用 scheffe.test() 來進行分析，如下所示。

```
> mSCHEFFE <- scheffe.test(mjob, "JOB")
```

　　檢視 scheffe 事後比較的分析結果，如下所示。

```
> print(mSCHEFFE)
$statistics
      Mean       CV    MSerror CriticalDifference
  3.116667 13.15272 0.1680396          0.4012048
$parameters
   Df ntr        F  Scheffe alpha    test name.t
  116   4 2.682809 2.836975  0.05 Scheffe    JOB
$means
           SA01       std  r      Min Max
級任 2.985714 0.3887952 70 2.333333   4
科任 3.203704 0.4984544  9 2.333333   4
主任 3.474359 0.4657041 13 3.000000   4
組長 3.250000 0.4069863 28 2.500000   4
$comparison
NULL
$groups
   trt    means  M
1 主任 3.474359  a
2 組長 3.250000  a
3 科任 3.203704 ab
4 級任 2.985714  b
```

　　由上述 scheffe 事後比較的分析結果中，M 欄位下若同時有相同的符號，即代表其平均的差異並未達到顯著，所以主任與級任，以及組長與級任有所差異。再由其平均數可以得知主任 > 級任，組長 > 級任，所以事後比較的結果是「主任、組長 > 級任」。

　　除了利用 agricolae 進行變異數分析的事後比較之外，亦可以利用 DescTools 的套件來進行事後比較分析，如下所示。

```
> library(DescTools)
```

　　DescTools 中是以 PostHocTest() 來進行，其中在方法的參數需要指定 lsd，method="lsd"，如下所示。

```
> mLSD <- PostHocTest(m.job, method="lsd")
> print(mLSD)
  Posthoc multiple comparisons of means : Fisher LSD
    95% family-wise confidence level
$JOB
                 diff       lwr.ci      upr.ci        pval
組長－主任 -0.2243590 -0.4968484  0.04813042 0.10565
科任－主任 -0.2706553 -0.6227234  0.08141290 0.13057
級任－主任 -0.4886447 -0.7338482 -0.24344116 0.00014 ***
科任－組長 -0.0462963 -0.3574027  0.26481011 0.76872
級任－組長 -0.2642857 -0.4458345 -0.08273692 0.00469 **
級任－科任 -0.2179894 -0.5054985  0.06951971 0.13589
---
Signif. codes:  0 '***' 0.001 '**' 0.01 '*' 0.05 '.' 0.1 ' ' 1
```

　　由上述 LSD 事後比較的分析結果，可以得知，「級任－主任」平均數差異的顯著性考驗中，平均數差異為 0.49，$p < 0.001$ 達顯著水準。另外「級任－組長」平均數差異的顯著性考驗中，平均數差異為 0.26，$p = 0.004 < 0.05$ 達顯著水準。再由平均數差異均為負值的情形來加以判斷，主任 > 級任，組長 > 級任，所以事後比較的結果是「主任、組長 > 級任」。

以下為 Tukey 事後比較方法，DescTools 中是以 TukeyHSD() 來進行 Tukey 的事後比較，如下所示。

```
> mTUKEY <- TukeyHSD(m.job)
```

檢視 Tukey 事後比較結果。

```
> print(mTUKEY)
  Tukey multiple comparisons of means
    95% family-wise confidence level
Fit: aov(formula = SA01 ~ JOB, data = sdata0)
$JOB
                  diff         lwr         upr       p adj
組長-主任 -0.2243590 -0.5829772  0.13425923 0.3655054
科任-主任 -0.2706553 -0.7340056  0.19269509 0.4273676
級任-主任 -0.4886447 -0.8113525 -0.16593690 0.0007761
科任-組長 -0.0462963 -0.4557376  0.36314504 0.9910472
級任-組長 -0.2642857 -0.5032187 -0.02535273 0.0239328
級任-科任 -0.2179894 -0.5963748  0.16039598 0.4397953
```

由上述 Tukey 事後比較的分析結果，可以得知，「級任－主任」平均數差異的顯著性考驗中，平均數差異為 0.49，p<0.001 達顯著水準。另外「級任－組長」平均數差異的顯著性考驗中，平均數差異為 0.26，p=0.023<0.05 達顯著水準。再由平均數差異均為負值的情形來加以判斷，主任 > 級任，組長 > 級任，所以事後比較的結果是「主任、組長 > 級任」。

接下來將利用 Tukey 事後比較的結果，用圖形表示如下。

```
> plot(mTUKEY)
```

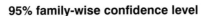

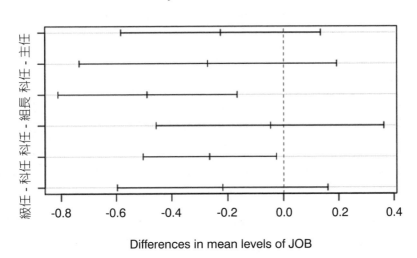

Differences in mean levels of JOB

　　由上圖事後比較的結果與上述考驗的結果相同，「級任－主任」與「級任－組長」平均數差異的顯著性考驗中，達顯著水準。

　　以下為 Scheffe 事後比較方法，DescTools 中是以 ScheffeTest() 函數來進行 Scheffe 的事後比較，如下所示。

```
> mSCHEFFE <- ScheffeTest(mjob)
```

　　DescTools 中亦可以利用 PostHocTest() 函數來進行 Scheffe 的事後比較，參數中的方法需要指定 scheffe，亦即 method="scheffe" 如下所示。

```
> mSCHEFFE <- PostHocTest(mjob, method="scheffe")
```

　　檢視 scheffe 事後比較的結果，如下所示。

```
> print(mSCHEFFE)
  Posthoc multiple comparisons of means : Scheffe Test
    95% family-wise confidence level
$JOB
                   diff       lwr.ci        upr.ci      pval
組長－主任 -0.2243590 -0.6146627   0.165944716  0.4504
科任－主任 -0.2706553 -0.7749447   0.233634119  0.5115
級任－主任 -0.4886447 -0.8398651  -0.137424258  0.0021 **
科任－組長 -0.0462963 -0.4919136   0.399320973  0.9933
級任－組長 -0.2642857 -0.5243295  -0.004241962  0.0447 *
級任－科任 -0.2179894 -0.6298068   0.193827982  0.5235
  ———
Signif. codes:  0 '***' 0.001 '**' 0.01 '*' 0.05 '.' 0.1 ' ' 1
```

　　由上述 Scheffe 事後比較的分析結果可以得知，「級任－主任」平均數差異的顯著性考驗中，平均數差異為 0.49，p=0.002<0.05 達顯著水準。另外「級任－組長」平均數差異的顯著性考驗中，平均數差異為 0.26，p=0.045<0.05 達顯著水準。再由平均數差異均為負值的情形來加以判斷，主任 > 級任，組長 > 級任，所以事後比較的結果是「主任、組長 > 級任」。

　　接下來將利用 scheffe 事後比較的結果，用圖形表示如下。

```
> plot(mSCHEFFE)
```

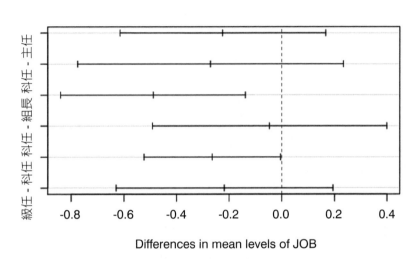

95% family-wise confidence level

Differences in mean levels of JOB

　　由上圖事後比較的結果與上述考驗的結果相同，「級任－主任」與「級任－組長」平均數差異的顯著性考驗中，達顯著水準。

　　本範例的變異數分析具同質的結果，符合變異數分析的基本假設，但若不符合變異數分析同質性假設時，亦可以採用變異數分析不同質的事後比較方法，本範例介紹 Dunnnet C 的事後比較方法如下。要進行 Dunnnet C 的事後比較，可採用 DTK 套件，如下所示。

```
> library(DTK)
```

　　利用 with() 函數中，DTK.test() 的函數來進行 Dunnnet C 事後比較，如下所示。

```
> mDTK <- with(sdata0, DTK.test(SA01, JOB))
```

檢視 Dunnnet C 事後比較分析結果，如下所示。

```
> print(mDTK)
[[1]]
[1] 0.05
[[2]]
              Diff     Lower CI    Upper CI
組長－主任 -0.2243590 -0.6615275  0.21280951
科任－主任 -0.2706553 -0.8826627  0.34135215
級任－主任 -0.4886447 -0.8878319 -0.08945746
科任－組長 -0.0462963 -0.6165145  0.52392192
級任－組長 -0.2642857 -0.5441517  0.01558031
級任－科任 -0.2179894 -0.7235604  0.28758157
```

由上述 Dunnnet C 事後比較的分析結果可以得知，「級任－主任」平均數差異的顯著性考驗中，平均數差異為 0.49，區間估計為「-0.8878319，-0.08945746」，其中並不包含 0，代表達顯著水準。再由平均數差異均為負值的情形來加以判斷為主任 > 級任，所以事後比較的結果是「主任 > 級任」。

接下來將利用 Dunnnet C 事後比較的結果，利用圖形表示如下。

```
> DTK.plot(mDTK)
```

在 0 點之處加一個垂直的參考線。

```
> abline(v=0)
```

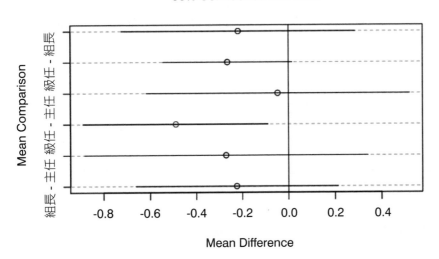

R 由上圖事後比較的結果與上述考驗的結果相同，「級任－主任」平均數差異的顯著性考驗中，達顯著水準。

語言中提供可以計算效果量的函數，可以利用 DescTools 中的 EtaSq() 函數來計算變異數分析的效果量，如下所示。

```
> library(DescTools)
> mETA <- EtaSq(m.job, anova=TRUE)
```

檢視效果量的計算結果，如下所示。

```
> print(mETA)
          eta.sq eta.sq.part       SS df        MS        F          p
JOB      0.14962     0.14962 3.429623  3 1.1432076 6.803202 0.0002894709
Residuals 0.85038          NA 19.492599 116 0.1680396      NA          NA
```

由上述的結果中可以得知，本範例的效果量值為 0.1496，依據 Cohen(1988) 的經驗法則，η^2 或 ε^2 的效果量之小、中、大的效果量分別是 0.01、0.06 以及 0.14，所以本範例為大的效果量。以上的效果量亦可以轉換為 Cohen 的 f 效果量，以上述 0.1496 為例，如下計算。

$$f = \sqrt{\frac{\eta^2}{1-\eta^2}} = \sqrt{\frac{0.1496}{1-0.1496}} = 0.4194$$

依據 Cohen(1988) 的經驗法則，f 效果量之小、中、大的效果量分別是 0.10、0.25 以及 0.40，所以本範例 0.4194 為大的效果量。

五、獨立樣本單因子變異數分析結果報告

由上述的變異數分析，結果可以說明如下。

以受試教師之工作職務為自變項，教師領導中校務決策層面為依變項，利用單因子變異數分析進行考驗，其結果如下表所示。

Source	SS	df	MS	F	p	η^2	Post Hoc
組間	3.430	3	1.143	6.803	<0.001	0.150	主任、組長 > 級任
組內	19.493	116	0.168				
總和	22.922	119	1.311				

由上述變異數分析的結果可以得知，F=6.803，df=3，p<0.001 達顯著水準，拒絕虛無假設，接受對立假設。亦即不同類別之間的平均數有所不同，亦即不同的工作職務，其參與校務決策的知覺程度有所不同。進一步以 Scheffe 事後比較的分析結果可以得知，「級任－主任」平均數差異的顯著性考驗中，平均數差異為 0.49，p=0.002<0.05 達顯著水準，另外「級任－組長」平均數差異的顯著性考

驗中，平均數差異為 0.26，p=0.045<0.05 達顯著水準，再由平均數差異均為負值的情形來加以判斷，主任 > 級任，組長 > 級任，所以事後比較的結果是「主任、組長 > 級任」表示參與校務決策的知覺程度，主任以及組長高於級任教師，至於主任與組長之間則沒有差異。效果量為 0.150，根據 Cohen(1988) 的經驗法則，η^2 或 ε^2 的效果量之小、中、大的效果量分別是 0.01、0.06 以及 0.14，所以本範例為大的效果量。

假如同時有幾個分量表的變項需要分析時，建議可以將表格合併，以利讀者閱讀，如下所述。

以受試教師之工作職務為自變項，教師領導中各層面為依變項，利用單因子變異數分析進行考驗，其結果如下表所示。

層面	組別	N	M	SD	F	p	Post Hoc
參與校務決策	(1) 主任	13	3.47	0.47	6.803	<0.001	1>4
	(2) 組長	28	3.25	0.41			2>4
	(3) 科任	9	3.20	0.50			
	(4) 級任	70	2.99	0.39			
展現教室領導	(1) 主任	13	3.60	0.41	2.519	0.061	
	(2) 組長	28	3.39	0.40			
	(3) 科任	9	3.41	0.46			
	(4) 級任	70	3.28	0.39			
促進同儕合作	(1) 主任	13	3.46	0.51	2.947	0.036	2>3
	(2) 組長	28	3.48	0.44			2>4
	(3) 科任	9	3.08	0.54			
	(4) 級任	70	3.23	0.48			

層面	組別	N	M	SD	F	p	Post Hoc
提升專業成長	(1) 主任	13	3.26	0.41	2.222	0.089	
	(2) 組長	28	3.13	0.45			
	(3) 科任	9	3.07	0.57			
	(4) 級任	70	2.93	0.51			
教師領導	(1) 主任	13	3.48	0.39	4.877	0.003	1>4
	(2) 組長	28	3.33	0.36			
	(3) 科任	9	3.22	0.45			
	(4) 級任	70	3.12	0.33			

由上表結果可以得知，教師領導各層面的考驗上，不同工作職務之國民小學教師對知覺教師領導「參與校務決策」($F=6.803$，$p<0.001$)、「展現教室領導」($F=2.519$，$p=0.061$)、「促進同儕合作」($F=2.947$，$p=0.036$)、「提升專業成長」($F=2.222$，$p=0.089$) 與整體層面「教師領導」($F=4.877$，$p=0.003$)，四個分層面中 (「參與校務決策」、「促進同儕合作」) 以及整體層面達顯著水準，表示國小教師不同工作職務中在「參與校務決策」、「促進同儕合作」以及整體層面的平均數有所差異，進一步利用 scheffe 法進行事後比較，結果顯示如下。

1. 在參與校務決策層面，主任以及組長對參與校務決策層面的知覺程度高於教師。

2. 在促進同儕合作層面，組長對參與校務決策層面的知覺程度高於科任以及教師。

3. 在整體教師領導層面，主任對參與校務決策層面的知覺程度高於教師。

由上述的研究結果顯示，研究假設中不同工作職務的國民小學教師在教師領導知覺上有所差異，獲得部分支持。

六、獨立樣本單因子變異數分析程式

```
1.    # 單因子變異數分析 2017/08/04
2.    # 檔名 CH04_2.R 資料檔 CH04_1.csv
3.    # 設定工作目錄
4.    setwd("D:/DATA/CH04/")
5.    library(readr)
6.    sdata0 <- read_csv("CH04_1.csv")
7.    head(sdata0)
8.    tail(sdata0)
9.    sdata0$GENDER <- factor(sdata0$GENDER)
10.   print(sdata0$GENDER)
11.   sdata0$JOB <- factor(sdata0$JOB)
12.   print(sdata0$JOB)
13.   sdata0$JOB <- factor(sdata0$JOB, levels = c(1,2,3,4), labels = c(" 主任 "," 組
      長 "," 科任 "," 級任 "))
14.   print(head(sdata0$JOB))
15.
16.   sdata0$A01 <- apply(sdata0[4:9],1,sum)
17.   sdata0$A02 <- apply(sdata0[10:15],1,sum)
18.   sdata0$A03 <- apply(sdata0[16:19],1,sum)
19.   sdata0$A04 <- apply(sdata0[20:22],1,sum)
20.   sdata0$A00 <- apply(sdata0[4:22],1,sum)
21.   sdata0$SA01 <- apply(sdata0[4:9],1,mean)
22.   sdata0$SA02 <- apply(sdata0[10:15],1,mean)
23.   sdata0$SA03 <- apply(sdata0[16:19],1,mean)
24.   sdata0$SA04 <- apply(sdata0[20:22],1,mean)
25.   sdata0$SA00 <- apply(sdata0[4:22],1,mean)
26.   head(sdata0)
27.
28.   library(Rmisc)
29.   summarySE(data=sdata0, groupvars="JOB", measurevar="SA01")
30.
31.   library(DescTools)
32.   LeveneTest(SA01 ~ JOB, data=sdata0, center=mean)
33.
34.   m.job <- aov(SA01 ~ JOB, data=sdata0)
35.   anova(m.job)
36.
```

```
37.  library(agricolae)
38.  mLSD <- LSD.test(m.job, "JOB")
39.  print(mLSD)
40.
41.  mTUKEY <- HSD.test(m.job, "JOB")
42.  print(mTUKEY)
43.
44.  mSCHEFFE <- scheffe.test(m.job, "JOB")
45.  print(mSCHEFFE)
46.
47.  library(DescTools)
48.  mLSD <- PostHocTest(m.job, method="lsd")
49.  print(mLSD)
50.
51.  mTUKEY <- TukeyHSD(m.job)
52.  print(mTUKEY)
53.  plot(mTUKEY)
54.
55.  mSCHEFFE <- ScheffeTest(m.job)
56.
57.  mSCHEFFE <- PostHocTest(m.job, method="scheffe")
58.  print(mSCHEFFE)
59.  plot(mSCHEFFE)
60.
61.  library(DTK)
62.  mDTK <- with(sdata0, DTK.test(SA01, JOB))
63.  print(mDTK)
64.  DTK.plot(mDTK)
65.
66.  abline(v=0)
67.  library(DescTools)
68.  mETA <- EtaSq(m.job, anova=TRUE)
69.  print(mETA)
```

參、相依樣本變異數分析

繼上述獨立樣本變異數分析的說明之後，本部分主要是介紹利用 R 來進行相依樣本的變異數分析，包括讀取分析資料檔、檢視資料、計算分量表變項總分、進行相依樣本單因子變異數分析以及撰寫分析結果報告等步驟，說明如下。

一、讀取資料檔

設定工作目錄為「D:\DATA\CH04\」。

```
> setwd("D:/DATA/CH04/")
```

讀取資料檔「CH04_1.csv」，並將資料儲存至 sdata0 這個變項。

```
> library(readr)
> sdata0 <- read_csv("CH04_1.csv")
```

二、檢視資料

檢視前六筆資料，如下所示。

```
> head(sdata0)
# A tibble: 6 x 22
      ID GENDER   JOB A0101 A0102 A0103 A0104 A0105 A0106 A0201 A0202 A0203 A0204 A0205 A0206
   <chr>  <int> <int> <int> <int> <int> <int> <int> <int> <int> <int> <int> <int> <int> <int>
1 A0101       2     2     3     3     4     3     4     3     4     3     4     3     3     4
2 A0103       2     4     3     3     3     3     3     3     3     3     3     3     3     3
3 A0107       1     2     4     4     4     4     4     4     4     4     4     4     4     4
4 A0108       1     1     4     4     4     4     4     4     4     4     4     4     4     4
5 A0112       1     2     4     4     4     3     3     3     4     4     4     4     4     4
6 A0202       1     4     4     3     4     4     4     4     4     3     4     4     4     4
```

```
# ... with 7 more variables: A0301 <int>, A0302 <int>, A0303 <int>, A0304 <int>, A0401 <int>,
#   A0402 <int>, A0403 <int>
```

　　檢視前六筆資料時，資料檔總共有 22 個欄位變項，其中第 1 個欄位為使用者編號 ID、第 2 個欄位為性別 GENDER、第 3 個欄位則是工作職務 JOB、第 4 至第 22 欄位則是教師領導問卷的反應資料，包括參與校務決策 6 題、展現教室領導 6 題、促進同儕合作 4 題、提升專業成長 3 題，合計為 19 題。以下為檢視後六筆資料，如下所示。

```
> tail(sdata0)
# A tibble: 6 x 22
    ID    GENDER   JOB A0101 A0102 A0103 A0104 A0105 A0106 A0201 A0202 A0203 A0204 A0205 A0206
    <chr>  <int> <int> <int> <int> <int> <int> <int> <int> <int> <int> <int> <int> <int> <int>
1 C2505      1     2     3     3     3     3     3     3     3     3     3     3     3     3
2 C2506      2     4     3     3     3     3     3     3     3     3     3     3     3     2
3 C2507      2     4     3     3     3     3     3     3     3     3     4     3     3     3
4 C2602      2     4     3     3     3     3     3     3     4     3     4     3     3     3
5 C2604      2     3     3     2     3     2     2     2     3     4     3     3     3     3
6 C2606      2     4     3     3     3     3     3     3     3     3     3     3     3     3
# ... with 7 more variables: A0301 <int>, A0302 <int>, A0303 <int>, A0304 <int>, A0401 <int>,
#   A0402 <int>, A0403 <int>
```

　　由後六筆資料中可以得知，總共有 22 個變項資料。本資料庫為 120 筆受試資料，因為要進行 2 個類別的平均數考驗，所以先將性別 GENDER 轉換為類別變項，以 factor() 加以進行轉換，如下所示。

```
> sdata0$GENDER <- factor(sdata0$GENDER)
```

　　檢視轉換結果。

```
> print(sdata0$GENDER)
  [1] 2 2 1 1 1 1 2 2 1 2 2 2 2 2 2 1 1 2 1 1 2 2 2 2 1 1 2 1 2 1 2 2 2 2 1 1 1 2 2 2 1 1 1 2 2 2 2
 [47] 2 1 2 2 2 2 2 2 1 2 1 2 2 1 2 1 1 1 1 2 1 1 2 2 1 1 1 2 2 1 2 2 2 1 1 2 1 2 1 2 2 1 1 2 1 2
 [93] 1 1 2 2 2 2 2 2 2 2 1 2 2 2 2 2 2 2 2 1 2 2 1 2 2 2 2 2
Levels: 1 2
```

轉換工作職務爲類別變項，如下所示。

```
> sdata0$JOB <- factor(sdata0$JOB)
```

檢視轉換結果。

```
> print(sdata0$JOB)
  [1] 2 4 2 1 2 4 2 3 2 4 4 4 4 4 4 1 4 2 2 4 4 4 2 4 4 4 4 4 4 2 2 2 4 2 2 4 3 2 4 4 2 4 4
 [47] 1 4 4 2 1 4 4 2 1 4 2 2 4 4 4 1 3 1 4 4 3 4 4 4 4 2 1 4 4 3 2 4 4 2 1 3 4 4 1 4 4 4 1 4 4 4
 [93] 2 1 4 4 4 2 4 4 3 4 2 4 3 4 2 4 4 4 4 2 1 4 2 4 4 4 3 4
Levels: 1 2 3 4
```

修改工作職務的類別名稱，從 1、2、3、4 轉換爲主任、組長、科任以及級任等 4 個類別名稱。

```
> sdata0$JOB <- factor(sdata0$JOB, levels = c(1,2,3,4), labels = c(" 主任 ", " 組長 ","
科任 "," 級任 "))
```

檢視轉換結果。

```
> print(head(sdata0$JOB))
[1] 組長 級任 組長 主任 組長 級任
Levels: 主任 組長 科任 級任
```

三、計算分量表變項總分

接下來開始進行分量表變項的計分步驟，本範例是教師領導問卷得分，總共有 19 題 4 個分量表，第 1 分量表為參與校務決策 6 題，分別是第 4 至第 9 欄位，第 2 分量表為展現教室領導 6 題，分別是第 10 至第 15 欄位，第 3 分量表是促進同儕合作 4 題，分別是第 16 至第 19 欄位，第 4 分量表是提升專業成長 3 題，分別是第 20 至第 22 欄位，全量表 19 題，分別是第 4 至第 22 欄位，所以計算各分量表總分如下所示。

```
> sdata0$A01 <- apply(sdata0[4:9],1,sum)
> sdata0$A02 <- apply(sdata0[10:15],1,sum)
> sdata0$A03 <- apply(sdata0[16:19],1,sum)
> sdata0$A04 <- apply(sdata0[20:22],1,sum)
> sdata0$A00 <- apply(sdata0[4:22],1,sum)
```

接下來計算單題平均數，分別從上述的總分轉為計算其平均數，如下所示。

```
> sdata0$SA01 <- apply(sdata0[4:9],1,mean)
> sdata0$SA02 <- apply(sdata0[10:15],1,mean)
> sdata0$SA03 <- apply(sdata0[16:19],1,mean)
> sdata0$SA04 <- apply(sdata0[20:22],1,mean)
> sdata0$SA00 <- apply(sdata0[4:22],1,mean)
```

檢視計算前六筆結果，如下所示。

```
> head(sdata0)
# A tibble: 6 x 32
     ID GENDER   JOB A0101 A0102 A0103 A0104 A0105 A0106 A0201 A0202 A0203 A0204 A0205 A0206
  <chr> <fctr> <fctr> <int> <int> <int> <int> <int> <int> <int> <int> <int> <int> <int> <int>
1 A0101      2   組長     3     3     4     3     4     3     4     3     4     3     3     4
2 A0103      2   級任     3     3     3     3     3     3     3     3     3     3     3     3
3 A0107      1   組長     4     4     4     4     4     4     4     4     4     4     4     4
```

```
4 A0108      1   主任    4   4   4   4   4   4   4   4   4   4   4   4
5 A0112      1   組長    4   4   4   3   3   3   4   4   4   4   3   3
6 A0202      1   級任    4   3   4   4   4   4   3   4   4   4   4
# ... with 17 more variables: A0301 <int>, A0302 <int>, A0303 <int>, A0304 <int>, A0401 <int>,
#    A0402 <int>, A0403 <int>, A01 <int>, A02 <int>, A03 <int>, A04 <int>, A00 <int>, SA01 <dbl>,
#    SA02 <dbl>, SA03 <dbl>, SA04 <dbl>, SA00 <dbl>
```

四、進行相依樣本之單因子變異數分析

　　進行相依樣本之變異數分析之前，先檢視樣本摘要，下列將利用 Rmisc 套件來檢視樣本，如下所示。

```
> library(Rmisc)
Loading required package: lattice
Loading required package: plyr
```

　　利用 summarySE() 函數來檢視樣本摘要。

```
> summarySE(data=sdata0, groupvars="JOB", measurevar="SA01")
   JOB  N    SA01        sd          se          ci
1 主任 13 3.474359 0.4657041 0.12916309 0.28142219
2 組長 28 3.250000 0.4069863 0.07691318 0.15781282
3 科任  9 3.203704 0.4984544 0.16615147 0.38314597
4 級任 70 2.985714 0.3887952 0.04646992 0.09270495
> summarySE(data=sdata0, groupvars="JOB", measurevar="SA02")
   JOB  N    SA02        sd          se          ci
1 主任 13 3.602564 0.4112901 0.11407135 0.24854012
2 組長 28 3.392857 0.3985939 0.07532717 0.15455860
3 科任  9 3.407407 0.4572799 0.15242664 0.35149647
4 級任 70 3.283333 0.3945584 0.04715875 0.09407913
> summarySE(data=sdata0, groupvars="JOB", measurevar="SA03")
   JOB  N    SA03        sd          se          ci
1 主任 13 3.461538 0.5087378 0.14109847 0.3074271
2 組長 28 3.482143 0.4405834 0.08326244 0.1708404
```

```
3 科任   9 3.083333 0.5448624 0.18162079 0.4188183
4 級任  70 3.232143 0.4764783 0.05695005 0.1136122
> summarySE(data=sdata0, groupvars="JOB", measurevar="SA04")
    JOB  N    SA04        sd        se         ci
1 主任  13 3.256410 0.4117228 0.11419136 0.2488016
2 組長  28 3.130952 0.4475750 0.08458372 0.1735514
3 科任   9 3.074074 0.5719795 0.19065982 0.4396623
4 級任  70 2.933333 0.5126421 0.06127245 0.1222352
```

　　上述函數中 groupvars="JOB" 表示是以工作職務 (JOB) 爲分組依據，而評量
變項則是參與校務決策的單題平均數 (SA01)。由上述摘要結果，可以得知，主
任有 13 位，平均數爲 3.47，標準差爲 0.47，標準誤爲 0.13。組長有 28 位，平
均數爲 3.25，標準差爲 0.41，標準誤爲 0.08。科任有 9 位，平均數爲 3.20，標
準差爲 0.50，標準誤爲 0.17。級任有 70 位，平均數爲 2.99，標準差爲 0.39，標
準誤爲 0.05。

　　進行相依樣本單因子變異數分析之前，需要先將資料加以重新整理，而原始
資料如下所示。

```
> head(sdata0[c("ID","GENDER","SA01","SA02","SA03","SA04")])
# A tibble: 6 x 6
     ID GENDER     SA01     SA02  SA03     SA04
  <chr> <fctr>     <dbl>    <dbl> <dbl>    <dbl>
1 A0101      2 3.333333 3.500000  3.25 3.333333
2 A0103      2 3.000000 3.000000  4.00 3.000000
3 A0107      1 4.000000 4.000000  4.00 4.000000
4 A0108      1 4.000000 4.000000  3.75 3.333333
5 A0112      1 3.500000 3.666667  4.00 3.333333
6 A0202      1 3.833333 3.833333  3.75 3.666667
```

　　以下將以自訂 make.rm() 來將資料重新整理，函數如下所示。

```
make.rm<-function(constant,repeated,data,contrasts) {
  if(!missing(constant) && is.vector(constant)) {
    if(!missing(repeated) && is.vector(repeated)) {
      if(!missing(data)) {
        dd<-dim(data)
        replen<-length(repeated)
        if(missing(contrasts))
          contrasts<-
          ordered(sapply(paste("T",1:length(repeated),sep=""),rep,dd[1]))
        else
          contrasts<-matrix(sapply(contrasts,rep,dd[1]),ncol=dim(contrasts)[2])
        if(length(constant) == 1) cons.col<-rep(data[,constant],replen)
        else cons.col<-lapply(data[,constant],rep,replen)
        new.df<-data.frame(cons.col,
                           repdat=as.vector(data.matrix(data[,repeated])),
                           contrasts)
        return(new.df)
      }
    }
  }
}
```

先執行整理資料的函數，再執行如下的指令來整理資料，如下所示。

```
> pdata <- make.rm(constant=c("ID","JOB"),repeated=c("SA01","SA02","SA03","SA04"),d
ata=sdata0)
```

檢視整理過後的資料結果，如下所示。

```
> head(pdata)
    ID  JOB    repdat contrasts
1 A0101 組長 3.333333      T1
2 A0103 級任 3.000000      T1
3 A0107 組長 4.000000      T1
4 A0108 主任 4.000000      T1
```

```
5 A0112 組長 3.500000      T1
6 A0202 級任 3.833333      T1
```

以下將以 aov() 函數來進行相依樣本單因子變異數分析，自變項爲工作職務，依變項之重複量數爲參與校務決策、展現教室領導、促進同儕合作、提升專業成長等 4 個變項，資料檔變數爲 pdata，程式如下所示。

```
> presult1 <-aov(repdat~contrasts+ID,pdata)
```

檢視相依樣本變異數分析的結果。

```
> summary(presult1)
            Df Sum Sq Mean Sq F value Pr(>F)
contrasts    3   8.61  2.8704  31.138 <2e-16 ***
ID         119  68.18  0.5729   6.215 <2e-16 ***
Residuals  357  32.91  0.0922
---
Signif. codes:  0 '***' 0.001 '**' 0.01 '*' 0.05 '.' 0.1 ' ' 1
```

由上述變異數分析的結果，可以得知，F=31.138，df=3，p<0.001 達顯著水準，拒絕虛無假設，接受對立假設。即不同類別之間的平均數有所不同，亦即受試者在參與校務決策、展現教室領導、促進同儕合作、提升專業成長等 4 個變項知覺程度有所不同，變異數分析摘要列述如下。

Source	*SS*	*df*	*MS*	*F*	*p*
組間	8.61	3	2.8704	31.138	<0.001
組內	101.09	476	0.6651		
因子（組間）	68.18	119	0.5729	6.215	<0.001
誤差	32.91	357	0.0922		
全體	109.70	479	3.5355		

　　因為變異數分析的結果達顯著，因此需要進一步了解組別平均數的差異情形，因此進行事後比較。以 multcomp 的 glht(general linear hypotheses test) 函數進行多重 Tukey 比較，比較之前需要先設定模型只有受試者與重複量數的次數這 2 個主要效果，不包含兩者的交互作用，如下所示。

```
> presult1 <-aov(repdat~contrasts+ID,pdata)
```

　　載入 multcomp 的套件。

```
> library(multcomp)
Loading required package: mvtnorm
Loading required package: survival
Loading required package: TH.data
Loading required package: MASS
Attaching package: 'TH.data'
The following object is masked from 'package:MASS' :
    geyser
```

　　進行事後比較，如下所示。

```
> presult3 <- glht(presult1, linfct=mcp(contrasts="Tukey"))
```

　　檢視事後比較結果，如下所示。

```
> summary(presult3)
     Simultaneous Tests for General Linear Hypotheses
Multiple Comparisons of Means: Tukey Contrasts
Fit: aov(formula = repdat ~ contrasts + ID, data = pdata)
Linear Hypotheses:
```

```
         Estimate Std. Error t value Pr(>|t|)
T2 - T1 == 0  0.23611    0.03920   6.024   <0.001 ***
T3 - T1 == 0  0.18750    0.03920   4.784   <0.001 ***
T4 - T1 == 0 -0.09167    0.03920  -2.339   0.0914 .
T3 - T2 == 0 -0.04861    0.03920  -1.240   0.6017
T4 - T2 == 0 -0.32778    0.03920  -8.362   <0.001 ***
T4 - T3 == 0 -0.27917    0.03920  -7.122   <0.001 ***
---
Signif. codes:  0 '***' 0.001 '**' 0.01 '*' 0.05 '.' 0.1 ' ' 1
(Adjusted p values reported — single-step method)
```

由上述事後比較的分析結果中，因為 T1 代表參與校務決策，T2 代表展現教室領導，T3 代表促進同儕合作，T4 代表提升專業成長，所以 T2 與 T1 有顯著性差異，而且 T2 大於 T1。T3 與 T1 有顯著性差異，而且 T3 大於 T1。T4 與 T2 有顯著性差異，而且 T2 大於 T4。T4 與 T3 有顯著性差異，而且 T3 大於 T4。歸納成 T2、T3 大於 T1 以及 T2、T3 大於 T4，亦即展現教室領導與促進同儕合作大於參與校務決策，以及提升專業成長。

R 語言中提供可以計算效果量的函數，可以利用 DescTools 中的 EtaSq() 函數來計算變異數分析的效果量，如下所示。

```
> library(DescTools)
> mETA <- EtaSq(presult1, anova=TRUE)
```

檢視效果量的計算結果，如下所示。

```
> print(mETA)
            eta.sq eta.sq.part        SS  df         MS          F  p
contrasts 0.07849853   0.2073967  8.611285   3 2.87042824 31.138163  0
ID        0.62150542   0.6744487 68.179109 119 0.57293369  6.215136  0
Residuals 0.29999604          NA 32.909549 357 0.09218361         NA NA
```

由上述的結果中可以得知，本範例的效果量值爲 0.0785，依據 Cohen(1988) 的經驗法則，η^2 或 ε^2 的效果量之小、中、大的效果量分別是 0.01、0.06 以及 0.14，所以本範例爲中的效果量。以上的效果量亦可以轉換爲 Cohen 的 f 效果量，以上述 0.0785 爲例，如下計算。

$$f = \sqrt{\frac{\eta^2}{1-\eta^2}} = \sqrt{\frac{0.0785}{1-0.0785}} = 0.2918$$

依據 Cohen(1988) 的經驗法則，f 效果量之小、中、大的效果量分別是 0.10、0.25 以及 0.40，所以本範例 0.2918 爲中的效果量。

五、相依樣本單因子變異數分析結果報告

由上述重複量數相依樣本單因子的變異數分析，結果可以表示如下。

本研究以教師領導問卷爲主要的研究工具，問卷塡答方式採用李克特四點量表，分爲非常同意、大致同意、不太同意以及非常不同意等，分別給予 4 到 1 分，用來表示國小教師對於教師領導的知覺程度。四點量表的中位數爲 2.5 分，大於 2.5 分代表知覺程度高，小於 2.5 分代表知覺程度較低。

以下將國民小學教師領導分爲參與校務決策、展現教室領導、促進同儕合作以及提升專業成長，其各層面題數、標準差與單題平均數之現況分析摘要如下表所示。

層面	平均數	題數	單題平均數	標準差	排序
參與校務決策	18.70	6	3.12	0.44	3
展現教室領導	20.12	6	3.35	0.41	1
促進同儕合作	13.22	4	3.30	0.49	2
提升專業成長	9.08	3	3.03	0.50	4
教師領導總分	61.11	19	3.22	0.37	

由上表可以得知，國民小學教師領導問卷分為四個層面，共有 19 題，整體而言，教師領導總分的平均數為 61.11，單題平均數為 3.22，較中位數 2.5 為高。所以教師領導的知覺程度介於大致同意與非常同意之間，顯示國民小學教師對教師領導的知覺屬於高知覺程度，接下來以重複量數相依樣本單因子變異數分析來檢定各層面的排序。

以受試國小教師為自變項，教師領導四個層面的分數為依變項，利用重複量數相依樣本單因子變異數分析進行考驗，其結果如下表所示。

Source	SS	df	MS	F	p	η^2	Post Hoc
組間	8.61	3	2.8704	31.138	<0.001		展現教室領導、促進同儕合作 > 參與校務決策
組內	101.09	476	0.6651				
因子（組間）	68.18	119	0.5729	6.215	<0.001	0.0785	展現教室領導、促進同儕合作 > 提升專業成長
誤差	32.91	357	0.0922				
總和	109.70	479	3.5355				

由上述變異數分析的結果可以得知，F=6.215，df=119，p<0.001 達顯著水準，拒絕虛無假設，接受對立假設。即不同類別之間的平均數有所不同，亦即教師領導中四個層面的知覺程度有所不同。進一步事後比較的分析結果，可以得知，展現教室領導、促進同儕合作 > 參與校務決策，展現教室領導、促進同儕合作 > 提升專業成長。效果量為 0.0785，根據 Cohen(1988) 的經驗法則，η^2 或 ε^2 的效果量之小、中、大的效果量分別是 0.01、0.06 以及 0.14，所以本範例為中的效果量。

六、相依樣本單因子變異數分析程式

```
1.   # 相依樣本平均數考驗 2017/08/04
2.   # 檔名 CH04_3.R 資料檔 CH04_1.csv
3.   # 設定工作目錄
4.   setwd("D:/DATA/CH04/")
5.   library(readr)
6.   sdata0 <- read_csv("CH04_1.csv")
7.   head(sdata0)
8.   tail(sdata0)
9.   sdata0$GENDER <- factor(sdata0$GENDER)
10.  print(sdata0$GENDER)
11.  sdata0$JOB <- factor(sdata0$JOB)
12.  print(sdata0$JOB)
13.  sdata0$JOB <- factor(sdata0$JOB, levels = c(1,2,3,4), labels = c(" 主任 ", " 組
     長 "," 科任 "," 級任 "))
14.  print(head(sdata0$JOB))
15.
16.  sdata0$A01 <- apply(sdata0[4:9],1,sum)
17.  sdata0$A02 <- apply(sdata0[10:15],1,sum)
18.  sdata0$A03 <- apply(sdata0[16:19],1,sum)
19.  sdata0$A04 <- apply(sdata0[20:22],1,sum)
20.  sdata0$A00 <- apply(sdata0[4:22],1,sum)
21.  sdata0$SA01 <- apply(sdata0[4:9],1,mean)
22.  sdata0$SA02 <- apply(sdata0[10:15],1,mean)
23.  sdata0$SA03 <- apply(sdata0[16:19],1,mean)
24.  sdata0$SA04 <- apply(sdata0[20:22],1,mean)
25.  sdata0$SA00 <- apply(sdata0[4:22],1,mean)
26.  head(sdata0)
27.
28.  library(Rmisc)
29.  summarySE(data=sdata0, groupvars="JOB", measurevar="SA01")
30.  summarySE(data=sdata0, groupvars="JOB", measurevar="SA02")
31.  summarySE(data=sdata0, groupvars="JOB", measurevar="SA03")
32.  summarySE(data=sdata0, groupvars="JOB", measurevar="SA04")
33.  head(sdata0[c("ID","GENDER","SA01","SA02","SA03","SA04")])
34.
35.  make.rm<-function(constant,repeated,data,contrasts) {
36.    if(!missing(constant) && is.vector(constant)) {
```

```
37.    if(!missing(repeated) && is.vector(repeated)) {
38.      if(!missing(data)) {
39.        dd<-dim(data)
40.        replen<-length(repeated)
41.        if(missing(contrasts))
42.          contrasts<-ordered(sapply(paste("T",1:length(repeated),sep=""),rep,
    dd[1]))
43.        else
44.        contrasts<-matrix(sapply(contrasts,rep,dd[1]),ncol=dim(contrasts)[2])
45.        if(length(constant) == 1) cons.col<-rep(data[,constant],replen)
46.        else cons.col<-lapply(data[,constant],rep,replen)
47.         new.df<-data.frame(cons.col,repdat=as.vector(data.matrix(data[,repeate
    d])),contrasts)
48.        return(new.df)
49.      }
50.    }
51.  }
52. }
53. pdata <- make.rm(constant=c("ID","JOB"),repeated=c("SA01","SA02","SA03","SA04"
    ),data=sdata0)
54. head(pdata)
55. presult1 <-aov(repdat~contrasts+ID,pdata)
56. summary(presult1)
57. library(multcomp)
58. presult3 <- glht(presult1, linfct=mcp(contrasts="Tukey"))
59. summary(presult3)
60.
61. library(DescTools)
62. mETA <- EtaSq(presult1, anova=TRUE)
63. print(mETA)
```

習　題

請利用 CH06_1.csv 來進行不同背景變項下的平均數差異檢定分析，這個檔案的第 1 個欄位是編號 ID、第 2 個欄位是性別 GENDER，第 3 個欄位是工作類型 JOB，第 44 至第 63 個欄位是教師專業發展問卷得分，總共有 20 題 4 個分量表。第 1 分量表為教育專業自主 7 題，分別是第 44 至第 50 欄位，第 2 分量表為專業倫理與態度 5 題，分別是第 51 至第 55 欄位，第 3 分量表是教育專業知能 4 題，分別是第 56 至第 59 欄位，第 4 分量表是學科專門知能 4 題，分別是第 60 至第 63 欄位，全量表 20 題，分別是第 44 至第 63 欄位。關於性別中的編碼，1 是男生，2 是女生；工作類型的編碼，1 是主任，2 是組長，3 是科任，4 是級任，請分析並回答以下的問題。

1. 不同性別的國小教師，其教師專業發展覺知程度是否有所差異？

2. 不同工作類型的國小教師，其教師專業發展覺知程度是否有所差異？

3. 請說明上述 2 個問題中的效果量為何？

05

共變數分析

實驗研究中，如果採取「不等組前後測實驗設計」，若要了解實驗處理對依變項所造成的影響，則其統計分析方法最好是採用可以調整前測效果的共變數分析。以下將以共變數分析的基本原理以及應用等二個部分，逐項分別說明如下。

以下為本章使用的 R 套件。

1. readr
2. car
3. effects
4. multcomp
5. DescTools

壹、共變數分析的原理

共變數 (analysis of covariance, ANCOVA) 分析是一種統計分析的程序，它的功能在比較一些量化的依變項在不同群組中是否有所不同，並且在比較的當時也控制了自變項。所以共變數分析是同時考量到質性（不同群組）與量化（自變項與依變項）變項的一種統計的分析策略。在實驗設計中，考量實際的實驗情境，無法排除某些會影響實驗結果的無關變項（或稱干擾變項），為了排除這些不在實驗處理中所操弄的變項，可以藉由「統計控制」方法，以彌補「實驗控制」的不足。

上述無關變項或干擾變項並不是研究者所要探討的變項，但這些變項會影響實驗結果，此變項稱為「共變項」(covariate)；而實驗處理後所要探究的研究變項稱為依變項或效標變項 (dependent variable)；研究者實驗操控的變項為自變項或固定因子 (fixed factor)。如果依變項與共變項的性質相同時，例如：共變項與依變項都同時為數學成就，此時要排除共變項的影響，然後比較依變項是否會因為自變項之不同而有所差異，可以有二種方法來進行平均數差異的檢定。第一種方法是將依變項減去共變項，例如：將依變項的後測分數減去共變項的前測分數，此時的差值稱為實得分數，然後用實得分數取代成新的依變項，再進行平均數檢定的 t 或者是變異數分析。另一種方法則是先用共變項當做預測變項，以依變項當效標變項，進行迴歸分析，然後再將迴歸分析的殘差當做依變項，使用原來的自變項來進行 t 或者是變異數分析。而第二種方法實際上就是共變數分析，所以共變數分析其實就是結合迴歸分析及變異數分析的一種統計方法（陳正昌、張慶勳，2007）。

在上面的情境中，所用的統計控制方法便稱為「共變數分析」，共變數分析中會影響實驗結果，但非研究者操控的自變項，稱為「共變量」。在共變數分析中，自變項屬間斷變項，而依變項以及共變項屬連續變項。共變數分析與變異數分析很相似，其自變項為類別或次序變項，依變項為連續變項，但多了連續變項的共變項。變異數分析是藉由實驗控制方法來降低實驗誤差，共變數分析則是藉由「統計」控制方法，來排除共變項的干擾效果。以下將先介紹共變數分析的原理，接下來再進行共變數分析的範例說明。

共變數分析是將一個典型的變異數分析中的各個量數，加入一個或多個連續性的共變項（即控制變項），以控制變項與依變項間的共變為基礎，進行「調整」(correction)，得到排除控制變項影響的單純 (pure) 統計量的變異數分析的檢定方法，可以由下列的方程式加以表示。

$$Y_{ij} = \mu + \alpha_i + \beta_w(X_{ij} - \bar{X}_{..}) + \varepsilon_{i(j)}$$

一、共變數分析的基本原理

共變數分析中的單純統計量是指自變項與依變項的關係，因為先行去除控制變項與依變項的共變，因而不再存有該控制變項的影響，單純的反映研究所關心的自變與依變關係。

共變數分析中的共變項也必須為連續變項，研究中對於自變項或依變項具有干擾效應的變項，實驗研究中的前測 (pretest) 多可作為控制變項（共變項）。

二、共變數分析的變異數拆解

共變數分析的主要原理係將全體樣本在依變項的得分的變異情形，先以迴歸原理排除共變項的影響，其餘的純淨效果即可區分為「導因於自變項影響的變異」與「導因於誤差的變異」兩個部分。

共變數分析是以迴歸的原理，將控制變項以預測變項處理，計算依變項被該預測變項解釋的比率。當依變項的變異量被控制變項可以解釋的部分被計算出來後，剩餘的依變項的變異即排除了控制變項的影響，而完全歸因於自變項效果（實驗處理）。

總離均差平方和＝控制項共變積和＋迴歸殘差變異量

＝控制項共變積和＋（組間離均差平方和＋組內離均差平方和）

$SS_{total}=SS_{covariance}+ (SS_{between}+SS_{within})$

三、迴歸同質假設

迴歸同質假設 (assumption of homogeneity of regression) 是變異數分析時的基本假設，而共變數中的迴歸同質性假設是假設共變項與依變項的關聯性在各組內必須要相同。

$H_0：\beta_1=\beta_2=\cdots=\beta_i$

四、共變數分析的基本假設

共變數分析的基本假設與變異數分析基本假設相同，主要為常態分配、變數獨立以及變異數同質性。

共變數分析屬於「一般線性模型／多變項線性迴歸」的應用，所以共變數分析的基本假設主要有 (1) 樣本符合隨機性、獨立性；(2) 資料分配需符合常態分配；(3) 變異數需具備同質性；(4) 共變數與自變項的斜率需具備同質性，亦即需符合迴歸同質性的假設。

此外，還有 3 個需要再詳細說明的假定。

（一）依變項與共變數之間是直線相關，以符合線性迴歸的假設。

（二）所測量的共變項不應有誤差，如果選用的是多題項之量表，應有高的內部一致性信度或再測信度。有可靠性量表的信度，其 α 值最好在 0.8 以上。

（三）「組內迴歸係數同質性」，各實驗處理組中依據共變項 (X) 預測變項 (Y) 所得的各條迴歸線之迴歸係數（斜率）要相等，亦即各條迴歸線要互相平行。如果「組內迴歸係數同質性」考驗結果，各組斜率不相等，不宜直接進行共變數分析。組內迴歸線的斜率就是組內迴歸係數，此時亦可以採用詹森─內曼法 (Johnson-Neyman) 的共變數分析。

上述所談及的迴歸同質性檢定，檢定不通過的原因，第一個是樣本不具隨機性，自然沒有推論意義。如果樣本具備隨機性，同質性檢定仍然不通過，經常是某組內出現極端值 (outlier) 的狀況。在此條件下仍擬分析，後續處理就是檢查與排除極端值。

五、共變數分析步驟

（一）組內迴歸係數同質性檢定

迴歸係數不相同，表示至少有二條或二條以上的組內迴歸線並不是平行的，如果不平行的情況不太嚴重的話，仍然可以使用共變數分析。若情況嚴重時，研究者直接使用共變數分析，將會導致錯誤的結論。因此，若違反迴歸係數同質性檢定的假設時（達顯著），可以將共變項轉成質的變數，然後當做另一個自變項，進行二因子變異數分析。亦即將原來的共變項與自變項等二個變項探討對依變項的平均數是否有所差異，另外亦可以採用詹森─內曼法 (Johnson-Neyman) 的共變數分析。

（二）共變數分析

如果 k 條迴歸線平行，可以將這些迴歸線合併找出一條具代表性的迴歸線，此代表性迴歸線即為「組內迴歸線」。此迴歸線可以調整依變數的原始分數，共變數分析即在看排除共變項的解釋量後，各組平均數是否仍有顯著差異。

（三）進行事後比較

共變數的第 3 個步驟即為計算調整後的平均數，並進行事後比較。亦即共變數分析之 F 值如達顯著，則進行事後比較分析。事後比較以「調整後的平均數」為比較標準，找出哪一個對調整平均數間有顯著差異，調整後的平均數的計算方法如下。

該組原始依變項的平均數－共同之迴歸係數 ×（該組共變項之平均數－全體共變項之平均數）。

貳、共變數分析的範例解析

以下將以幾個範例來加以說明共變數分析，說明如下。

一、獨立樣本單因子共變數分析

某位教師想要了解分享式教學法對於學生的環境行為是否有所影響，他將學生分為實驗組與控制組，實驗組 25 位，控制組 24 位，同時在介入教學前有做一個前測的測驗，介入教學後，同時做一個後測。因此以環境行為分量表的前測分數為共變量，後測分數為依變項，組別為自變項，進行獨立樣本單因子共變數分析，來了解分享式閱讀實驗處理後，學童環境行為的差異情形。

（一）讀取資料檔

設定工作目錄為「D:\DATA\CH05\」。

```
> setwd("D:/DATA/CH05/")
```

　　讀取資料檔「CH05_1.csv」，並將資料儲存至 sdata0 這個變項。

```
> library(readr)
> sdata0 <- read_csv("CH05_1.csv")
```

（二）檢視資料

　　檢視前六筆資料，如下所示。

```
> head(sdata0)
# A tibble: 6 x 7
      ID GROUP GENDER  APRE APOST  BPRE BPOST
   <chr> <int>  <int> <int> <int> <int> <int>
1 A21101     0      1    21    25    40    39
2 A21102     0      1    16    22    21    23
3 A21104     0      1    25    27    21    39
4 A21105     0      1    30    31    46    46
5 A21106     0      1    18    30    34    43
6 A21107     0      1    24    21    28    36
```

　　檢視前六筆資料時，總共有 7 個欄位，包括 ID、GROUP、GENDER、APRE、APOST、BPRE、BPOST 等。其中的 GROUP 包括實驗組與控制組，GENDER 為受試者的性別，包括男生與女生，APRE 為環境態度前測分數，APOST 為環境態度後測分數，BPRE 為環境行為前測分數，BPOST 則為環境行為後測分數，以下檢視後六筆資料，如下所示。

```
> tail(sdata0)
# A tibble: 6 x 7
     ID    GROUP GENDER APRE  APOST BPRE  BPOST
   <chr>  <int>  <int> <int> <int> <int> <int>
1 A23206     1      2    32    32    42    46
2 A23207     1      2    30    31    44    46
3 A23208     1      2    21    30    41    42
4 A23209     1      2    17    27    30    44
5 A23210     1      2    24    30    42    46
6 A23211     1      2    26    30    34    42
```

將 GROUP 以及 GENDER 轉爲類別變項，如下所示。

```
> sdata0$GENDER <- factor(sdata0$GENDER)
> print(sdata0$GENDER)
 [1] 1 1 1 1 1 1 1 1 1 1 1 1 1 1 1 1 1 1 1 1 1 1 1 1 1 1 1 1 2
[30] 2 2 2 2 2 2 2 2 2 2 2 2 2 2 2 2 2 2 2 2
Levels: 1 2
> sdata0$GROUP <- factor(sdata0$GROUP)
> print(sdata0$GROUP)
 [1] 0 0 0 0 0 0 0 0 0 0 0 0 0 0 0 1 1 1 1 1 1 1 1 1 1 1 1 1 0
[30] 0 0 0 0 0 0 0 0 0 1 1 1 1 1 1 1 1 1
Levels: 0 1
```

檢視性別以及實驗組別的次數分配表。

```
> table(sdata0$GENDER)
 1  2
28 21
> table(sdata0$GROUP)
 0  1
24 25
```

由上述的次數分配資料可以得知，受試者中男生有 28 位、女生 21 位，實驗組 25 位、控制組 24 位，合計 49 位受試者。

（三）迴歸同質性檢定

　　進行共變數分析之前的基本假設為需符合迴歸同質性檢定，因此第一個步驟即進行迴歸同質性的檢定，首先建立模型並且列出變異數分析表的摘要表，如下所示。

```
> pmode12 <- aov(BPOST~BPRE*GROUP, data=sdata0, contrasts=list(GROUP=contr.sum))
```

　　接下來利用 car 套件中的 Anova() 列出 TYPE III 的變異數分析摘要表，anova() 函數只能列出 TYPE I 的變異數分析摘要表，而進行共變數分析需要列出 TYPE III 的變異數分析摘要表。

```
> library(car)
```

　　檢視模式的 TYPE III 變異數分析摘要表，如下所示。

```
> Anova(pmode12, type=3)
Anova Table (Type III tests)

Response: BPOST
             Sum Sq Df F value    Pr(>F)
(Intercept) 953.93  1 46.3827 1.947e-08 ***
BPRE        355.07  1 17.2647 0.0001435 ***
GROUP        34.83  1  1.6934 0.1997806
BPRE:GROUP   11.77  1  0.5721 0.4533812
Residuals   925.49 45
---
Signif. codes:  0 '***' 0.001 '**' 0.01 '*' 0.05 '.' 0.1 ' ' 1
```

由上述的變異數分析摘要中，可以得知，組內迴歸係數同質性考驗結果，組別與環境行為前測之交互作用未達顯著水準，F=0.572，p=0.453>0.05，接受虛無假設，表示二組迴歸線的斜率相同具平行的關係。所以共變項（環境行為前測分數）與依變項（環境行為後測分數）間的關係不會因自變項各處理水準的不同而有所不同，符合共變數組內迴歸係數同質性假設，可繼續進行共變數分析。

（四）共變數分析

接下來再次利用 aov() 函數以 BPOST 後測分數為依變項，BPRE 前測分數與 GROUP 實驗組別為依變項，來進行共變數分析，如下所示。

```
> pmode13 <- aov(BPOST~BPRE+GROUP, data=sdata0, contrasts=list(GROUP=contr.sum))
```

檢視分析結果。

```
> Anova(pmode13, type=3)
Anova Table (Type III tests)
Response: BPOST
            Sum Sq Df F value    Pr(>F)
(Intercept) 981.86  1  48.189 1.114e-08 ***
BPRE        422.57  1  20.740 3.858e-05 ***
GROUP       205.79  1  10.100   0.00265 **
Residuals   937.26 46
---
Signif. codes:  0 '***' 0.001 '**' 0.01 '*' 0.05 '.' 0.1 ' ' 1
```

由上述的變異數分析摘要中，可以得知，BPRE 前測的考驗結果達顯著 F=20.740，p<0.001，表示實驗組與控制組中的前測分數之共同斜率不為 0。另外，排除環境行為前測（共變項）對環境行為後測（依變項）的影響後，自變項對依變項的影響效果檢定之 F 值 =10.100，p=0.003<0.05，達到顯著水準，表示受試者的環境行為會因不同組別而有所差異。因為只有 2 組，所以觀察調整平均

數即可，若是有 3 個以上的組數，則需進行事後比較，確定哪幾對組別在依變項的平均數差異值達到顯著水準。

（五）比較效果的差異

接下來將進行差異的比較，因為只有實驗組與控制組，所以直接觀察實驗組別的平均數即可。共變數分析程序中，如果符合組內迴歸係數同質性的假定，在排除共變數對依變項的影響下，各組實際後測成績會根據環境行為前測的高低進行調整，此調整後的平均數才是共變數分析時，所要進行差異性比較的數值。R 語言中要計算調整後的平均數可以利用 effects 套件的 adj_means() 函數來進行計算的工作，如下所示。

```
> library(effects)
> adj_means <- effect("GROUP", pmode13)
```

檢視計算的結果。

```
> print(adj_means)
 GROUP effect
GROUP
        0         1
38.75455 42.95563
```

上述的計算結果可以得知，控制組的調整平均數為 38.755，實驗組的調整平均數為 42.956。

接下來以實驗處理的效果來加以比對差異性，如下所示。

```
> pmode14 <- aov(BPOST~BPRE+GROUP, data=sdata0, contrasts=list(GROUP=contr.treatment))
```

利用 summary.lm() 函數來檢視比對的結果。

```
> summary.lm(pmodel4)
Call:
aov(formula = BPOST ~ BPRE + GROUP, data = sdata0, contrasts = list(GROUP = contr.
treatment))
Residuals:
     Min       1Q   Median       3Q      Max
-13.2669  -1.7004   0.4531   2.5796   8.8866
Coefficients:
            Estimate Std. Error t value Pr(>|t|)
(Intercept) 22.72308    3.49644   6.499 5.16e-08 ***
BPRE         0.42324    0.09294   4.554 3.86e-05 ***
GROUP2       4.20108    1.32190   3.178  0.00265 **
___
Signif. codes:  0 '***' 0.001 '**' 0.01 '*' 0.05 '.' 0.1 ' ' 1

Residual standard error: 4.514 on 46 degrees of freedom
Multiple R-squared:  0.459,     Adjusted R-squared:  0.4355
F-statistic: 19.51 on 2 and 46 DF,  p-value: 7.3e-07
```

由其上可以得知，前測分數的共同斜率為 0.423，實驗組 (GROUP2) 比控制組多了 4.201 個單位，亦即由上述調整平均數 42.956-38.755=4.201，並且考驗結果 t=3.178，p=0.003 達顯著，表示差異與 0 有所不同。

（六）繪製圖形

接下來要進行的是單因子共變數分析結果的圖形繪製，因為有實驗組與控制組 2 組，所以只要先將資料分為實驗組與控制組，再針對實驗組與控制組分別進行簡單迴歸，繪製迴歸線即可，進行步驟如下所示。

1. 分組擷取資料

```
> sdata0.g0 <- subset(sdata0, GROUP=="0")
> sdata0.g1 <- subset(sdata0, GROUP=="1")
```

檢視分組的結果。

```
> head(sdata0.g1)
# A tibble: 6 x 7
     ID   GROUP GENDER  APRE APOST  BPRE BPOST
   <chr> <fctr> <fctr> <int> <int> <int> <int>
1 A23112     1      1    25    26    42    43
2 A23113     1      1    27    32    44    46
3 A23114     1      1    18    31    38    45
4 A23215     1      1    16    30    33    40
5 A23216     1      1    20    26    35    44
6 A23217     1      1    20    31    41    44
```

2. 計算簡單迴歸

分別針對各組來進行簡單迴歸分析，依變項為後測分數，自變項為前測分數，如下所示。

```
> reg.g0 <- lm(BPOST ~ BPRE , data=sdata0.g0)
> reg.g1 <- lm(BPOST ~ BPRE , data=sdata0.g1)
```

檢視簡單迴歸分析結果。

```
> anova(reg.g1)
Analysis of Variance Table
Response: BPOST
          Df  Sum Sq Mean Sq F value   Pr(>F)
BPRE       1  93.344  93.344  19.057 0.0002264 ***
Residuals 23 112.656   4.898

Signif. codes:  0 '***' 0.001 '**' 0.01 '*' 0.05 '.' 0.1 ' ' 1
```

3. 繪製底圖

繪製圖形時，指定類型為 n 即是為繪製圖形的背景，如下所示。

```
> plot(sdata0$BPOST ~ sdata0$BPRE, type="n")
```

圖形如下所示。

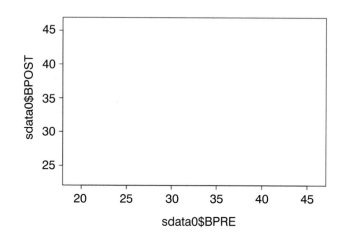

4. 繪製散佈圖

根據各組繪製散佈圖。

```
> points(sdata0.g0$BPRE, sdata0.g0$BPOST, pch=1)
> points(sdata0.g1$BPRE, sdata0.g1$BPOST, pch=2)
```

結果如下圖所示。

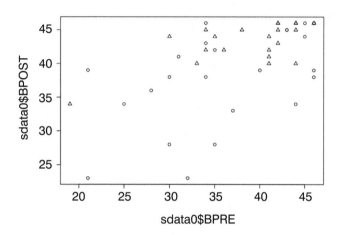

5. 繪製迴歸線

```
> # 繪製迴歸線
> abline(reg.g0, lty=1)
> abline(reg.g1, lty=2)
```

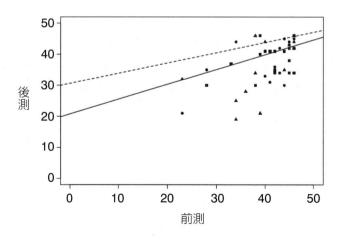

6. 繪製圖示

```
> legend("bottomright",c("G0","G1"), lty=c(1,2,3), pch=c(1,2,3))
```

共變數分析的結果，如下圖所示。

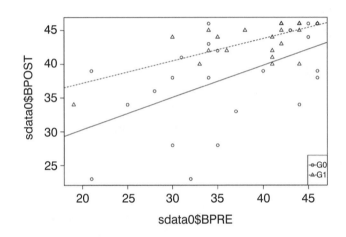

（七）單因子共變數分析結果報告

獨立樣本單因子共變數分析的結果，整理如下所示。

表 5-1　不同組別與環境行為的共變數分析結果摘要表

教學模式	成就分數			
	觀察平均數	標準差	調整平均數	人數
控制組	38.08	7.08	38.76	24
實驗組	43.60	2.93	42.96	25
來源	*SS*	*df*	*MS*	*F*
前測	422.57	1	422.57	20.740*
組別	205.79	1	205.79	10.100*
誤差	937.26	46	20.38	

P.S. $R^2=0.459$，調整後的 $R^2=0.435$，迴歸同質性檢定未達顯著 ($F=0.572$，$p=0.453>0.05$)，符合共變數分析的基本假設。*$p<0.05$。

表 5-2 環境行為後測控制下，不同組別的多重比較與平均數差異資料一覽表

比對	平均差異	標準誤差 (S.E.)	t	p
實驗組 vs. 控制組	4.201*	1.322	3.178	0.006

排除前測分數對後測分數的影響後，自變項對依變項的影響效果檢定結果 (F=10.100, p=0.003) 達到顯著水準，表示經過持續安靜閱讀實驗處理的實驗組，在環境行為和控制組有顯著的差異，而實驗組後測調整後平均數 (M=42.96) 高於控制組 (M=38.76)，因此研究結果顯示，持續安靜閱讀下的國小二年級學生閱讀環境行為顯著優於傳統式閱讀教學。

（八）單因子共變數分析程式

單因子共變數分析程式，如下所示。

```
1.   # 共變數分析 2017/08/10
2.   # 檔名 CH05_1.R 資料檔 CH05_1.csv
3.   # 設定工作目錄
4.   setwd("D:/DATA/CH05/")
5.   library(readr)
6.   sdata0 <- read_csv("CH05_1.csv")
7.   head(sdata0)
8.   tail(sdata0)
9.   str(sdata0)
10.  sdata0$GENDER <- factor(sdata0$GENDER)
11.  print(sdata0$GENDER)
12.  sdata0$GROUP <- factor(sdata0$GROUP)
13.  print(sdata0$GROUP)
14.
15.  table(sdata0$GENDER)
16.  table(sdata0$GROUP)
17.  pmode12 <- aov(BPOST~BPRE*GROUP, data=sdata0, contrasts=list(GROUP=contr.sum))
18.
19.  library(car)
20.  Anova(pmode12, type=3)
```

```
21. pmode13 <- aov(BPOST~BPRE+GROUP, data=sdata0, contrasts=list(GROUP=contr.sum))
22. pmode13$contrasts
23. Anova(pmode13, type=3)
24.
25. library(effects)
26. adj_means <- effect("GROUP", pmode13)
27. print(adj_means)
28. pmode14 <- aov(BPOST~BPRE+GROUP, data=sdata0, contrasts=list(GROUP=contr.
    treatment))
29. summary.1m(pmode14)
30.
31. sdata0.g0 <- subset(sdata0, GROUP=="0")
32. sdata0.g1 <- subset(sdata0, GROUP=="1")
33. head(sdata0.g1)
34. mean(sdata0.g0$BPRE)
35. mean(sdata0.g1$BPRE)
36. mean(sdata0.g0$BPOST)
37. mean(sdata0.g1$BPOST)
38. sd(sdata0.g0$BPOST)
39. sd(sdata0.g1$BPOST)
40. reg.g0 <- lm(BPOST ~ BPRE , data=sdata0.g0)
41. reg.g1 <- lm(BPOST ~ BPRE , data=sdata0.g1)
42. anova(reg.g1)
43.
44. plot(sdata0$BPOST ~ sdata0$BPRE, type="n")
45. points(sdata0.g0$BPRE, sdata0.g0$BPOST, pch=1)
46. points(sdata0.g1$BPRE, sdata0.g1$BPOST, pch=2)
47. abline(reg.g0, lty=1)
48. abline(reg.g1, lty=2)
49. legend("bottomright",c("G0","G1"), lty=c(1,2,3), pch= c(1,2,3))
50.
51. library(multcomp)
52. HSD <- glht(pmode14, infct=mcp(GROUP="Tukey"))
53. summary(HSD)
54.
55. anova(pmode14)
56. library(DescTools)
57. EtaSq(pmode14)
```

二、大學生新生逃避行為實驗共變數分析

下列資料為針對大學新生，考驗行為演練 (behavioral rehearsal, BH)、行為演練與認知重建 (cognitive restructuring, CR)(BH+CR) 在降低焦慮和促進社會技能上，所進行蒐集的資料。33 位受試者隨機分派至 3 組，每組有 11 位受試者，而這 3 組分別是 BH、BHCR 以及 CONTROL。其中的控制組 (CONTROL) 並未進行任何的實驗處理。

測量的變項為逃避行為，而所有的組別在未介入處理之前，都先有逃避行為的前測，實驗處理結束之後，再同時進行逃避行為的後測。

（一）讀取資料檔

設定工作目錄為「D:\DATA\CH05\」。

```
> setwd("D:/DATA/CH05/")
```

讀取資料檔「CH05_2.csv」，並將資料儲存至 sdata0 這個變項。

```
> library(readr)
> sdata0 <- read_csv("CH05_2.csv")
```

（二）檢視資料

檢視前六筆資料，如下所示。

```
> head(sdata0)
# A tibble: 6 x 3
  GROUP   PRE  POST
  <int> <int> <int>
1     1    91    70
2     1   107   121
```

```
3     1     121     89
4     1      86     80
5     1     137    123
6     1     138    112
```

　　檢視前六筆資料時，總共有 3 個欄位，包括 GROUP、PRE、POST 等。其中的 GROUP 即實驗組別包括 BH、BHCR、CONTROL，PRE 為前測分數，POST 為後測分數，以下檢視後六筆資料，如下所示。

```
> tail(sdata0)
# A tibble: 6 x 3
  GROUP   PRE   POST
  <int> <int> <int>
1     2   121   119
2     2   141   104
3     2   143   121
4     2   120    80
5     2   140   121
6     2    95    92
```

　　將 GROUP 以及 GENDER 轉為類別變項，如下所示。

```
> sdata0$GROUP <- factor(sdata0$GROUP)
> print(sdata0$GROUP)
 [1] 1 1 1 1 1 1 1 1 1 1 1 3 3 3 3 3 3 3 3 3 3 3 2 2 2 2 2 2 2
[30] 2 2 2 2
Levels: 1 2 3
```

　　檢視實驗組別的次數分配表。

```
> table(sdata0$GROUP)
 1  2  3
11 11 11
```

　　由上述的次數分配資料可以得知，受試者中 BH11 位、BHCR11 位、控制組 11 位，合計 33 位受試者。

（三）迴歸同質性檢定

　　進行共變數分析之前的基本假設為需符合迴歸同質性檢定，因此第一個步驟即進行迴歸同質性的檢定，首先建立模型並且列出變異數分析表的摘要表，如下所示。

```
> pmode12 <- aov(POST~PRE*GROUP, data=sdata0, contrasts=list(GROUP=contr.sum))
```

　　接下來利用 car 套件中的 Anova() 列出 TYPE III 的變異數分析摘要表，anova() 函數只能列出 TYPE I 的變異數分析摘要表，而進行共變數分析需要列出 TYPE III 的變異數分析摘要表。

```
> library(car)
```

　　檢視模式的 TYPE III 變異數分析摘要表，如下所示。

```
> Anova(pmode12, type=3)
Anova Table (Type III tests)

Response: POST
            Sum Sq Df F value    Pr(>F)
(Intercept)    5.0  1  0.0336    0.8559
PRE         6475.8  1 43.2785 4.676e-07 ***
GROUP          1.4  2  0.0046    0.9954
PRE:GROUP     14.1  2  0.0471    0.9540
Residuals   4040.1 27
---
Signif. codes:  0 '***' 0.001 '**' 0.01 '*' 0.05 '.' 0.1 ' ' 1
```

　　由上述的變異數分析摘要中，可以得知，組內迴歸係數同質性考驗結果，組別與前測之交互作用未達顯著水準，F=0.047，p=0.954>0.05，接受虛無假設，表示三組迴歸線的斜率相同，具平行的關係。所以共變項（前測分數）與依變項（後測分數）間的關係不會因自變項各處理水準的不同而有所不同，符合共變數組內迴歸係數同質性假設，可繼續進行共變數分析。

（四）共變數分析

　　接下來再次利用 aov() 函數以 POST 後測分數為依變項，PRE 前測分數與 GROUP 實驗組別為依變項，來進行共變數分析，如下所示。

```
> pmode13 <- (aov(POST~PRE+GROUP, data=sdata0, contrasts=list(GROUP=contr.sum)))
```

　　檢視分析結果。

```
> library(car)
> Anova(pmode13, type=3)
Anova Table (Type III tests)

Response: POST
            Sum Sq Df F value    Pr(>F)
(Intercept)    4.0  1  0.0287   0.86667
PRE         6493.7  1 46.4501 1.749e-07 ***
GROUP        708.7  2  2.5346   0.09672 .
Residuals   4054.2 29
———
Signif. codes:  0 '***' 0.001 '**' 0.01 '*' 0.05 '.' 0.1 ' ' 1
>
```

　　由上述的變異數分析摘要中，可以得知，PRE 前測的考驗結果達顯著 F=46.450，p<0.001，表示實驗組別的前測分數之共同斜率不為 0。另外，排除前測（共變項）對後測（依變項）的影響後，自變項對依變項的影響效果檢定之

F 值 =2.535，p=0.097>0.05，未達到顯著水準，表示受試者的逃避行為不會因不同組別而有所差異。因為實驗組別有 3 組，所以需進行事後比較，確定哪幾對組別在依變項的平均數差異值達到顯著水準。

（五）比較效果的差異

　　接下來將進行差異的比較，因為實驗組別有 3 組，所以需要進行事後比較。共變數分析程序中，如果符合組內迴歸係數同質性的假定，在排除共變數對依變項的影響下，各組實際後測成績會根據環境行為前測的高低，進行調整，此調整後的平均數才是共變數分析時，所要進行差異性比較的數值。R 語言中要計算調整後的平均數，可以利用 effects 套件的 adj_means() 函數來進行計算的工作，如下所示。

```
> library(effects)
> adj_means <- effect("GROUP", pmode13)
```

　　檢視計算的結果。

```
> library(effects)
> adj_means <- effect("GROUP", pmode13)
> print(adj_means)
 GROUP effect
GROUP
       1         2         3
104.4606 101.4085 114.1310
```

　　上述的計算結果，可以得知，實驗組別中 BH 的調整平均數為 104.46，BHCR 組的調整平均數為 101.4085，控制組的調整平均數為 114.1310。

　　因為上述的共變數分析摘要表之中，排除前測的影響後，實驗組別之後測分數並沒有差異，所以不用再進行事後比較。但本範例仍介紹如何進行事後比較，提供參考，接下來以實驗處理的效果來加以比對差異性，如下所示。

```
> pmode14 <- aov(POST~PRE+GROUP, data=sdata0, contrasts=list(GROUP=contr.treatment))
```

利用 summary.lm() 函數來檢視比對的結果。

```
> summary.lm(pmode14)
Call:
aov(formula = POST ~ PRE + GROUP, data = sdata0, contrasts = list(GROUP = contr.
treatment))
Residuals:
     Min      1Q   Median      3Q      Max
-22.8470  -7.7262   0.5704   8.6722   26.5296
Coefficients:
            Estimate Std. Error t value Pr(>|t|)
(Intercept)   0.4035    15.4959   0.026   0.9794
PRE           0.8791     0.1290   6.815 1.75e-07 ***
GROUP2       -3.0521     5.4171  -0.563   0.5775
GROUP3        9.6704     5.2375   1.846   0.0751 .

Signif. codes:  0 '***' 0.001 '**' 0.01 '*' 0.05 '.' 0.1 ' ' 1
Residual standard error: 11.82 on 29 degrees of freedom
Multiple R-squared:  0.6428,     Adjusted R-squared:  0.6058
F-statistic: 17.39 on 3 and 29 DF,  p-value: 1.184e-06
```

由上面可以得知，前測分數的共同斜率為 0.879，實驗組 2(BHCR) 比實驗組 1(BH) 少了 3.052 個單位，控制組比實驗組 1(BH) 多了 9.670 個單位。亦即由上述調整平均數 101.4085-104.4606=-3.0521，並且考驗結果 t=-0.563，p=0.5775 未達顯著，表示並無差異。至於實驗組 1 與控制組之間的差異為 9.6704(114.1310-104.4606=9.6704)，平均數差異考驗結果 t=1.846，p=0.0751 未達顯著，亦是平均數無差異，與上述共變數分析的結果相同。亦可以利用 multcomp 套件來加以進行事後比較，如下所示。

```
> library(multcomp)
```

進行事後比較。

```
> HSD <- glht(pmode13, infct=mcp(GROUP="Tukey"))
> summary(HSD)
      Simultaneous Tests for General Linear Hypotheses
Fit: aov(formula = POST ~ PRE + GROUP, data = sdata0, contrasts = list(GROUP =
contr.sum))
Linear Hypotheses:
                 Estimate Std. Error t value Pr(>|t|)
(Intercept) == 0   2.6096    15.4060   0.169    0.998
PRE == 0           0.8791     0.1290   6.815   <0.001 ***
GROUP1 == 0       -2.2061     2.9168  -0.756    0.811
GROUP2 == 0       -5.2582     3.4193  -1.538    0.325
---
Signif. codes:  0 '***' 0.001 '**' 0.01 '*' 0.05 '.' 0.1 ' ' 1
(Adjusted p values reported — single-step method)
```

由上面可以得知，前測分數的共同斜率為 0.879，實驗組 1(BH) 比控制組少了 2.2061 個單位，未達顯著，表示 BH 與控制組之平均數無差異。另外，實驗組 2(BHCR) 比控制組少了 5.2582 個單位，平均數差異考驗結果並無差異，表示組別之間在控制前測分數後，後測分數的平均數在組別之間並沒有差異，與上述共變數分析的結果相同。

（六）繪製圖形

接下來要進行的是單因子共變數分析結果的圖形繪製，因為實驗組別有 3 組，所以需要先將資料分為 3 組，再針對實驗組別這 3 組分別進行簡單迴歸，繪製迴歸線即可，進行步驟，如下所示。

1. 分組擷取資料

```
> sdata0.g1 <- subset(sdata0, GROUP=="1")
> sdata0.g2 <- subset(sdata0, GROUP=="2")
> sdata0.g3 <- subset(sdata0, GROUP=="3")
```

檢視分組的結果。

```
> head(sdata0.g3)
# A tibble: 6 x 3
   GROUP   PRE   POST
   <fctr> <int> <int>
1      3    107   115
2      3     76    77
3      3    116   111
4      3    126   121
5      3    104   105
6      3     96    97
```

2. 計算簡單迴歸

分別針對各組來進行簡單迴歸分析，依變項為後測分數，自變項為前測分數，如下所示。

```
> reg.g1 <- lm(POST ~ PRE , data=sdata0.g1)
> reg.g2 <- lm(POST ~ PRE , data=sdata0.g2)
> reg.g3 <- lm(POST ~ PRE , data=sdata0.g3)
```

檢視簡單迴歸分析結果。

```
> anova(reg.g3)
Analysis of Variance Table
```

```
Response: POST
          Df  Sum Sq Mean Sq F value   Pr(>F)
PRE        1 2472.79 2472.79  45.712 8.26e-05 ***
Residuals  9  486.85   54.09
───
Signif. codes:  0 '***' 0.001 '**' 0.01 '*' 0.05 '.' 0.1 ' ' 1
```

3. 繪製底圖

繪製圖形時，指定類型為 n 即是為繪製圖形的背景，如下所示。

```
> plot(sdata0$POST ~ sdata0$PRE, type="n")
```

圖形如下所示。

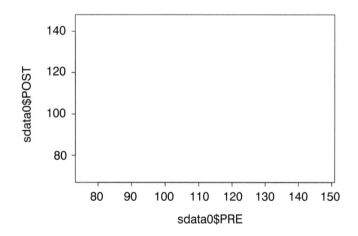

4. 繪製散佈圖

根據各組繪製散佈圖。

```
> points(sdata0.g1$PRE, sdata0.g1$POST, pch=1)
> points(sdata0.g2$PRE, sdata0.g2$POST, pch=2)
> points(sdata0.g3$PRE, sdata0.g3$POST, pch=3)
```

結果如下圖所示。

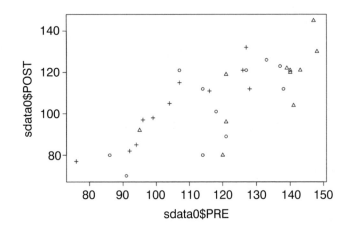

5. 繪製迴歸線

```
> abline(reg.g1, lty=1)
> abline(reg.g2, lty=2)
> abline(reg.g3, lty=3)
```

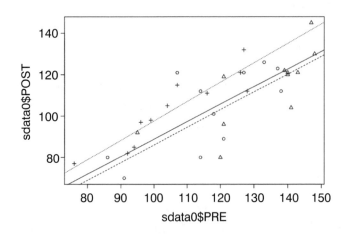

6. 繪製圖示

```
> legend("bottomright",c("G1","G1","G2"), lty=c(1,2,3), pch=c(1,2,3))
```

共變數分析的結果，如下圖所示。

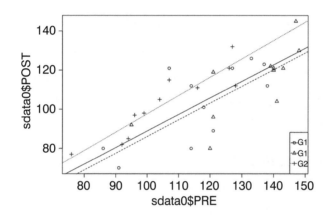

（七）單因子共變數分析結果報告

獨立樣本單因子共變數分析的結果，整理如下所示。

表 5-3 不同組別與逃避行為的共變數分析結果摘要表

教學模式	成就分數			
	觀察平均數	標準差	調整平均數	人數
BH 組	103.18	20.21	104.46	11
BHCR 組	113.64	18.72	101.41	11
控制組	103.18	17.20	114.13	11
來源	*SS*	*df*	*MS*	*F*
前測	6493.7	1		46.45*
組別	708.7	2		2.53
誤差	4054.2	29		

P.S. R^2=0.643，調整後的 R^2=0.606，迴歸同質性檢定未達顯著 (F=0.047，p=0.954>0.05)，符合共變數分析的基本假設。*p<0.05。

表 5-4　逃避行為後測控制下，不同組別的多重比較與平均數差異資料一覽表

比對	平均差異	標準誤差 (S.E.)	*t*	*p*
BH vs. 控制組	-2.21	2.917	-0.756	0.811
BH vs. BHCR	-3.0521	5.4171	-0.563	0.578
BHCR 控制組	-5.2582	3.4193	-1.538	0.325

　　排除前測分數對後測分數的影響後，自變項對依變項的影響效果檢定結果 (F=2.53, p=0.954) 未達到顯著水準，表示經過實驗處理後的實驗組 1(BH)、實驗組 2(BHCR)，在逃避行為和控制組未有顯著的差異，三組的平均數差異比較亦皆未達顯著水準。因此研究結果顯示，實驗處理下的大學生，其逃避行為與未進行任何實驗處理的學生並無不同。

（八）單因子共變數分析程式

　　單因子共變數分析程式，如下所示。

```
1.  #共變數分析 2017/08/10
2.  #組別有差，前測有差
3.  #檔名 CH05_2.R 資料檔 CH05_2.csv
4.  #設定工作目錄
5.  setwd("D:/DATA/CH05/")
6.  library(readr)
7.  sdata0 <- read_csv("CH05_2.csv")
8.  head(sdata0)
9.  tail(sdata0)
10. str(sdata0)
11. sdata0$GROUP <- factor(sdata0$GROUP)
12. print(sdata0$GROUP)
13. table(sdata0$GROUP)
14. contrasts(sdata0$GROUP)
15.
16. pmode12 <- aov(POST~PRE*GROUP, data=sdata0, contrasts=list(GROUP= contr.sum))
17.
```

```
18.  library(car)
19.  Anova(pmode12, type=3)
20.
21.  pmode13 <- (aov(POST~PRE+GROUP, data=sdata0, contrasts=list( GROUP=contr.
     sum)))
22.  Anova(pmode13, type=3)
23.
24.  library(effects)
25.  adj_means <- effect("GROUP", pmode13)
26.  print(adj_means)
27.
28.  pmode14 <- aov(POST~PRE+GROUP, data=sdata0, contrasts=list(GROUP= contr.
     treatment))
29.  summary.lm(pmode14)
30.
31.  library(multcomp)
32.  HSD <- glht(pmode13, infct=mcp(GROUP="Tukey"))
33.  summary(HSD)
34.  print(HSD)
35.
36.  sdata0.g1 <- subset(sdata0, GROUP=="1")
37.  sdata0.g2 <- subset(sdata0, GROUP=="2")
38.  sdata0.g3 <- subset(sdata0, GROUP=="3")
39.
40.  mean(sdata0.g1$POST)
41.  mean(sdata0.g2$POST)
42.  mean(sdata0.g3$POST)
43.  sd(sdata0.g1$POST)
44.  sd(sdata0.g2$POST)
45.  sd(sdata0.g3$POST)
46.
47.  head(sdata0.g3)
48.  reg.g1 <- lm(POST ~ PRE , data=sdata0.g1)
49.  reg.g2 <- lm(POST ~ PRE , data=sdata0.g2)
50.  reg.g3 <- lm(POST ~ PRE , data=sdata0.g3)
51.  anova(reg.g3)
52.
53.  plot(sdata0$POST ~ sdata0$PRE, type="n")
54.  points(sdata0.g1$PRE, sdata0.g1$POST, pch=1)
```

```
55.  points(sdata0.g2$PRE, sdata0.g2$POST, pch=2)
56.  points(sdata0.g3$PRE, sdata0.g3$POST, pch=3)
57.  abline(reg.g1, lty=1)
58.  abline(reg.g2, lty=2)
59.  abline(reg.g3, lty=3)
60.  legend("bottomright",c("G1","G1","G2"), lty=c(1,2,3), pch=c(1,2, 3))
61.
62.  anova(pmode14)
63.  library(DescTools)
64.  EtaSq(pmode14)
```

三、閱讀流暢性教學實驗共變數分析

　　某位國小教師想要了解在持續安靜閱讀的教學法中，不同性別學生的閱讀流暢性是否有所差異，其中男生有 9 位，女生有 15 位，合計 24 位。在使用教學法前，有做一個閱讀流暢性的測驗，同時在使用教學法後，做了一個後測的測驗，其資料如下表所述。

女生		男生	
前測	後測	前測	後測
61.02	72.56	48.65	51.43
66.79	61.57	47.69	54.19
32.81	20.44	9.00	11.68
74.84	93.26	52.58	41.10
24.05	15.68	66.37	45.60
33.77	42.69	48.80	55.47
7.62	12.00	51.90	38.48
11.57	15.00	45.21	34.59
40.56	43.00	42.63	47.42

女生		男生	
前測	後測	前測	後測
30.66	23.57		
54.65	62.63		
33.45	36.92		
65.31	87.80		
61.90	83.41		
34.27	34.48		

（一）讀取資料檔

設定工作目錄為「D:\DATA\CH05\」。

```
> setwd("D:/DATA/CH05/")
```

讀取資料檔「CH05_3.csv」，並將資料儲存至 sdata0 這個變項。

```
> library(readr)
> sdata0 <- read_csv("CH05_3.csv")
```

（二）檢視資料

檢視前六筆資料，如下所示。

```
# A tibble: 6 x 3
  GROUP   PRE  POST
  <int> <dbl> <dbl>
1     0 61.02 72.56
2     0 66.79 61.57
```

```
3      0 32.81 20.44
4      0 74.84 93.26
5      0 24.05 15.68
6      0 33.77 42.69
```

　　檢視前六筆資料時，總共有 3 個欄位，包括 GROUP、PRE、POST 等，其中的 GROUP 包括實驗組與控制組，PRE 為前測分數，POST 為後測分數，以下檢視後六筆資料，如下所示。

```
# A tibble: 6 x 3
  GROUP   PRE  POST
  <int> <dbl> <dbl>
1     1 52.58 41.10
2     1 66.37 45.60
3     1 48.80 55.47
4     1 51.90 38.48
5     1 45.21 34.59
6     1 42.63 47.42
```

　　將 GROUP 轉為類別變項，如下所示。

```
> sdata0$GROUP <- factor(sdata0$GROUP)
> print(sdata0$GROUP)
 [1] 0 0 0 0 0 0 0 0 0 0 0 0 0 0 0 1 1 1 1 1 1 1 1 1
Levels: 0 1
```

　　檢視組別的次數分配表。

```
> table(sdata0$GROUP)

 0  1
15  9
```

由上述的次數分配資料，可以得知，受試者中男生有 9 位、女生 15 位，合計 24 位受試者。

（三）迴歸同質性檢定

進行共變數分析之前的基本假設爲需符合迴歸同質性檢定，因此第一個步驟即進行迴歸同質性的檢定，首先建立模型並且列出變異數分析表的摘要表，如下所示。

```
> pmode12 <- aov(POST~PRE*GROUP, data=sdata0, contrasts=list(GROUP=contr.sum))
```

接下來利用 car 套件中的 Anova() 列出 TYPE III 的變異數分析摘要表，anova() 函數只能列出 TYPE I 的變異數分析摘要表，而進行共變數分析需要列出 TYPE III 的變異數分析摘要表。

```
> library(car)
```

檢視模式的 TYPE III 變異數分析摘要表，如下所示。

```
> Anova(pmode12, type=3)
Anova Table (Type III tests)

Response: POST
            Sum Sq Df F value    Pr(>F)
(Intercept)   15.0  1  0.1728   0.68208
PRE         5418.1  1 62.3841 1.419e-07 ***
GROUP        238.0  1  2.7400   0.11348
PRE:GROUP    571.4  1  6.5788   0.01847 *
Residuals   1737.0 20
---
Signif. codes:  0 '***' 0.001 '**' 0.01 '*' 0.05 '.' 0.1 ' ' 1
```

由上述的變異數分析摘要中，可以得知，組內迴歸係數同質性考驗結果，組別與前測之交互作用達顯著水準，F=6.579，p=0.018<0.05，拒絕虛無假設，接受對立假設，表示二組迴歸線的斜率不同並不具平行的關係。因為迴歸係數不同質，不符合共變數分析的基本假設，所以無法繼續進行共變數分析，而改採用 Johnson 與 Neyman 的方法。

（四）繪製圖形

接下來要進行的是單因子共變數分析結果的圖形繪製，因為實驗組別有男生以及女生 2 組，所以只要先將資料分為男生與女生，再針對男生與女生組分別進行簡單迴歸，繪製迴歸線即可，進行步驟，如下所示。

1. 分組擷取資料

```
> sdata0.g1 <- subset(sdata0, GROUP=="0")
> sdata0.g2 <- subset(sdata0, GROUP=="1")
```

檢視分組的結果。

```
> head(sdata0.g2)
# A tibble: 6 x 3
   GROUP   PRE  POST
   <fctr> <dbl> <dbl>
1      1  48.65 51.43
2      1  47.69 54.19
3      1   9.00 11.68
4      1  52.58 41.10
5      1  66.37 45.60
6      1  48.80 55.47
```

2. 計算簡單迴歸

分別針對各組來進行簡單迴歸分析，依變項為後測分數，自變項為前測分數，如下所示。

```
> reg.g1 <- lm(POST ~ PRE , data=sdata0.g1)
> reg.g2 <- lm(POST ~ PRE , data=sdata0.g2)
```

檢視簡單迴歸分析結果。

```
> anova(reg.g2)
Analysis of Variance Table
Response: POST
          Df Sum Sq Mean Sq F value  Pr(>F)
PRE        1 812.38  812.38  8.9426 0.02021 *
Residuals  7 635.90   90.84

Signif. codes:  0 '***' 0.001 '**' 0.01 '*' 0.05 '.' 0.1 ' ' 1
```

3. 繪製底圖

繪製圖形時，指定類型為 n 即是為繪製圖形的背景，如下所示。

```
> plot(sdata0$POST ~ sdata0$PRE, type="n")
```

圖形如下所示。

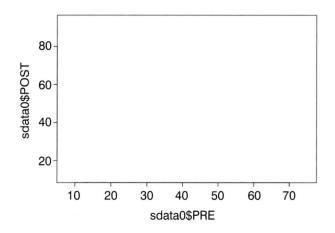

4. 繪製散佈圖

根據各組繪製散佈圖。

```
> points(sdata0.g1$PRE, sdata0.g1$POST, pch=1)
> points(sdata0.g2$PRE, sdata0.g2$POST, pch=2)
```

結果如下圖所示。

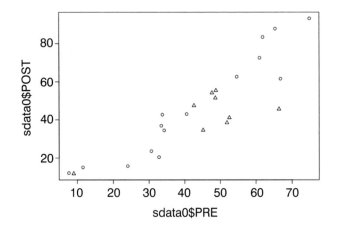

5. 繪製迴歸線

```
> abline(reg.g1, 1ty=1)
> abline(reg.g2, 1ty=2)
```

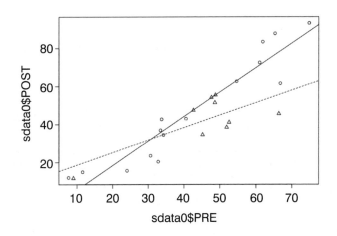

6. 繪製圖示

```
> legend("bottomright",c("G1","G2"), lty=c(1,2), pch=c(1,2))
```

共變數分析的結果，如下圖所示。

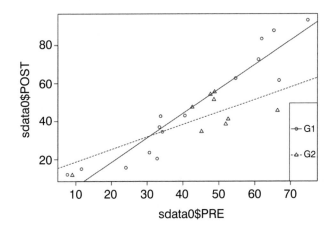

（五）Johnson 與 Neyman 法

此時將資料輸入至作者自行撰寫的 EXCEL 程式 (http://cat.nptu.edu.tw/)，即可計算出 Johnson 與 Neyman 方法所計算出的結果，如下表。

Source	$SS_w(X_j)$	$SS_w(Y_j)$	CP_{wj}	df	$SS_{w'}(Y_j)$	df	b_{wj}	a_{wj}
實驗組	5999.33	11017.48	7713.08	14	1101.12	13	1.286	-7.277
控制組	1891.59	1448.28	1239.63	8	635.90	7	0.655	12.157
全體	7890.92	12465.77	8952.71	22	1737.03	20		

其中兩條迴歸線的交叉點 X_0=30.83，A=0.13，B=-0.43，C=-222.12，X_{d1}=43.93, X_{d2}=-37.59，所以在 43.93 以上實驗組明顯高於控制組，而在 -37.59 以下則是低於控制組，以下繪圖為共變數分析的結果。

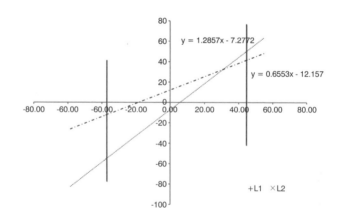

至於原始平均數與調整後的平均數，實驗組依變項的原始平均數為 47.00，控制組依變項的原始平均數為 42.22，而實驗組依變項調整後的平均數為 48.55，而控制組依變項的調整後平均數則為 39.63。

（六）單因子共變數分析結果報告

共變數分析後，撰寫分析結果格式，可如下所示。

流暢性的檢定結果中，得到 F=6.579，p=0.018<0.05，達顯著水準，因此接受對立假設拒絕虛無假設，代表不符合共變數組內迴歸係數同質性假設，需要改採詹森—內曼法 (Johnson-Neyman)，統計結果，如下表所示。

表 5-5　不同性別學生在「常見字流暢性測驗」詹森—內曼法摘要表

變異來源	$SS_w(X_j)$	$SS_w(Y_j)$	CP_{wj}	df	$SS_w(Y_j)$	df	b_{wj}	a_{wj}
男生	5999.33	11017.48	7713.08	14	1101.12	13	1.286	-7.277
女生	1891.59	1448.28	1239.63	8	635.90	7	0.655	12.157

由上表之資料，代入林清山 (1994) 所提出的詹森—內曼法 (Johnson-Neyman) 公式，可獲得兩條相交的迴歸線，其交叉點為 30.83，亦即流暢性前測分數 30.83 分，而男生與女生有顯著差異的兩個分數區間，為 43.93 與 -37.59，此區間無法宣稱男女生在流暢性後測分數有顯著差異。在流暢性前測分數 43.93 以上者，男生優於女生，而男生前測分數高於 43.93 有 6 人占 40%；女生前測分數高於 43.93 有 7 人占 78%，因此男生高分組的流暢性分數顯著高於女生，也就是持續安靜閱讀能顯著提升男生高分組的閱讀流暢性，研究假設部分獲得支持。

（七）單因子共變數分析程式

單因子共變數分析程式，如下所示。

```r
1.   # 共變數分析 2017/08/10
2.   # 迴歸同質性顯著
3.   # 檔名 CH05_3.R 資料檔 CH05_3.csv
4.   # 設定工作目錄
5.   setwd("D:/DATA/CH05/")
6.   library(readr)
7.   sdata0 <- read_csv("CH05_3.csv")
8.   head(sdata0)
9.   tail(sdata0)
10.  str(sdata0)
11.  sdata0$GROUP <- factor(sdata0$GROUP)
12.  print(sdata0$GROUP)
13.
14.  table(sdata0$GROUP)
15.
16.  pmode12 <- aov(POST~PRE*GROUP, data=sdata0, contrasts=list(GROUP= contr.sum))
17.
18.  library(car)
19.  Anova(pmode12, type=3)
20.
21.  sdata0.g1 <- subset(sdata0, GROUP=="0")
22.  sdata0.g2 <- subset(sdata0, GROUP=="1")
23.  head(sdata0.g2)
24.  reg.g1 <- lm(POST ~ PRE , data=sdata0.g1)
25.  reg.g2 <- lm(POST ~ PRE , data=sdata0.g2)
26.  anova(reg.g2)
27.  plot(sdata0$POST ~ sdata0$PRE, type="n")
28.  points(sdata0.g1$PRE, sdata0.g1$POST, pch=1)
29.  points(sdata0.g2$PRE, sdata0.g2$POST, pch=2)
30.  abline(reg.g1, lty=1)
31.  abline(reg.g2, lty=2)
32.  legend("bottomright",c("G1","G2"), lty=c(1,2), pch=c(1,2))
33.  # 後續利用詹森內曼法的計算軟體來加以分析
```

習　題

研究者想要了解同儕交互指導 (reciprocal peer tutoring, RPT) 的策略對於學生數學素養能力的影響，研究設計是將受試者隨機分派至 RPT、Tutor Only、Test Only以及控制組等 4 組。實驗介入前，先實施數學素養能力的前測，實驗介入 4 週結束後，再實施數學素養能力的後測，資料檔為 CH05_4.csv，請進行排除實驗介入前測分數的共變數分析，分析之後並做成實驗介入是否具有成效的結論。

Chapter

06

相關與迴歸

對於研究中感興趣的變項之間，往往會想要了解之間的關係程度，這就是相關，相關可能會提示研究者猜測變項二者之間的因果關係，或者是了解以某些變項來預測其他變項，預測的功能即是迴歸。本章首先說明變項之間的相關分析，再說明一個變項來預測另一個變項的簡單迴歸，最後會再說明由多個變項來預測一個變項的多元迴歸，以下將逐項分別說明。

以下為本章使用的 R 套件。

1. readr
2. Hmisc
3. MASS
4. lm.beta
5. mctest

壹、相關分析

以下的相關分析，主要是說明積差相關，說明如下。

一、讀取資料檔

設定工作目錄爲「D:\DATA\CH06\」。

```
> setwd("D:/DATA/CH06/")
```

讀取資料檔「CH06_1.csv」，並將資料儲存至 sdata0 這個變項。

```
> library(readr)
> sdata0 <- read_csv("CH06_1.csv")
```

二、檢視資料

檢視前六筆資料，如下所示。

```
> head(sdata0)
# A tibble: 6 x 63
     ID GENDER   JOB A0101 A0102 A0103 A0104 A0105 A0106 A0201 A0202 A0203 A0204 A0205 A0206
  <chr> <int> <int> <int> <int> <int> <int> <int> <int> <int> <int> <int> <int> <int> <int>
1 A0101     2     2     3     3     4     3     4     3     4     3     4     3     3     4
2 A0103     2     4     3     3     3     3     3     3     3     3     3     3     3     3
3 A0107     1     2     4     4     4     4     4     4     4     4     4     4     4     4
4 A0108     1     1     4     4     4     4     4     4     4     4     4     4     4     4
5 A0112     1     2     4     4     4     3     3     3     4     4     4     4     3     3
6 A0202     1     4     4     3     4     4     4     4     4     3     4     4     4     4
# ... with 48 more variables: A0301 <int>, A0302 <int>, A0303 <int>, A0304 <int>, A0401 <int>,
#   A0402 <int>, A0403 <int>, B0101 <int>, B0102 <int>, B0103 <int>, B0104 <int>, B0105 <int>,
#   B0106 <int>, B0107 <int>, B0108 <int>, B0201 <int>, B0202 <int>, B0203 <int>, B0204 <int>,
#   B0205 <int>, B0206 <int>, B0301 <int>, B0302 <int>, B0303 <int>, B0304 <int>, B0401 <int>,
#   B0402 <int>, B0403 <int>, C0101 <int>, C0102 <int>, C0103 <int>, C0104 <int>, C0105 <int>,
#   C0106 <int>, C0107 <int>, C0201 <int>, C0202 <int>, C0203 <int>, C0204 <int>, C0205 <int>,
#   C0301 <int>, C0302 <int>, C0303 <int>, C0304 <int>, C0401 <int>, C0402 <int>, C0403 <int>,
#   C0404 <int>
```

檢視前六筆資料時，資料檔總共有 63 個欄位變項。其中第 1 個欄位為使用者編號 ID、第 2 個欄位為性別 GENDER、第 3 個欄位則是工作職務 JOB、第 4 至第 22 欄位則是第一個量表教師領導問卷的反應資料，包括參與校務決策 6 題、展現教室領導 6 題、促進同儕合作 4 題、提升專業成長 3 題，合計為 19 題；第二個量表是教師專業社群量表 21 題，第三個量表則是教師專業發展 20 題，合計 60 題。以下為檢視後六筆資料，如下所示。

```
> tail(sdata0)
# A tibble: 6 x 63
     ID GENDER   JOB A0101 A0102 A0103 A0104 A0105 A0106 A0201 A0202 A0203 A0204 A0205 A0206
```

```
   <chr> <int> <int> <int> <int> <int> <int> <int> <int> <int> <int> <int> <int> <int> <int>
1 C2505    1     2     3     3     3     3     3     3     3     3     3     3     3     3
2 C2506    2     4     3     3     3     3     3     3     3     3     3     3     3     2
3 C2507    2     4     3     3     3     3     3     3     3     3     4     3     3     3
4 C2602    2     4     3     3     3     3     3     3     3     4     3     4     3     3
5 C2604    2     3     3     2     3     2     2     2     3     4     3     3     3     3
6 C2606    2     4     3     3     3     3     3     3     3     3     3     3     3     3
# ... with 48 more variables: A0301 <int>, A0302 <int>, A0303 <int>, A0304 <int>, A0401 <int>,
#   A0402 <int>, A0403 <int>, B0101 <int>, B0102 <int>, B0103 <int>, B0104 <int>, B0105 <int>,
#   B0106 <int>, B0107 <int>, B0108 <int>, B0201 <int>, B0202 <int>, B0203 <int>, B0204 <int>,
#   B0205 <int>, B0206 <int>, B0301 <int>, B0302 <int>, B0303 <int>, B0304 <int>, B0401 <int>,
#   B0402 <int>, B0403 <int>, C0101 <int>, C0102 <int>, C0103 <int>, C0104 <int>, C0105 <int>,
#   C0106 <int>, C0107 <int>, C0201 <int>, C0202 <int>, C0203 <int>, C0204 <int>, C0205 <int>,
#   C0301 <int>, C0302 <int>, C0303 <int>, C0304 <int>, C0401 <int>, C0402 <int>, C0403 <int>,
#   C0404 <int>
```

由後六筆資料可以得知，總共有 63 個變項資料。以下檢視資料檔的結構，如下所示。

```
> str(sdata0)
Classes 'tbl_df' , 'tbl' and 'data.frame':      120 obs. of  63 variables:
 $ ID    : chr  "A0101" "A0103" "A0107" "A0108" ...
 $ GENDER: int  2 2 1 1 1 1 2 2 1 2 ...
 $ JOB   : int  2 4 2 1 2 4 2 3 2 4 ...
 $ A0101 : int  3 3 4 4 4 4 4 4 4 3 ...
 $ A0102 : int  3 3 4 4 4 3 3 3 4 4 ...
```

三、計算分量表總和

接下來開始進行分量表變項的計分步驟，本範例是教師領導問卷得分，總共有 19 題 4 個分量表。第 1 分量表為參與校務決策 6 題，分別是第 4 至第 9 欄位。第 2 分量表為展現教室領導 6 題，分別是第 10 至第 15 欄位。第 3 分量表是促進同儕合作 4 題，分別是第 16 至第 19 欄位。第 4 分量表是提升專業成長 3 題，分別是第 20 至第 22 欄位。全量表 19 題，分別是第 4 至第 22 欄位，所以計算各分量表總分，如下所示。

```
> sdata0$A01 <- apply(sdata0[4:9],1,sum)
> sdata0$A02 <- apply(sdata0[10:15],1,sum)
> sdata0$A03 <- apply(sdata0[16:19],1,sum)
> sdata0$A04 <- apply(sdata0[20:22],1,sum)
> sdata0$A00 <- apply(sdata0[4:22],1,sum)
```

接下來計算單題平均數，分別從上述的總分轉為計算其平均數，如下所示。

```
> sdata0$SA01 <- apply(sdata0[4:9],1,mean)
> sdata0$SA02 <- apply(sdata0[10:15],1,mean)
> sdata0$SA03 <- apply(sdata0[16:19],1,mean)
> sdata0$SA04 <- apply(sdata0[20:22],1,mean)
> sdata0$SA00 <- apply(sdata0[4:22],1,mean)
```

教師專業學習社群問卷得分，總共有 21 題 4 個分量表。第 1 分量表為建立共同目標願景 8 題，分別是第 23 至第 30 欄位。第 2 分量表為進行協同合作學習 6 題，分別是第 31 至第 36 欄位。第 3 分量表是分享教學實務經驗 4 題，分別是第 37 至第 40 欄位。第 4 分量表是發展專業省思對話 3 題，分別是第 41 至第 43 欄位。全量表 21 題，分別是第 23 至第 43 欄位，所以計算各分量表總分及單題平均數，如下所示。

```
> sdata0$B01 <- apply(sdata0[23:30],1,sum)
> sdata0$B02 <- apply(sdata0[31:36],1,sum)
> sdata0$B03 <- apply(sdata0[37:40],1,sum)
> sdata0$B04 <- apply(sdata0[41:43],1,sum)
> sdata0$B00 <- apply(sdata0[23:43],1,sum)
> sdata0$SB01 <- apply(sdata0[23:30],1,mean)
> sdata0$SB02 <- apply(sdata0[31:36],1,mean)
```

```
> sdata0$SB03 <- apply(sdata0[37:40],1,mean)
> sdata0$SB04 <- apply(sdata0[41:43],1,mean)
> sdata0$SB00 <- apply(sdata0[23:43],1,mean)
```

　　教師專業發展問卷得分，總共有 20 題 4 個分量表。第 1 分量表爲教育專業自主 7 題，分別是第 44 至第 50 欄位。第 2 分量表爲專業倫理與態度 5 題，分別是第 51 至第 55 欄位。第 3 分量表是教育專業知能 4 題，分別是第 56 至第 59 欄位。第 4 分量表是學科專門知能 4 題，分別是第 60 至第 63 欄位。全量表 20 題，分別是第 44 至第 63 欄位，所以計算各分量表總分及單題平均數，如下所示。

```
> sdata0$C01 <- apply(sdata0[44:50],1,sum)
> sdata0$C02 <- apply(sdata0[51:55],1,sum)
> sdata0$C03 <- apply(sdata0[56:59],1,sum)
> sdata0$C04 <- apply(sdata0[60:63],1,sum)
> sdata0$C00 <- apply(sdata0[44:63],1,sum)
> sdata0$SC01 <- apply(sdata0[44:50],1,mean)
> sdata0$SC02 <- apply(sdata0[51:55],1,mean)
> sdata0$SC03 <- apply(sdata0[56:59],1,mean)
> sdata0$SC04 <- apply(sdata0[60:63],1,mean)
> sdata0$SC00 <- apply(sdata0[44:63],1,mean)
```

　　檢視教師領導問卷、教師專業學習社群參與以及教師專業發展等 3 個問卷及其分量表的計算結果。

```
> head(sdata0)
# A tibble: 6 x 93
     ID GENDER    JOB A0101 A0102 A0103 A0104 A0105 A0106 A0201 A0202 A0203 A0204 A0205 A0206
  <chr> <fctr> <fctr> <int> <int> <int> <int> <int> <int> <int> <int> <int> <int> <int> <int>
1 A0101      2   組長     3     3     4     3     4     3     4     3     4     3     3     4
2 A0103      2   級任     3     3     3     3     3     3     3     3     3     3     3     3
3 A0107      1   組長     4     4     4     4     4     4     4     4     4     4     4     4
4 A0108      1   主任     4     4     4     4     4     4     4     4     4     4     4     4
```

```
5 A0112       1   組長    4     4     4     3     3     3     4     4     4     4     3     3
6 A0202       1   級任    4     3     4     4     4     4     4     3     4     4     4     4
# ... with 78 more variables: A0301 <int>, A0302 <int>, A0303 <int>, A0304 <int>, A0401 <int>,
#   A0402 <int>, A0403 <int>, B0101 <int>, B0102 <int>, B0103 <int>, B0104 <int>, B0105 <int>,
#   B0106 <int>, B0107 <int>, B0108 <int>, B0201 <int>, B0202 <int>, B0203 <int>, B0204 <int>,
#   B0205 <int>, B0206 <int>, B0301 <int>, B0302 <int>, B0303 <int>, B0304 <int>, B0401 <int>,
#   B0402 <int>, B0403 <int>, C0101 <int>, C0102 <int>, C0103 <int>, C0104 <int>, C0105 <int>,
#   C0106 <int>, C0107 <int>, C0201 <int>, C0202 <int>, C0203 <int>, C0204 <int>, C0205 <int>,
#   C0301 <int>, C0302 <int>, C0303 <int>, C0304 <int>, C0401 <int>, C0402 <int>, C0403 <int>,
#   C0404 <int>, A01 <int>, A02 <int>, A03 <int>, A04 <int>, A00 <int>, SA01 <dbl>, SA02 <dbl>,
#   SA03 <dbl>, SA04 <dbl>, SA00 <dbl>, B01 <int>, B02 <int>, B03 <int>, B04 <int>, B00 <int>,
#   SB01 <dbl>, SB02 <dbl>, SB03 <dbl>, SB04 <dbl>, SB00 <dbl>, C01 <int>, C02 <int>, C03 <int>,
#   C04 <int>, C00 <int>, SC01 <dbl>, SC02 <dbl>, SC03 <dbl>, SC04 <dbl>, SC00 <dbl>
```

檢視結果，已成功地將 sdata0 的內容加以計分。

四、進行相關分析

接下來利用 cor() 函數來加以進行相關分析，如下所示。

```
> round(cor(sdata0$A01,sdata0$A02),3)
[1] 0.547
```

接下來是要計算變項的相關，一次即完成相關的分析工作，首先將需要計算相關的變項取出。

```
> sdata1A <- sdata0[,c('A01','A02','A03','A04','A00','C01','C02','C03','C04','C00')]
> sdata1S <- sdata0[,c('SA01','SA02','SA03','SA04','SA00','SC01','SC02','SC03','SC04','SC00')]
```

進行上述變項中所有分數的相關分析。

```
> round(cor(sdata1A),3)
```

```
       A01   A02   A03   A04   A00   C01   C02   C03   C04   C00
A01 1.000 0.547 0.583 0.599 0.855 0.715 0.596 0.527 0.595 0.686
A02 0.547 1.000 0.537 0.501 0.810 0.645 0.687 0.735 0.733 0.762
A03 0.583 0.537 1.000 0.639 0.820 0.628 0.627 0.617 0.610 0.685
A04 0.599 0.501 0.639 1.000 0.790 0.615 0.481 0.527 0.663 0.632
A00 0.855 0.810 0.820 0.790 1.000 0.798 0.740 0.738 0.790 0.848
C01 0.715 0.645 0.628 0.615 0.798 1.000 0.744 0.748 0.727 0.915
C02 0.596 0.687 0.627 0.481 0.740 0.744 1.000 0.785 0.809 0.912
C03 0.527 0.735 0.617 0.527 0.738 0.748 0.785 1.000 0.794 0.901
C04 0.595 0.733 0.610 0.663 0.790 0.727 0.809 0.794 1.000 0.899
C00 0.686 0.762 0.685 0.632 0.848 0.915 0.912 0.901 0.899 1.000
```

上述為總分相關分析結果矩陣，下述為單題平均相關分析結果矩陣。

```
> round(cor(sdata1S),3)
       SA01  SA02  SA03  SA04  SA00  SC01  SC02  SC03  SC04  SC00
SA01 1.000 0.547 0.583 0.599 0.855 0.715 0.596 0.527 0.595 0.686
SA02 0.547 1.000 0.537 0.501 0.810 0.645 0.687 0.735 0.733 0.762
SA03 0.583 0.537 1.000 0.639 0.820 0.628 0.627 0.617 0.610 0.685
SA04 0.599 0.501 0.639 1.000 0.790 0.615 0.481 0.527 0.663 0.632
SA00 0.855 0.810 0.820 0.790 1.000 0.798 0.740 0.738 0.790 0.848
SC01 0.715 0.645 0.628 0.615 0.798 1.000 0.744 0.748 0.727 0.915
SC02 0.596 0.687 0.627 0.481 0.740 0.744 1.000 0.785 0.809 0.912
SC03 0.527 0.735 0.617 0.527 0.738 0.748 0.785 1.000 0.794 0.901
SC04 0.595 0.733 0.610 0.663 0.790 0.727 0.809 0.794 1.000 0.899
SC00 0.686 0.762 0.685 0.632 0.848 0.915 0.912 0.901 0.899 1.000
```

由上面二個矩陣可以發現，無論是利用總分或者是單題平均其相關平均是一樣無異的。

五、相關考驗

接下來要進行的是考驗相關是否顯著，並且具信賴區間估計，利用 cor.test() 來進行相關的考驗分析。

```
> cor.test(~sdata0$A01+sdata0$A02,data=sdata1A)
    Pearson's product-moment correlation
data:  sdata0$A01 and sdata0$A02
t = 7.0991, df = 118, p-value = 1.014e-10
alternative hypothesis: true correlation is not equal to 0
95 percent confidence interval:
 0.4078075 0.6614437
sample estimates:
      cor
0.5470609
```

　　由上述相關考驗的分析結果，可以得知，A01 與 A02 之間的相關為 0.5471，
相關考驗 t 值為 7.0991，df=118，p<0.001 達顯著水準，拒絕虛無假設，接受對
立假設。亦即 A01 與 A02 之間的相關係數 0.5471 並不是零相關。以下要說明的
是一次可進行多個相關，利用 Hmisc 套件來進行多個相關的考驗。

```
> library(Hmisc)
Loading required package: lattice
Loading required package: survival
Loading required package: Formula
Loading required package: ggplot2
Attaching package: 'Hmisc'
The following objects are masked from 'package:base':
    format.pval, round.POSIXt, trunc.POSIXt, units
```

　　利用 Hmisc 套件中的 rcorr() 函數來進行多個相關的相關考驗，如下所示。

```
> mCORR <- rcorr(as.matrix(sdata1A),type="pearson")
```

　　檢視多個相關的考驗結果。

```
> print(mCORR)
      A01  A02  A03  A04  A00  C01  C02  C03  C04  C00
A01 1.00 0.55 0.58 0.60 0.86 0.71 0.60 0.53 0.60 0.69
A02 0.55 1.00 0.54 0.50 0.81 0.64 0.69 0.74 0.73 0.76
A03 0.58 0.54 1.00 0.64 0.82 0.63 0.63 0.62 0.61 0.68
A04 0.60 0.50 0.64 1.00 0.79 0.61 0.48 0.53 0.66 0.63
A00 0.86 0.81 0.82 0.79 1.00 0.80 0.74 0.74 0.79 0.85
C01 0.71 0.64 0.63 0.61 0.80 1.00 0.74 0.75 0.73 0.91
C02 0.60 0.69 0.63 0.48 0.74 0.74 1.00 0.79 0.81 0.91
C03 0.53 0.74 0.62 0.53 0.74 0.75 0.79 1.00 0.79 0.90
C04 0.60 0.73 0.61 0.66 0.79 0.73 0.81 0.79 1.00 0.90
C00 0.69 0.76 0.68 0.63 0.85 0.91 0.91 0.90 0.90 1.00
```

上述為相關係數矩陣。

```
n= 120

P
    A01 A02 A03 A04 A00 C01 C02 C03 C04 C00
A01      0   0   0   0   0   0   0   0   0
A02  0       0   0   0   0   0   0   0   0
A03  0   0       0   0   0   0   0   0   0
A04  0   0   0       0   0   0   0   0   0
A00  0   0   0   0       0   0   0   0   0
C01  0   0   0   0   0       0   0   0   0
C02  0   0   0   0   0   0       0   0   0
C03  0   0   0   0   0   0   0       0   0
C04  0   0   0   0   0   0   0   0       0
C00  0   0   0   0   0   0   0   0   0
```

　　上述為考驗結果的 p 值矩陣，所有的值皆為 0，代表 p<0.001，亦即皆達顯著水準，拒絕虛無假設，接受對立假設，亦即所有相關係數皆與零相關有所不同。以下將利用自定函數 flattenCorrMatrix() 將所有的相關係數以及 p 值逐項列出，此函數需要輸入 2 個參數，分別是相關係數矩陣以及相關的 p 值矩陣，以下

為函數程式。

```
> flattenCorrMatrix <- function(cormat, pmat) {
+    ut <- upper.tri(cormat)
+    data.frame(
+      row = rownames(cormat)[row(cormat)[ut]],
+      column = rownames(cormat)[col(cormat)[ut]],
+      cor  =(cormat)[ut],
+      p = pmat[ut]
+    )
+ }
>
```

檢視相關及顯著性 p 值結果，如下所示。

```
> head(flattenCorrMatrix(mCORR$r, mCORR$P))
  row column        cor           p
1 A01    A02 0.5470609 1.014442e-10
2 A01    A03 0.5826960 2.910783e-12
3 A02    A03 0.5372976 2.499649e-10
4 A01    A04 0.5986550 5.138112e-13
5 A02    A04 0.5009799 5.625112e-09
6 A03    A04 0.6388052 3.996803e-15
```

由上述列出前六筆的相關係數及其顯著性 p 值結果中，可以得知，所有的 p 值皆 <0.001，亦即拒絕虛無假設，承認對立假設，亦即前六筆的相關係數並不是 0。

六、相關分析結果報告

將上述相關分析的結果，撰寫成報告，如下所示。

以下將以積差相關分析來探討教師領導與教師專業學習社群參與各層面與整體間之相關是否達到顯著水準，其相關係數的高低，將依下列標準判斷，r<0.30

為低度相關，0.31<r<0.70為中度相關，0.71<r<0.80為高度相關，r>0.81則為非常高度相關（陳新豐，2015），茲將相關分析結果彙整如下表所示。

層面		教師專業學習社群				
		建立共同 目標願景	進行協同 合作學習	分享教學 實務經驗	發展專業 省思對話	教師專業 學習社群
教師領導	參與校務決策	0.715***	0.596***	0.527***	0.595***	0.686***
	展現教室領導	0.645***	0.687***	0.735***	0.733***	0.762***
	促進同儕合作	0.628***	0.627***	0.617***	0.610***	0.685***
	提升專業成長	0.615***	0.481***	0.527***	0.663***	0.632***
	教師領導總分	0.798***	0.740***	0.738***	0.790***	0.848***

***p<0.001

（一）教師領導與教師專業學習社群參與整體之相關分析

由上表可知，整體教師領導與整體教師專業學習社群之相關係數為 0.848，顯著性小於 0.001，達顯著高度正相關，代表整體教師領導與整體教師專業學習社群具有相關性，意即教師領導程度愈高，教師專業學習社群參與知覺愈高。

（二）教師領導各層面與教師專業學習社群參與各層面及整體相關分析

1.「參與校務決策」與教師專業學習社群參與各層面及整體之相關分析

「參與校務決策」與教師專業學習社群運作各層面之相關係數介於 0.527～0.715 之間，皆達顯著水準。其中以「建立共同目標願景」(r=0.715) 相關係數得分最高，其次為「進行協同合作學習」(r=0.596)，再其次為「發展專業省思對話」(r=0.595)，「分享教學實務經驗」得分最低 (r=0.527)。「參與校務決策」層面與「整體教師專業學習社群參與」相關係數為 0.686，達顯著水準。由此可知，教師領導的「參與校務決策」與教師專業學習社群參與各層面及整體呈現中度以上正相關。

2.「展現教室領導」與教師專業學習社群參與各層面及整體之相關分析

「展現教室領導」與教師專業學習社群運作各層面之相關係數介於 0.645～0.735 之間，皆達顯著水準。其中以「分享教學實務經驗」(r=0.735) 相關係數得分最高，其次為「發展專業省思對話」(r=0.733)，再其次為「進行協同合作學習」(r=0.687)，「建立共同目標願景」得分最低 (r=0.645)。「展現教室領導」層面與「整體教師專業學習社群參與」相關係數為 0.762，達顯著水準。由此可知，教師領導的「展現教室領導」與教師專業學習社群參與各層面及整體呈現中度正相關。

3.「促進同儕合作」與教師專業學習社群參與各層面及整體之相關分析

「促進同儕合作」與教師專業學習社群運作各層面之相關係數介於 0.610～0.628 之間，皆達顯著水準。其中以「建立共同目標願景」(r=0.628) 相關係數得分最高，其次為「進行協同合作學習」(r=0.627)，再其次為「分享教學實務經驗」(r=0.617)，「發展專業省思對話」得分最低 (r=0.610)。「促進同儕合作」層面與「整體教師專業學習社群參與」相關係數為 0.685，達顯著水準，呈現高度正相關。

4.「提升專業成長」與教師專業學習社群參與各層面及整體之相關分析

「提升專業成長」與教師專業學習社群運作各層面之相關係數介於 0.481～0.663 之間，皆達顯著水準。其中以「發展專業省思對話」(r=0.663) 相關係數得分最高，其次為「建立共同目標願景」(r=0.615)，再其次為「分享教學實務經驗」(r=0.527)，「進行協同合作學習」得分最低 (r=0.481)。「提升專業成長」層面與「整體教師專業學習社群參與」相關係數為 0.632，達顯著水準。由此可知，教師領導的「提升專業成長」與教師專業學習社群參與各層面及整體呈現中度正相關。

5.「整體教師領導」與教師專業學習社群參與各層面及整體之相關分析

「整體教師領導」與教師專業學習社群運作各層面之相關係數介於 0.738～0.798 之間，皆達顯著水準。其中以「建立共同目標願景」(r=0.798) 相關係數得分最高，其次為「發展專業省思對話」(r=0.790)，再其次為「進行協同合作學習」(r=0.740)，「分享教學實務經驗」得分最低 (r=0.738)。「整體教師領導」與「整體教師專業學習社群參與」相關係數為 0.848，達顯著水準。由此可知，「整體教師領導」與教師專業學習社群參與之「建立共同目標願景」層面及「整體教師專業學習社群參與」呈現高度正相關，而與教師專業學習社群參與其他層面呈現中度正相關。

　　驗證研究假設國民小學教師之教師領導與教師專業學習社群參與知覺上有顯著相關，獲得支持。

七、相關分析程式

　　以下為相關分析程式資料。

```
1.  #相關與迴歸 2017/08/04
2.  #檔名 CH06_1.R 資料檔 CH06_1.csv
3.  #設定工作目錄
4.  setwd("D:/DATA/CH06/")
5.  library(readr)
6.  sdata0 <- read_csv("CH06_1.csv")
7.  head(sdata0)
8.  tail(sdata0)
9.  str(sdata0)
10.
11. sdata0$GENDER <- factor(sdata0$GENDER)
12. print(sdata0$GENDER)
13. sdata0$JOB <- factor(sdata0$JOB)
14. print(sdata0$JOB)
15. sdata0$JOB <- factor(sdata0$JOB, levels = c(1,2,3,4), labels = c("主任","組長","科任","級任"))
16. print(head(sdata0$JOB))
17.
18. sdata0$A01 <- apply(sdata0[4:9],1,sum)
19. sdata0$A02 <- apply(sdata0[10:15],1,sum)
20. sdata0$A03 <- apply(sdata0[16:19],1,sum)
```

```
21.  sdata0$A04 <- apply(sdata0[20:22],1,sum)
22.  sdata0$A00 <- apply(sdata0[4:22],1,sum)
23.  sdata0$SA01 <- apply(sdata0[4:9],1,mean)
24.  sdata0$SA02 <- apply(sdata0[10:15],1,mean)
25.  sdata0$SA03 <- apply(sdata0[16:19],1,mean)
26.  sdata0$SA04 <- apply(sdata0[20:22],1,mean)
27.  sdata0$SA00 <- apply(sdata0[4:22],1,mean)
28.
29.  sdata0$B01 <- apply(sdata0[23:30],1,sum)
30.  sdata0$B02 <- apply(sdata0[31:36],1,sum)
31.  sdata0$B03 <- apply(sdata0[37:40],1,sum)
32.  sdata0$B04 <- apply(sdata0[41:43],1,sum)
33.  sdata0$B00 <- apply(sdata0[23:43],1,sum)
34.  sdata0$SB01 <- apply(sdata0[23:30],1,mean)
35.  sdata0$SB02 <- apply(sdata0[31:36],1,mean)
36.  sdata0$SB03 <- apply(sdata0[37:40],1,mean)
37.  sdata0$SB04 <- apply(sdata0[41:43],1,mean)
38.  sdata0$SB00 <- apply(sdata0[23:43],1,mean)
39.
40.  sdata0$C01 <- apply(sdata0[44:50],1,sum)
41.  sdata0$C02 <- apply(sdata0[51:55],1,sum)
42.  sdata0$C03 <- apply(sdata0[56:59],1,sum)
43.  sdata0$C04 <- apply(sdata0[60:63],1,sum)
44.  sdata0$C00 <- apply(sdata0[44:63],1,sum)
45.  sdata0$SC01 <- apply(sdata0[44:50],1,mean)
46.  sdata0$SC02 <- apply(sdata0[51:55],1,mean)
47.  sdata0$SC03 <- apply(sdata0[56:59],1,mean)
48.  sdata0$SC04 <- apply(sdata0[60:63],1,mean)
49.  sdata0$SC00 <- apply(sdata0[44:63],1,mean)
50.
51.  head(sdata0)
52.
53.  round(cor(sdata0$A01,sdata0$A02),3)
54.
55.  sdata1A <- sdata0[,c('A01','A02','A03','A04','A00','C01','C02','C03','C04',
     'C00')]
56.  sdata1S <- sdata0[,c('SA01','SA02','SA03','SA04','SA00','SC01','SC02','SC03',
     'SC04','SC00')]
57.
```

```
58.  round(cor(sdata1A),3)
59.  round(cor(sdata1S),3)
60.
61.  cor.test(~sdata0$A01+sdata0$A02,data=sdata1A)
62.
63.  library(Hmisc)
64.  mCORR <- rcorr(as.matrix(sdata1A),type="pearson")
65.  print(mCORR)
66.
67.  flattenCorrMatrix <- function(cormat, pmat) {
68.     ut <- upper.tri(cormat)
69.     data.frame(
70.        row = rownames(cormat)[row(cormat)[ut]],
71.        column = rownames(cormat)[col(cormat)[ut]],
72.        cor  =(cormat)[ut],
73.        p = pmat[ut]
74.     )
75.  }
76.
77.  head(flattenCorrMatrix(mCORR$r, mCORR$P))
```

貳、迴歸分析

迴歸分析與相關分析都是在分析變項之間的關聯性，但是迴歸分析在分析變項的關聯時，將變項分為反應變項以及解釋變項，亦將反應變項稱為依變項，而解釋變項稱之為自變項。反應變項是研究者有興趣要了解的變項，而解釋變項中，研究者會利用解釋變項的變化解釋或預期反應變項的變化。以下將包含一個解釋變項來預測一個反應變項的簡單迴歸，以及從多個解釋變項來預測一個反應變項的多元迴歸等二個分析策略，說明如下。

一、讀取資料檔

設定工作目錄為「D:\DATA\CH06\」。

```
> setwd("D:/DATA/CH06/")
```

讀取資料檔「CH06_1.csv」，並將資料儲存至 sdata0 這個變項。

```
> library(readr)
> sdata0 <- read_csv("CH06_1.csv")
```

二、檢視資料

檢視前六筆資料，如下所示。

```
> head(sdata0)
# A tibble: 6 x 63
     ID GENDER   JOB A0101 A0102 A0103 A0104 A0105 A0106 A0201 A0202 A0203 A0204 A0205 A0206
  <chr>  <int> <int> <int> <int> <int> <int> <int> <int> <int> <int> <int> <int> <int> <int>
1 A0101      2     2     3     3     4     3     4     3     4     3     4     3     3     4
2 A0103      2     4     3     3     3     3     3     3     3     3     3     3     3     3
3 A0107      1     2     4     4     4     4     4     4     4     4     4     4     4     4
4 A0108      1     1     4     4     4     4     4     4     4     4     4     4     4     4
5 A0112      1     2     4     4     4     3     3     3     4     4     4     3     3     3
6 A0202      1     4     4     3     4     4     4     4     3     4     4     4     4     4
# ... with 48 more variables: A0301 <int>, A0302 <int>, A0303 <int>, A0304 <int>, A0401 <int>,
#   A0402 <int>, A0403 <int>, B0101 <int>, B0102 <int>, B0103 <int>, B0104 <int>, B0105 <int>,
#   B0106 <int>, B0107 <int>, B0108 <int>, B0201 <int>, B0202 <int>, B0203 <int>, B0204 <int>,
#   B0205 <int>, B0206 <int>, B0301 <int>, B0302 <int>, B0303 <int>, B0304 <int>, B0401 <int>,
#   B0402 <int>, B0403 <int>, C0101 <int>, C0102 <int>, C0103 <int>, C0104 <int>, C0105 <int>,
#   C0106 <int>, C0107 <int>, C0201 <int>, C0202 <int>, C0203 <int>, C0204 <int>, C0205 <int>,
#   C0301 <int>, C0302 <int>, C0303 <int>, C0304 <int>, C0401 <int>, C0402 <int>, C0403 <int>,
#   C0404 <int>
```

　　檢視前六筆資料時，資料檔總共有 22 個欄位變項，其中第 1 個欄位為使用者編號 ID、第 2 個欄位為性別 GENDER、第 3 個欄位則是工作職務 JOB、第 4 至第 22 欄位則是教師領導問卷的反應資料，包括參與校務決策 6 題、展現教室領導 6 題、促進同儕合作 4 題、提升專業成長 3 題，合計為 19 題。以下為檢視後六筆資料，如下所示。

```
> tail(sdata0)
# A tibble: 6 x 63
       ID GENDER    JOB A0101 A0102 A0103 A0104 A0105 A0106 A0201 A0202 A0203 A0204 A0205 A0206
    <chr>  <int>  <int> <int> <int> <int> <int> <int> <int> <int> <int> <int> <int> <int> <int>
1 C2505        1      2     3     3     3     3     3     3     3     3     3     3     3     3
2 C2506        2      4     3     3     3     3     3     3     3     3     3     3     3     2
3 C2507        2      4     3     3     3     3     3     3     3     3     4     3     3     3
4 C2602        2      4     3     3     3     3     3     3     3     4     3     4     3     3
5 C2604        2      3     3     2     3     2     2     2     3     4     3     3     3     3
6 C2606        2      4     3     3     3     3     3     3     3     3     3     3     3     3
# ... with 48 more variables: A0301 <int>, A0302 <int>, A0303 <int>, A0304 <int>, A0401 <int>,
#   A0402 <int>, A0403 <int>, B0101 <int>, B0102 <int>, B0103 <int>, B0104 <int>, B0105 <int>,
#   B0106 <int>, B0107 <int>, B0108 <int>, B0201 <int>, B0202 <int>, B0203 <int>, B0204 <int>,
#   B0205 <int>, B0206 <int>, B0301 <int>, B0302 <int>, B0303 <int>, B0304 <int>, B0401 <int>,
#   B0402 <int>, B0403 <int>, C0101 <int>, C0102 <int>, C0103 <int>, C0104 <int>, C0105 <int>,
#   C0106 <int>, C0107 <int>, C0201 <int>, C0202 <int>, C0203 <int>, C0204 <int>, C0205 <int>,
#   C0301 <int>, C0302 <int>, C0303 <int>, C0304 <int>, C0401 <int>, C0402 <int>, C0403 <int>,
#   C0404 <int>
```

　　由後六筆資料可以得知，總共有 22 個變項資料。以下檢視資料檔的結構，如下所示。

```
> str(sdata0)
Classes 'tbl_df' , 'tbl' and 'data.frame':        120 obs. of  63 variables:
 $ ID    : chr  "A0101" "A0103" "A0107" "A0108" ...
 $ GENDER: int  2 2 1 1 1 1 2 2 1 2 ...
 $ JOB   : int  2 4 2 1 2 4 2 3 2 4 ...
 $ A0101 : int  3 3 4 4 4 4 4 4 4 3 ...
 $ A0102 : int  3 3 4 4 4 3 3 3 4 4 ...
```

三、計算分量表總和

接下來開始進行分量表變項的計分步驟，本範例是教師領導問卷得分，總共有 19 題 4 個分量表。第 1 分量表為參與校務決策 6 題，分別是第 4 至第 9 欄位。第 2 分量表為展現教室領導 6 題，分別是第 10 至第 15 欄位。第 3 分量表是促進同儕合作 4 題，分別是第 16 至第 19 欄位。第 4 分量表是提升專業成長 3 題，分別是第 20 至第 22 欄位。全量表 19 題，分別是第 4 至第 22 欄位，所以計算各分量表總分，如下所示。

```
> sdata0$A01 <- apply(sdata0[4:9],1,sum)
> sdata0$A02 <- apply(sdata0[10:15],1,sum)
> sdata0$A03 <- apply(sdata0[16:19],1,sum)
> sdata0$A04 <- apply(sdata0[20:22],1,sum)
> sdata0$A00 <- apply(sdata0[4:22],1,sum)
```

接下來計算單題平均數，分別從上述的總分轉為計算其平均數，如下所示。

```
> sdata0$SA01 <- apply(sdata0[4:9],1,mean)
> sdata0$SA02 <- apply(sdata0[10:15],1,mean)
> sdata0$SA03 <- apply(sdata0[16:19],1,mean)
> sdata0$SA04 <- apply(sdata0[20:22],1,mean)
> sdata0$SA00 <- apply(sdata0[4:22],1,mean)
```

教師專業學習社群問卷得分，總共有 21 題 4 個分量表。第 1 分量表為建立共同目標願景 8 題，分別是第 23 至第 30 欄位。第 2 分量表為進行協同合作學習 6 題，分別是第 31 至第 36 欄位。第 3 分量表是分享教學實務經驗 4 題，分別是第 37 至第 40 欄位。第 4 分量表是發展專業省思對話 3 題，分別是第 41 至第 43 欄位。全量表 21 題，分別是第 23 至第 43 欄位，所以計算各分量表總分及單題平均數，如下所示。

```
> sdata0$B01 <- apply(sdata0[23:30],1,sum)
> sdata0$B02 <- apply(sdata0[31:36],1,sum)
> sdata0$B03 <- apply(sdata0[37:40],1,sum)
> sdata0$B04 <- apply(sdata0[41:43],1,sum)
> sdata0$B00 <- apply(sdata0[23:43],1,sum)
> sdata0$SB01 <- apply(sdata0[23:30],1,mean)
> sdata0$SB02 <- apply(sdata0[31:36],1,mean)
> sdata0$SB03 <- apply(sdata0[37:40],1,mean)
> sdata0$SB04 <- apply(sdata0[41:43],1,mean)
> sdata0$SB00 <- apply(sdata0[23:43],1,mean)
```

　　教師專業發展問卷得分，總共有 20 題 4 個分量表。第 1 分量表爲教育專業自主 7 題，分別是第 44 至第 50 欄位。第 2 分量表爲專業倫理與態度 5 題，分別是第 51 至第 55 欄位。第 3 分量表是教育專業知能 4 題，分別是第 56 至第 59 欄位。第 4 分量表是學科專門知能 4 題，分別是第 60 至第 63 欄位。全量表 20 題，分別是第 44 至第 63 欄位，所以計算各分量表總分及單題平均數，如下所示。

```
> sdata0$C01 <- apply(sdata0[44:50],1,sum)
> sdata0$C02 <- apply(sdata0[51:55],1,sum)
> sdata0$C03 <- apply(sdata0[56:59],1,sum)
> sdata0$C04 <- apply(sdata0[60:63],1,sum)
> sdata0$C00 <- apply(sdata0[44:63],1,sum)
> sdata0$SC01 <- apply(sdata0[44:50],1,mean)
> sdata0$SC02 <- apply(sdata0[51:55],1,mean)
> sdata0$SC03 <- apply(sdata0[56:59],1,mean)
> sdata0$SC04 <- apply(sdata0[60:63],1,mean)
> sdata0$SC00 <- apply(sdata0[44:63],1,mean)
```

　　檢視教師領導問卷、教師專業學習社群參與以及教師專業發展等 3 個問卷及其分量表的計算結果。

```
> head(sdata0)
```

```
# A tibble: 6 x 93
      ID GENDER    JOB A0101 A0102 A0103 A0104 A0105 A0106 A0201 A0202 A0203 A0204 A0205 A0206
   <chr> <fctr> <fctr> <int> <int> <int> <int> <int> <int> <int> <int> <int> <int> <int> <int>
1 A0101      2   組長     3     3     4     3     4     3     4     3     4     3     3     4
2 A0103      2   級任     3     3     3     3     3     3     3     3     3     3     3     3
3 A0107      1   組長     4     4     4     4     4     4     4     4     4     4     4     4
4 A0108      1   主任     4     4     4     4     4     4     4     4     4     4     4     4
5 A0112      1   組長     4     4     4     3     3     3     4     4     4     3     3     3
6 A0202      1   級任     4     3     4     4     4     4     4     3     4     4     4     4
# ... with 78 more variables: A0301 <int>, A0302 <int>, A0303 <int>, A0304 <int>, A0401 <int>,
#   A0402 <int>, A0403 <int>, B0101 <int>, B0102 <int>, B0103 <int>, B0104 <int>, B0105 <int>,
#   B0106 <int>, B0107 <int>, B0108 <int>, B0201 <int>, B0202 <int>, B0203 <int>, B0204 <int>,
#   B0205 <int>, B0206 <int>, B0301 <int>, B0302 <int>, B0303 <int>, B0304 <int>, B0401 <int>,
#   B0402 <int>, B0403 <int>, C0101 <int>, C0102 <int>, C0103 <int>, C0104 <int>, C0105 <int>,
#   C0106 <int>, C0107 <int>, C0201 <int>, C0202 <int>, C0203 <int>, C0204 <int>, C0205 <int>,
#   C0301 <int>, C0302 <int>, C0303 <int>, C0304 <int>, C0401 <int>, C0402 <int>, C0403 <int>,
#   C0404 <int>, A01 <int>, A02 <int>, A03 <int>, A04 <int>, A00 <int>, SA01 <dbl>, SA02 <dbl>,
#   SA03 <dbl>, SA04 <dbl>, SA00 <dbl>, B01 <int>, B02 <int>, B03 <int>, B04 <int>, B00 <int>,
#   SB01 <dbl>, SB02 <dbl>, SB03 <dbl>, SB04 <dbl>, SB00 <dbl>, C01 <int>, C02 <int>, C03 <int>,
#   C04 <int>, C00 <int>, SC01 <dbl>, SC02 <dbl>, SC03 <dbl>, SC04 <dbl>, SC00 <dbl>
```

檢視結果，已成功地將 sdata0 的內容加以計分。

四、進行簡單迴歸分析

簡單迴歸，利用解釋變項來預測反應變項，以下將利用教師領導來預測教師專業學習社群，以 lm() 函數來進行簡單迴歸分析。

```
> mREG1 <- lm(B00~A00, data=sdata0)
```

檢視簡單迴歸的分析結果。

```
> anova(mREG1)
Analysis of Variance Table
```

```
Response: B00
          Df Sum Sq Mean Sq F value    Pr(>F)
A00        1 6685.4  6685.4  291.48 < 2.2e-16 ***
Residuals 118 2706.5    22.9
───
Signif. codes:  0 '***' 0.001 '**' 0.01 '*' 0.05 '.' 0.1 ' ' 1
```

　　上述爲原始分數的迴歸分析結果，以下將進行標準化迴歸係數的估計，使用 lm.beta 套件，並且利用其中的 lm.beta() 函數來進行標準化迴歸係數的估計，如下所示。

```
> library(lm.beta)
> mREG2 <- lm.beta(mREG1)
```

　　檢視標準化迴歸係數的估計結果，如下所示。

```
> summary(mREG2)
Call:
lm(formula = B00 ~ A00, data = sdata0)
Residuals:
     Min      1Q   Median      3Q      Max
-16.0986  -2.6381  -0.5657   2.3159  18.3619
Coefficients:
            Estimate Standardized Std. Error t value Pr(>|t|)
(Intercept)  4.88824      0.00000    3.83975   1.273    0.205
A00          1.06579      0.84370    0.06243  17.073   <2e-16 ***
───
Signif. codes:  0 '***' 0.001 '**' 0.01 '*' 0.05 '.' 0.1 ' ' 1
Residual standard error: 4.789 on 118 degrees of freedom
Multiple R-squared:  0.7118,  Adjusted R-squared:  0.7094
F-statistic: 291.5 on 1 and 118 DF,  p-value: < 2.2e-16
```

　　以下所進行的是計算簡單迴歸的信賴區間，以 confint() 來進行信賴區間的分析。

```
> confint(mREG1, level=0.95)
                2.5 %      97.5 %
(Intercept) -2.7155214  12.491998
A00          0.9421647   1.189408
```

五、進行多元迴歸分析

多元迴歸分析是多個解釋變項來預測一個反應變項的模式，因爲有多個自變項（反應變項），所以會有投入預測的順序選擇方式。以下主要介紹以理論爲基礎的 ENTER 方法，另外則是以統計顯著性爲主的逐步多元迴歸方法，逐項說明如下。

（一）ENTER

多元迴歸變項的投入若是以 ENTER 方法，則投入是以研究者自行決定順序，以下範例依序投入 A01、A02、A03、A04。

```
> mREG31 <- lm(B00 ~ A01 + A02 + A03+ A04, data=sdata0)
```

檢視多元迴歸中 ENTER 方式之分析結果。

```
> summary(mREG31)
Call:
lm(formula = B00 ~ A01 + A02 + A03 + A04, data = sdata0)
Residuals:
    Min      1Q   Median      3Q      Max
-14.6601  -2.8511  -0.9296   2.4896  18.1489
Coefficients:
            Estimate Std. Error t value Pr(>|t|)
(Intercept)   7.4232     3.6712   2.022  0.04550 *
A01           0.8734     0.2134   4.093 7.94e-05 ***
A02           0.3851     0.2118   1.818  0.07160 .
```

```
A03            2.1859      0.2959   7.386 2.59e-11 ***
A04            1.0605      0.3830   2.769  0.00657 **
—
Signif. codes:  0 '***' 0.001 '**' 0.01 '*' 0.05 '.' 0.1 ' ' 1

Residual standard error: 4.458 on 115 degrees of freedom
Multiple R-squared:  0.7567,     Adjusted R-squared:  0.7482
F-statistic: 89.41 on 4 and 115 DF,  p-value: < 2.2e-16
```

由上述採用 ENTER 方法來選擇多元迴歸投入變項的方式，分析結果顯示除了 A02 變項之外，其餘均達顯著水準 <0.001，因此將投入變項刪除 A02 之後，再進行一次多元迴歸分析，如下所示。

```
> mREG32 <- lm(B00 ~ A01 + A03+ A04, data=sdata0)
> summary(mREG32)
Call:
lm(formula = B00 ~ A01 + A03 + A04, data = sdata0)
Residuals:
    Min      1Q  Median      3Q     Max
-13.073  -3.427  -0.999   2.314  17.573
Coefficients:
            Estimate Std. Error t value Pr(>|t|)
(Intercept)  10.5812     3.2665   3.239  0.00156 **
A01           0.9821     0.2069   4.748 5.93e-06 ***
A03           2.3140     0.2903   7.972 1.21e-12 ***
A04           1.1555     0.3832   3.015  0.00316 **
—
Signif. codes:  0 '***' 0.001 '**' 0.01 '*' 0.05 '.' 0.1 ' ' 1
Residual standard error: 4.502 on 116 degrees of freedom
Multiple R-squared:  0.7497,     Adjusted R-squared:  0.7432
F-statistic: 115.8 on 3 and 116 DF,  p-value: < 2.2e-16
```

由上述多元迴歸的分析結果，可以得知原始分數的迴歸方程式為 B00= 10.5812+0.9821×A01+2.3140×A03+1.1555×A04，解釋力 R^2 為 0.7497，調整過

後的 R^2 為 0.7432。

　　R 語言中，有關於迴歸分析中常用的函數，列述如下。首先要說明的是 coefficients() 函數，主要的功能是顯示估計的係數，如下所示。

```
> coefficients(mREG32)
(Intercept)         A01         A03         A04
 10.5811768   0.9821451   2.3140178   1.1554572
```

　　confint() 是顯示迴歸方程式中，模式參數的信賴區間估計。

```
> confint(mREG32, level=0.95)
                2.5 %      97.5 %
(Intercept) 4.1114133 17.050940
A01         0.5724090  1.391881
A03         1.7391309  2.888905
A04         0.3964535  1.914461
```

　　anova() 函數是顯示迴歸分析中的變異數分析摘要表。

```
> anova(mREG32)
Analysis of Variance Table
Response: B00
           Df Sum Sq Mean Sq  F value    Pr(>F)
A01          1 4663.0  4663.0 230.0906 < 2.2e-16 ***
A03          1 2193.9  2193.9 108.2583 < 2.2e-16 ***
A04          1  184.2   184.2   9.0913  0.003156 **
Residuals  116 2350.8    20.3
---
Signif. codes:  0 '***' 0.001 '**' 0.01 '*' 0.05 '.' 0.1 ' ' 1
```

　　接下來計算多元迴歸的標準化迴歸係數，如下所示。

```
> mREG33 <- lm.beta(mREG32)
```

　　檢視標準化迴歸係數的計算結果。

```
> summary(mREG33)
Call:
lm(formula = B00 ~ A01 + A03 + A04, data = sdata0)
Residuals:
    Min      1Q  Median      3Q     Max
-13.073  -3.427  -0.999   2.314  17.573
Coefficients:
            Estimate Standardized Std. Error t value Pr(>|t|)
(Intercept) 10.5812       0.0000      3.2665   3.239  0.00156 **
A01          0.9821       0.2911      0.2069   4.748 5.93e-06 ***
A03          2.3140       0.5090      0.2903   7.972 1.21e-12 ***
A04          1.1555       0.1953      0.3832   3.015  0.00316 **
---
Signif. codes:  0 '***' 0.001 '**' 0.01 '*' 0.05 '.' 0.1 ' ' 1

Residual standard error: 4.502 on 116 degrees of freedom
Multiple R-squared:  0.7497,    Adjusted R-squared:  0.7432
F-statistic: 115.8 on 3 and 116 DF,  p-value: < 2.2e-16
```

　　由上述多元迴歸標準化迴歸係數的分析結果，可以得知標準化的迴歸方程式為 $B00=0.2911×A01+0.5090×A03+0.1953×A04$，解釋力 R^2 為 0.7497，調整過後的 R^2 為 0.7432，與未標準化的多元迴歸方程式相同。

（二）STEPWISE

　　逐步多元迴歸 (STEPWISE) 的分析方法，自變項投入的順序是以顯著的程度來加以決定，如下所示，以 MASS 套件中的 stepAIC() 來進行參數估計。

```
> library(MASS)
```

先以 ENTER 方式進行多元迴歸分析。

```
> mREG41 <- lm(B00~A01+A02+A03+A04,data=sdata0)
```

將 ENTER 方式之多元迴歸分析估計結果，再以 STEPWISE 的方法來進行參
數的估計。

```
> step1 <- stepAIC(mREG41, direction="both")
Start:  AIC=363.6
B00 ~ A01 + A02 + A03 + A04
       Df Sum of Sq    RSS    AIC
<none>                2285.1 363.60
- A02   1     65.71 2350.8 365.00
- A04   1    152.30 2437.4 369.34
- A01   1    332.89 2618.0 377.92
- A03   1   1084.13 3369.3 408.19
```

檢視估計之原始迴歸係數。

```
> print(step1)
Call:
lm(formula = B00 ~ A01 + A02 + A03 + A04, data = sdata0)
Coefficients:
(Intercept)          A01          A02          A03          A04
     7.4232       0.8734       0.3851       2.1859       1.0605
```

檢視迴歸分析摘要報告。

```
> summary(step1)
Call:
lm(formula = B00 ~ A01 + A02 + A03 + A04, data = sdata0)
Residuals:
```

```
     Min      1Q  Median      3Q     Max
-14.6601  -2.8511  -0.9296   2.4896  18.1489
Coefficients:
            Estimate Std. Error t value Pr(>|t|)
(Intercept)   7.4232     3.6712   2.022  0.04550 *
A01           0.8734     0.2134   4.093 7.94e-05 ***
A02           0.3851     0.2118   1.818  0.07160 .
A03           2.1859     0.2959   7.386 2.59e-11 ***
A04           1.0605     0.3830   2.769  0.00657 **

---
Signif. codes:  0 '***' 0.001 '**' 0.01 '*' 0.05 '.' 0.1 ' ' 1
Residual standard error: 4.458 on 115 degrees of freedom
Multiple R-squared:  0.7567,  Adjusted R-squared:  0.7482
F-statistic: 89.41 on 4 and 115 DF,  p-value: < 2.2e-16
```

由上述可以得知 A02 未達顯著，因此刪除 A02 之後，再進行一次多元迴歸分析，並且以迴歸係數之排序 A03、A01、A04 投入迴歸方程式，如下所示。

```
> mREG42 <- lm(B00~A03+A01+A04,data=sdata0)
> step2 <- stepAIC(mREG42, direction="both")
Start:  AIC=365
B00 ~ A03 + A01 + A04
        Df Sum of Sq    RSS    AIC
<none>               2350.8 365.00
- A04    1    184.24 2535.1 372.06
- A01    1    456.78 2807.6 384.31
- A03    1   1288.06 3638.9 415.43
```

檢視分析結果。

```
> summary(step2)
Call:
lm(formula = B00 ~ A03 + A01 + A04, data = sdata0)
Residuals:
```

```
    Min      1Q  Median      3Q     Max
-13.073  -3.427  -0.999   2.314  17.573
Coefficients:
            Estimate Std. Error t value Pr(>|t|)
(Intercept)  10.5812     3.2665   3.239  0.00156 **
A03           2.3140     0.2903   7.972 1.21e-12 ***
A01           0.9821     0.2069   4.748 5.93e-06 ***
A04           1.1555     0.3832   3.015  0.00316 **

Signif. codes:  0 '***' 0.001 '**' 0.01 '*' 0.05 '.' 0.1 ' ' 1
Residual standard error: 4.502 on 116 degrees of freedom
Multiple R-squared:  0.7497,  Adjusted R-squared:  0.7432
F-statistic: 115.8 on 3 and 116 DF,  p-value: < 2.2e-16
```

　　由上述多元迴歸的分析結果，可以得知原始分數的迴歸方程式為 B00=10.5812+2.3140×A03+0.9821×A01+1.1555×A04，解釋力 R^2 為 0.7497，調整過後的 R^2 為 0.7432。

　　進行逐步多元迴歸分析的標準化迴歸係數估計。

```
> mREG43 <- lm.beta(step2)
> summary(mREG43)
Call:
lm(formula = B00 ~ A03 + A01 + A04, data = sdata0)
Residuals:
    Min      1Q  Median      3Q     Max
-13.073  -3.427  -0.999   2.314  17.573
Coefficients:
            Estimate Standardized Std. Error t value Pr(>|t|)
(Intercept)  10.5812       0.0000     3.2665   3.239  0.00156 **
A03           2.3140       0.5090     0.2903   7.972 1.21e-12 ***
A01           0.9821       0.2911     0.2069   4.748 5.93e-06 ***
A04           1.1555       0.1953     0.3832   3.015  0.00316 **

Signif. codes:  0 '***' 0.001 '**' 0.01 '*' 0.05 '.' 0.1 ' ' 1
Residual standard error: 4.502 on 116 degrees of freedom
```

```
Multiple R-squared:  0.7497,  Adjusted R-squared:  0.7432
F-statistic: 115.8 on 3 and 116 DF,  p-value: < 2.2e-16
```

　　由上述多元迴歸標準化迴歸係數的分析結果，可以得知標準化的迴歸方程式為 B00=0.5090×A03+0.2911×A01+0.1953×A04，解釋力 R^2 為 0.7497，調整過後的 R^2 為 0.7432，與未標準化的多元迴歸方程式相同。

　　因為目前的模式為 A03、A01 與 A04，所以之前的 2 個模式分別是 A03+A01 以及 A03，先計算 A03+A01 的模式，如下所示。

```
> mREG44 <- lm(B00~A03+A01,data=sdata0)
> step3 <- stepAIC(mREG44, direction="both")
Start:  AIC=372.06
B00 ~ A03 + A01

       Df Sum of Sq    RSS    AIC
<none>              2535.1 372.06
- A01   1    795.36 3330.4 402.80
- A03   1   2193.94 4729.0 444.88
```

　　檢視分析結果。

```
> summary(step3)
Call:
lm(formula = B00 ~ A03 + A01, data = sdata0)
Residuals:
     Min      1Q  Median      3Q     Max
-13.0810 -2.8814 -0.8214  2.6607 18.1186
Coefficients:
           Estimate Std. Error t value Pr(>|t|)
(Intercept)  11.6906     3.3561   3.483 0.000697 ***
A03           2.7039     0.2687  10.063 < 2e-16 ***
A01           1.2080     0.1994   6.059 1.71e-08 ***
```

```
Signif. codes:  0 '***' 0.001 '**' 0.01 '*' 0.05 '.' 0.1 ' ' 1
Residual standard error: 4.655 on 117 degrees of freedom
Multiple R-squared:  0.7301,  Adjusted R-squared:  0.7255
F-statistic: 158.2 on 2 and 117 DF,  p-value: < 2.2e-16
```

計算標準化迴歸係數。

```
> mREG45 <- lm.beta(step3)
```

檢視標準化迴歸係數計算結果。

```
> summary(mREG45)
Call:
lm(formula = B00 ~ A03 + A01, data = sdata0)
Residuals:
     Min      1Q  Median      3Q     Max
-13.0810 -2.8814 -0.8214  2.6607 18.1186
Coefficients:
             Estimate Standardized Std. Error t value Pr(>|t|)
(Intercept)   11.6906       0.0000     3.3561   3.483 0.000697 ***
A03            2.7039       0.5947     0.2687  10.063  < 2e-16 ***
A01            1.2080       0.3581     0.1994   6.059 1.71e-08 ***
---
Signif. codes:  0 '***' 0.001 '**' 0.01 '*' 0.05 '.' 0.1 ' ' 1
Residual standard error: 4.655 on 117 degrees of freedom
Multiple R-squared:  0.7301,  Adjusted R-squared:  0.7255
F-statistic: 158.2 on 2 and 117 DF,  p-value: < 2.2e-16
```

由上述 A03+A01 多元迴歸的分析結果，可以得知原始分數的迴歸方程式為 B00=11.6906+2.7039×A03+1.2080×A01，標準化迴歸分數的迴歸方程式 B00=0.5947×A03+0.3581×A01，解釋力 R^2 為 0.7301，調整過後的 R^2 為 0.7255，與未標準化的多元迴歸方程式相同。以下則為 A03 的簡單迴歸方程式計算。

```
> mREG46 <- lm(B00~A03,data=sdata0)
> step4 <- stepAIC(mREG46, direction="both")
Start:  AIC=402.8
B00 ~ A03


        Df  Sum of Sq    RSS     AIC
<none>                 3330.4  402.80
- A03    1    6061.5  9392.0  525.21
```

檢視分析結果。

```
> summary(step4)
Call:
lm(formula = B00 ~ A03, data = sdata0)
Residuals:
     Min      1Q  Median      3Q     Max
 -15.878  -2.573  -1.204   3.395  18.427
Coefficients:
            Estimate Std. Error t value Pr(>|t|)
(Intercept)  21.7430     3.3295    6.53 1.73e-09 ***
A03           3.6525     0.2492   14.65  < 2e-16 ***
—
Signif. codes:  0 '***' 0.001 '**' 0.01 '*' 0.05 '.' 0.1 ' ' 1
Residual standard error: 5.313 on 118 degrees of freedom
Multiple R-squared:  0.6454,  Adjusted R-squared:  0.6424
F-statistic: 214.8 on 1 and 118 DF,  p-value: < 2.2e-16
```

計算標準化迴歸係數。

```
> mREG47 <- lm.beta(step4)
```

檢視標準化迴歸係數的分析結果。

```
> summary(mREG47)
Call:
lm(formula = B00 ~ A03, data = sdata0)
Residuals:
    Min      1Q  Median      3Q     Max
-15.878  -2.573  -1.204   3.395  18.427
Coefficients:
            Estimate Standardized Std. Error t value Pr(>|t|)
(Intercept)  21.7430       0.0000     3.3295    6.53 1.73e-09 ***
A03           3.6525       0.8034     0.2492   14.65  < 2e-16 ***
———
Signif. codes:  0 '***' 0.001 '**' 0.01 '*' 0.05 '.' 0.1 ' ' 1
Residual standard error: 5.313 on 118 degrees of freedom
Multiple R-squared:  0.6454,  Adjusted R-squared:  0.6424
F-statistic: 214.8 on 1 and 118 DF,  p-value: < 2.2e-16
```

由上述 A03 預測 B00 的簡單迴歸的分析結果，可以得知原始分數的迴歸方程式為 B00=21.7430+3.6525×A03，標準化迴歸分數的迴歸方程式 B00=0.8034×A03，解釋力 R^2 為 0.6454，調整過後的 R^2 為 0.6424，與未標準化的多元迴歸方程式相同。

六、判斷多元共線性

接下來判斷多元共線性的診斷，利用 mctest 套件來加以分析。

```
> library(mctest)
```

omcdiag() 計算整體的多元共線性參數。imcdiag() 函數計算針對每個迴歸來計算個別的多元共線性參數。以下先呈現 omcdiag() 函數的估計結果。

```
> omcdiag (mREG42)
Call:
omcdiag(mod = mREG42)
Overall Multicollinearity Diagnostics
                        MC Results detection
Determinant |X'X|:          0.3397          0
Farrar Chi-Square:        126.5111          1
Red Indicator:              0.6072          1
Sum of Lambda Inverse:      5.5759          0
Theil's Method:            -0.1170          0
Condition Number:          22.0232          0
1 --> COLLINEARITY is detected by the test
0 --> COLLINEARITY is not detected by the test

> eigprop(mREG42)
Call:
eigprop(mod = mREG42)
  Eigenvalues      CI (Intercept)    A03    A01    A04
1     3.9699  1.0000       0.0010 0.0007 0.0007 0.0009
2     0.0136 17.1063       0.6864 0.0297 0.0010 0.3753
3     0.0083 21.8254       0.0472 0.5486 0.7519 0.0030
4     0.0082 22.0232       0.2654 0.4210 0.2464 0.6208
================================
Row 3==> A03, proportion 0.548612 >= 0.50
Row 3==> A01, proportion 0.751928 >= 0.50
Row 4==> A04, proportion 0.620817 >= 0.50
```

　　由其中的共線性診斷，發現 3 個自變項 A03、A01 以及 A04 的 CI 值均未大於30，表示沒有共線性的問題，檢視imcdiag()函數估計個別的多元共線性參數。

```
> imcdiag (mREG42)
Call:
imcdiag(mod = mREG42)
All Individual Multicollinearity Diagnostics Result
        VIF    TOL     Wi      Fi Leamer    CVIF Klein   IND1   IND2
A03 1.8889 0.5294 51.9993 104.8874 0.7276 -0.7571     0 0.0090 1.0212
```

```
A01 1.7426 0.5739 43.4426  87.6278 0.7575 −0.6984     0 0.0098 0.9248
A04 1.9444 0.5143 55.2462 111.4368 0.7171 −0.7793     0 0.0088 1.0540
1 ─> COLLINEARITY is detected by the test
0 ─> COLLINEARITY is not detected by the test
* all coefficients have significant t−ratios
R−square of y on all x: 0.7497
* use method argument to check which regressors may be the reason of collinearity
=====================================
```

由上面的 VIF 值均小於 5，容忍值均大於 0.20，表示未呈現有共線性的情形發生。另外利用 mctest() 函數估計多元共線性的參數。

```
> mctest (mREG42)
Call:
omcdiag(mod = mod, Inter = TRUE, detr = detr, red = red, conf = conf,
    theil = theil, cn = cn)



Overall Multicollinearity Diagnostics

                      MC Results detection
Determinant |X'X|:        0.3397        0
Farrar Chi−Square:      126.5111        1
Red Indicator:            0.6072        1
Sum of Lambda Inverse:    5.5759        0
Theil's Method:          −0.1170        0
Condition Number:        22.0232        0

1 ─> COLLINEARITY is detected by the test
0 ─> COLLINEARITY is not detected by the test
```

七、迴歸分析結果報告

　　本節旨在探討教師領導、教師專業學習社群參與對教師專業發展之預測作用。本研究以教師領導的四個層面（參與校務決策、展現教室領導、促進同儕合作、提升專業成長）、教師專業學習社群參與的四個層面（建立共同目標願景、進行協同合作學習、分享教學實務經驗、發展專業省思對話）為預測變項，以教師專業發展整體及四個層面（教育專業自主、專業倫理與態度、教育專業知能、學科專門知能）為效標變項，進行逐步多元迴歸分析，以了解各預測變項的個別及聯合預測力。

在多元迴歸分析之各預測變項中，R^2 可被解釋的比例愈大，VIF 愈大，容忍值愈小，表示自變數相關愈高，共線性愈嚴重。當 VIF 大於 5，容忍值小於 0.20，自變數之間已有很高相關。VIF 大於 10，容忍值小於 0.10，表示共線性嚴重。而整體迴歸的共線性，如果條件指數低於 30，表示共線性緩和，30 至 100 之間，表示具有中至高度共線性，100 以上則有嚴重共線性（陳新豐，2015）。

以國民小學教師領導各層面對「整體教師專業發展」進行多元逐步迴歸分析。以「參與校務決策」、「展現教室領導」、「促進同儕合作」、「提升專業成長」為預測變項，而以「整體教師專業發展」為效標變項，進行逐步迴歸分析，結果如下表。

選入的變項	決定係數 R^2	增加解釋量 R^2	β	F	容忍度	VIF	條件指數
促進同儕合作	0.6454	0.6454	0.5090	214.8***	0.5294	1.8889	17.1063
參與校務決策	0.7301	0.0847	0.2911	158.2***	0.5739	1.7426	21.8254
提升專業成長	0.7494	0.0193	0.1953	115.8***	0.5143	1.9444	22.0232

***P<.001

由上表可以發現共有 3 個變項對「整體教師專業發展」具有顯著預測力，分別為「促進同儕合作」、「參與校務決策」與「提升專業成長」。其中以「促進同儕合作」的預測力最佳，個別解釋量為 64.54%；其次加入「參與校務決策」，可增加 8.47% 的解釋變異量；最後加入「提升專業成長」，可增加 1.93% 的解釋變異量。此三者共可有效解釋教師專業發展 74.94% 的變異量，而條件指數分別為 17.1063、21.8254 及 22.0232 皆小於 30，VIF 值均小於 5，容忍值均大於 0.20，表示共線性緩和。

另外，「促進同儕合作」、「參與校務決策」、「提升專業成長」3 個向度的 β 值均為正值，表示國民小學教師在教師領導中「促進同儕合作」、「參與校務決策」、「提升專業成長」對整體教師專業發展有正向預測力。代表國民小學教師在教師領導「促進同儕合作」、「參與校務決策」、「提升專業成長」四個層面之知覺程度愈高，對教師專業發展知覺程度愈高。

驗證研究假設國民小學教師在教師領導對教師專業發展知覺上有顯著預測力，部分獲得支持。

八、迴歸分析程式

以下為迴歸分析的完整程式。

```
1.   # 相關與迴歸 2017/08/04
2.   # 檔名 CH06_2.R 資料檔 CH06_1.csv
3.   # 設定工作目錄
4.   setwd("D:/DATA/CH06/")
5.   library(readr)
6.   sdata0 <- read_csv("CH06_1.csv")
7.   head(sdata0)
8.   tail(sdata0)
9.   str(sdata0)
10.
11.  sdata0$GENDER <- factor(sdata0$GENDER)
12.  print(sdata0$GENDER)
13.  sdata0$JOB <- factor(sdata0$JOB)
14.  print(sdata0$JOB)
15.  sdata0$JOB <- factor(sdata0$JOB, levels = c(1,2,3,4), labels = c(" 主任 "," 組
     長 "," 科任 "," 級任 "))
16.  print(head(sdata0$JOB))
17.
18.  sdata0$A01 <- apply(sdata0[4:9],1,sum)
```

```
19.  sdata0$A02 <- apply(sdata0[10:15],1,sum)
20.  sdata0$A03 <- apply(sdata0[16:19],1,sum)
21.  sdata0$A04 <- apply(sdata0[20:22],1,sum)
22.  sdata0$A00 <- apply(sdata0[4:22],1,sum)
23.  sdata0$SA01 <- apply(sdata0[4:9],1,mean)
24.  sdata0$SA02 <- apply(sdata0[10:15],1,mean)
25.  sdata0$SA03 <- apply(sdata0[16:19],1,mean)
26.  sdata0$SA04 <- apply(sdata0[20:22],1,mean)
27.  sdata0$SA00 <- apply(sdata0[4:22],1,mean)
28.
29.  sdata0$B01 <- apply(sdata0[23:30],1,sum)
30.  sdata0$B02 <- apply(sdata0[31:36],1,sum)
31.  sdata0$B03 <- apply(sdata0[37:40],1,sum)
32.  sdata0$B04 <- apply(sdata0[41:43],1,sum)
33.  sdata0$B00 <- apply(sdata0[23:43],1,sum)
34.  sdata0$SB01 <- apply(sdata0[23:30],1,mean)
35.  sdata0$SB02 <- apply(sdata0[31:36],1,mean)
36.  sdata0$SB03 <- apply(sdata0[37:40],1,mean)
37.  sdata0$SB04 <- apply(sdata0[41:43],1,mean)
38.  sdata0$SB00 <- apply(sdata0[23:43],1,mean)
39.
40.  sdata0$C01 <- apply(sdata0[44:50],1,sum)
41.  sdata0$C02 <- apply(sdata0[51:55],1,sum)
42.  sdata0$C03 <- apply(sdata0[56:59],1,sum)
43.  sdata0$C04 <- apply(sdata0[60:63],1,sum)
44.  sdata0$C00 <- apply(sdata0[44:63],1,sum)
45.  sdata0$SC01 <- apply(sdata0[44:50],1,mean)
46.  sdata0$SC02 <- apply(sdata0[51:55],1,mean)
47.  sdata0$SC03 <- apply(sdata0[56:59],1,mean)
48.  sdata0$SC04 <- apply(sdata0[60:63],1,mean)
49.  sdata0$SC00 <- apply(sdata0[44:63],1,mean)
50.
51.  head(sdata0)
52.
53.  mREG1 <- lm(B00~A00, data=sdata0)
54.  anova(mREG1)
55.
56.  library(lm.beta)
57.  mREG2 <- lm.beta(mREG1)
```

```
58.  summary(mREG2)
59.
60.  confint(mREG1, level=0.95)
61.
62.  mREG31 <- lm(B00 ~ A01 + A02 + A03+ A04, data=sdata0)
63.  summary(mREG31)
64.  mREG32 <- lm(B00 ~ A01 + A03+ A04, data=sdata0)
65.  summary(mREG32)
66.
67.  coefficients(mREG32)
68.  confint(mREG32, level=0.95)
69.  anova(mREG32)
70.
71.  mREG33 <- lm.beta(mREG32)
72.  summary(mREG33)
73.
74.  library(MASS)
75.  mREG41 <- lm(B00~A01+A02+A03+A04,data=sdata0)
76.  step1 <- stepAIC(mREG41, direction="both")
77.  print(step1)
78.  summary(step1)
79.  anova(step1)
80.  coefficients(step1)
81.  residuals(step1)
82.  influence(step1)
83.  fitted(step1)
84.  fitted.values(step1)
85.  confint(step1)
86.
87.  mREG42 <- lm(B00~A03+A01+A04,data=sdata0)
88.  step2 <- stepAIC(mREG42, direction="both")
89.  summary(step2)
90.  mREG43 <- lm.beta(step2)
91.  summary(mREG43)
92.
93.  mREG44 <- lm(B00~A03+A01,data=sdata0)
94.  step3 <- stepAIC(mREG44, direction="both")
95.  summary(step3)
96.  mREG45 <- lm.beta(step3)
```

```
97.  summary(mREG45)
98.
99.  mREG46 <- lm(B00~A03,data=sdata0)
100. step4 <- stepAIC(mREG46, direction="both")
101. summary(step4)
102. mREG47 <- lm.beta(step4)
103. summary(mREG47)
104. library(mctest)
105. omcdiag (mREG42)
106. eigprop (mREG42)
107. imcdiag (mREG42)
108. mctest (mREG42)
```

習　題

某個班級有 10 名國小學生，其閱讀興趣與閱讀行為的調查資料，研究者想要了解這些變項對於閱讀行為的影響，甚至於加入性別的作用，則為一個多元迴歸的範例，資料列述如下。

學生編號	1	2	3	4	5	6	7	8	9	10
性別	男	男	女	男	男	女	女	男	女	女
興趣	1.20	1.00	2.40	2.20	1.40	3.80	2.40	2.60	3.20	3.20
行為	2.57	2.11	2.52	2.79	2.24	3.21	2.72	2.98	2.93	3.15
習慣	1.50	2.08	2.17	2.17	1.33	2.83	2.75	2.33	2.33	2.25

請以上述資料進行多元迴歸分析，並且計算出閱讀興趣、閱讀習慣對於閱讀行為的非標準化及標準化迴歸方程式，並做適當的結果解釋。

Chapter

07

卡方考驗

　　人文社會科學的問卷調查中，常常會遇到許多類別變項，例如：性別、社經水準、職業聲望、學習風格等。這些類別的變項測量結果的描述性統計，即是計算各類別所占的比例等統計量。而類別變項的假設考驗中，則是可以利用各類別的次數比例，以卡方分配來進行假設考驗，也因此稱之為卡方考驗，包括適合度考驗、同質性考驗以及獨立性考驗等。

　　卡方分配屬於無母數考驗 (nonparametric tests)，亦即當參數的假設無法符合常態與變異數同質時，即可以使用無母數考驗來進行假設考驗。

　　本章將介紹如何運用 R 語言來進行卡方考驗，以下為本章使用的 R 套件。

1. readr
2. chisq.posthoc.test

壹、卡方分配

　　卡方考驗適用於處理人數、次數等類別變項資料，調查研究時，常用此方法來進行資料的考驗。研究上，常須檢定研究所宣稱的期望值是否為真。例如：某教師自編測驗中，宣稱其題目中選擇題 4 個選項的比率皆相等，亦即 1:1:1:1，此時進行卡方考驗，即可判定此題目是否如編製者宣稱的，選項的出現次數或比率相等是否成立。卡方考驗可說是各行各業，不論在管理、經濟、社會、教育、心理、生物、醫學、農業等，理論與實務研究上，都是相當好用的考驗分析工具。

　　類別變項除了次數分配表及列聯表的呈現外，可進一步以卡方考驗來進行推論統計檢定，因為卡方考驗以細格次數來進行交叉比較，因此又稱為交叉表分析。且由於列聯表中的細格不是次數，便是百分比，所以卡方考驗又可稱為百分比考驗。其檢定原理是考驗「樣本的觀察次數或百分比」與「理論或母群體的次數或百分比，亦即期望次數」之間是否有顯著的差異。以下將從卡方的分配、卡方的定義等二個部分，來加以說明。

一、卡方的分配

　　卡方分配主要應用於名義、類別變項等，卡方考驗在於比較觀察次數、理論或期望次數的殘差。例如：投擲 200 次公平的硬幣，理論上應該是 100 次正面以及 100 次反面，但是若出現 96 次正面、104 次反面時，是否此時的硬幣就是不公平了，又例如：有 1 個公正的 6 面骰子，投擲 300 次，各個點數出現的次數，如下所示。

點數	次數
1	38
2	56
3	44
4	56
5	66
6	40

　　根據上述的例子，是否可以做成這個骰子是不公正的結論呢？

　　卡方分配的來源可自常態化的隨機變數中說起，若從一個隨機變數 X 中，任意選取一個樣本，並將 X 值轉換成標準分數，再將此標準分數平方，此時平方的標準分數即是定義為 1 的卡方隨機變數。自由度為 1 的卡方值呈現正偏態分配，而非對稱的分配，若自由度大於 1 時，卡方分配的形狀也會隨之改變。以下為當自由度為 1、2、5、10 時的卡方分配圖示。

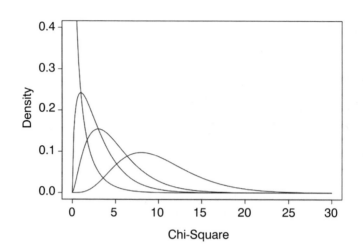

　　由上面卡方分配的圖形中可以得知，卡方分配當自由度愈多時，即會愈接近常態分配。

二、卡方的定義

　　由上述的 2 個例子中，可以利用卡方考驗來加以檢定，此時的卡方考驗中比較觀察與期望次數的公式定義如下。

$$\chi^2 = \sum_{i=1}^{k} \frac{(O-E)^2}{E}$$

　　其中的 O 所代表的是觀察次數，E 所代表的是理論期望次數，至於 k 則是類別的次數。利用卡方考驗的公式來計算上述硬幣與骰子的 2 個例子，其卡方值分別如下所示。

表 7-1　投擲硬幣範例計算卡方值一覽表

	O	E	$O-E$	$(O-E)^2$	$(O-E)^2/E$
正面	96	100	-4	16	0.16
反面	104	100	4	16	0.16
小計	200	200	0		0.32

　　下表為投擲骰子時其計算卡方值一覽表。

表 7-2　投擲骰子範例計算卡方值一覽表

	O	E	$O-E$	$(O-E)^2$	$(O-E)^2/E$
1	38	56	-12	144	2.88
2	56	50	6	36	0.72
3	44	50	-6	36	0.72
4	56	50	6	36	0.72
5	66	50	16	256	5.12
6	40	50	-10	100	2.00
小計	300	300	0		12.16

貳、適合度考驗

　　當研究者關心一個自變項，例如：性別、年齡、社經地位、身心特徵等，考驗其分配狀況是否與某個理論或母群的分配相符合，便可以利用卡方考驗來進行統計檢定，這種考驗稱為適合度考驗 (goodness of fit test)。由於適合度考驗僅涉及一個自變項，亦被稱為單因子分類考驗 (one-way classification test)。

　　適合度考驗的目的在於考驗單一自變項的實際觀察次數分配與某理論的期望

次數分配是否相符合；若統計量考驗即卡方值未達顯著差異，則稱樣本在該自變項的分布與理論母群並無差異。反之，則說樣本在該自變項的測量上與母群體並不相同，或者可說是一個特殊的樣本。例如：考驗某國小學生性別之比例是否為 2 比 1，此時即可運用「適合度考驗」。以下適合度考驗的範例是某個研究調查 982 位社會各階層的人數，分別是農人 192 位、勞工 302 位、公務人員 318 位、自由業 132 位、經理人員 38 位。此樣本母群的分配比例是農人占 20%、勞工占 30%、公務人員占 30%、自由業占 15%、經理人員占 5%。以下即是利用適合度考驗來考驗所抽出的樣本與母群的分配情形是否相同？分析步驟如下。

一、撰寫統計假設

上述適合度考驗的範例中，母群分配的比例是 0.20、0.30、0.30、0.15 與 0.05，所以統計假設中的虛無假設與對立假設，可分別描述如下。

H_0=P1:P2:P3:P4:P5 ＝ 0.20:0.30:0.30:0.15:0.05

H_1=P1:P2:P3:P4:P5 ≠ 0.20:0.30:0.30:0.15:0.05

二、設定拒絕虛無假設的決斷值

根據以上的統計假設，若要決定是否拒絕虛無假設，有二種方式，第一種即為計算拒絕虛無假設的決斷值，另外一種則是在卡方分配中，計算出大於卡方值的機率值。本範例的類別數是 5，所以自由度為類別數減 1，自由度為 4，在卡方分配中，α 在 0.05 的決斷值為 9.487729，此決斷值可利用 R 中的 qchisq() 來加以完成，亦即輸入 qchisq(0.95,4)，即會計算出此決斷值 9.487729。

三、計算卡方值

利用卡方值的計算公式，計算本範例適合度考驗的卡方值，如下表所示。

職業	O	E	$O-E$	$(O-E)^2$	$(O-E)^2/E$	R
農人	192	196.40	-4.40	19.36	0.10	-0.31
勞工	302	294.60	7.40	54.76	0.19	0.43
公務人員	318	294.60	23.40	547.56	1.86	1.36
自由業	132	147.30	-15.30	234.09	1.59	-1.26
經理人員	38	49.10	-11.10	123.21	2.51	-1.58
小計	982	982	0.00		6.24	-1.36

由上表計算卡方值的結果可以得知，本範例適合度考驗的卡方值為 6.24。

另外一種決定是否拒絕虛無假設的方法即為計算出卡方分配下，大於此卡方值的機率值，此機率值即為 p 值，在 R 語言中，輸入 1-pchisq(6.24,4)=0.18。

四、做成統計決定

由上述的計算結果中可以得知，本範例的適合度考驗結果，卡方值為 6.24，自由度為 4，人數 982，p 值為 0.18，大於 0.05，未達顯著水準，代表需要接受虛無假設，拒絕對立假設。另外由決斷值 9.487729，而計算的卡方值為 6.24，並未大於決斷值，得到相同的結論。亦即表示這 982 位社會各階層人士，與樣本母群農人 20%、勞工 30%、公務人員 30%、自由業 15%、經理人員 5% 等分配比例並無差異。

參、獨立性考驗

卡方考驗中，若要同時考驗兩個類別變項之間是否具有特殊的關係時，例如：要探討大學學生其父母社經水準分布與教育程度分布的關係，即可利用卡方考驗來進行統計檢定，此時的卡方考驗稱為獨立性考驗 (test of independence)。卡方考驗中的獨立性考驗的目的在於考驗樣本的二個變項觀察值，是否具有特殊的關聯程度。如果二個類別變項沒有互動關係，亦即卡方值不顯著，則可說二變項相互獨立。相對的，當二個變項有相互作用時，亦即當卡方值達顯著時，拒絕虛無假設承認對立假設，表示二個變項之間是不獨立的，也就是有所關聯。

　　獨立性考驗中的二個變項代表兩個不同的概念或母群體，獨立性考驗必須同時處理雙變項的母群體特性，因此可稱為「雙因子考驗」或「雙母數考驗」，且此時雙母數指的是兩個變項所代表的概念母數，而非人口學上的母體（邱皓政，2002）。例如：某研究者利用 200 名學生為受試者，每人都接受閱讀理解與學習風格二種測驗，考驗二種測驗之間是否獨立，即可運用獨立性考驗。

　　以下範例為調查 210 位國中教師是否支持諮商政策，其中有 110 位男生，100 位女生，支持者有 172 位，反對者有 38 位。利用卡方考驗中的獨立性考驗來考驗國中教師性別與諮商政策的支持態度之間，是否獨立無關？

	支持	反對	小計
男	88(90.10)	22(19.90)	110
女	84(81.90)	16(18.10)	100
小計	172	38	210

一、撰寫統計假設

$H_0 = P_{ij} = P_i \times P_j$　　　　　　　（互為獨立）

$H_1 = H_0$ 不成立　　　　　　　（不是互為獨立）

二、設定拒絕虛無假設的決斷值

　　根據以上的統計假設，若要決定是否拒絕虛無假設，有二種方式。第一種即為計算拒絕虛無假設的決斷值，另外一種則是在卡方分配中，計算出大於卡方值的機率值。本範例獨立性考驗中，自由度為 (2-1)×(2-1)=1，在卡方分配中，α

在 0.05 的決斷值為 3.841459，此決斷值可利用 R 中的 qchisq() 來加以完成，亦即輸入 qchisq(0.95,1)，即會計算出此決斷值 3.841459。

三、計算卡方值

利用卡方值的計算公式，計算本範例獨立性考驗的卡方值，如下表所示，首先計算期望次數。

	支持	反對
男	$\dfrac{110\times172}{210}=90.0952$	$\dfrac{110\times38}{210}=19.9048$
女	$\dfrac{100\times172}{210}=81.9048$	$\dfrac{100\times38}{210}=18.0952$

接下來計算卡方值。

	O	E	$O-E$	$(O-E)^2$	$(O-E)^2/E$	R
1/1	88	90.0952	-2.0952	4.3900	0.0487	-0.2207
1/2	22	19.9048	2.0952	4.3900	0.2206	0.4696
2/1	84	81.9048	2.0952	4.3900	0.0536	0.2315
2/2	16	18.0952	-2.0952	4.3900	0.2426	-0.4926
小計	210	210			0.5655	

由上述可以得知，所計算的卡方值為 0.5655，另外亦可由下列公式加以計算卡方值，亦得到相同的結果。

	支持	反對
男	88(A)	22(B)
女	84(C)	16(D)

下列公式中的 A、B、C、D 即為上述表格中的細格位置。

$$\chi^2 = \frac{n(AD-BC)^2}{(A+B)(C+D)(A+C)(B+D)}$$

$$= \frac{210 \times (88 \times 16 - 22 \times 84)^2}{(88+22)(84+16)(88+84)(22+16)}$$

$$= \frac{40656000}{71896000}$$

$$= 0.5655$$

另外一種決定是否拒絕虛無假設的方法即為計算出卡方分配下，大於此卡方值的機率值，此機率值即為 p 值，在 R 語言中，輸入 1-pchisq(0.5655,1)=0.45。

四、做成統計決定

由上述的計算結果可以得知，本範例獨立性考驗結果，卡方值為 0.5655，自由度為 1，人數 210，p 值為 0.45，大於 0.05，未達顯著水準，代表需要接受虛無假設，拒絕對立假設。另外由決斷值 3.84，而計算的卡方值為 0.5655，並未大於決斷值，得到相同的結論，亦即表示研究者調查這 210 位國中教師不同性別與是否支持諮商政策之間，獨立無關。

肆、同質性考驗

卡方考驗蒐集到的資料可以設計為 I 個橫列和 J 個縱行的表格，稱為「交叉表」或「列聯表 (contingency table)」，其中卡方考驗進行同質性考驗 (test for homogeneity) 的目的，在於考驗受試的 J 組樣本，在 I 個反應中，選擇某一選項的百分比，是否有顯著差異（林清山，1994）。

　　獨立性考驗與同質性考驗的差異，主要是獨立性考驗是同一個樣本的二個變項關聯情形的考驗，同質性考驗則是二個或二個以上樣本在同一個變項的分布狀況的考驗。例如：一般大學與軍事院校大學學生性別分布上的比較，從兩個樣本背後所代表兩個母群體，包括一般大學與軍事院校在性別的自變項上，是否有類似的分布情形，或者是否具有相同的性別特質（邱皓政，2002）。

　　例如：調查 100 名國一學生、200 名國二學生和 150 名國三學生，「有」或「無」閱讀過武俠小說的經驗。考驗三個年級學生閱讀過武俠小說的人數百分比是否相同，即可運用「同質性考驗」。以下的範例為林清山 (1994, p. 289) 的資料，其中有 31 位家長、43 位教師、20 位心理專家與 91 位學生有關於懲罰的意見，調查問題為「成績退步的學生應該受到老師的懲罰□贊成□沒意見□反對」。以下為蒐集資料形成交叉表的情形，利用考驗這四組，受試者對此一題目的贊成百分比是否相同？

	家長	教師	心理專家	學生
贊成	23	27	5	31
沒意見	5	4	6	10
反對	3	12	9	50

一、撰寫統計假設

　　$H_0 = P_1 = P_2 = P_3 = P_4$　　　　（四組受試者贊成百分比相同）

　　$H_1 = H_0$ 不成立　　　　（至少有二組受試者贊成百分比不同）

二、設定拒絕虛無假設的決斷值

根據以上的統計假設，若要決定是否拒絕虛無假設，有二種方式。第一種即為計算拒絕虛無假設的決斷值，另外一種則是在卡方分配中，計算出大於卡方值的機率值。本範例同質性考驗中，自由度為 (3-1)×(4-1)=6，在卡方分配中，α 在 0.05 的決斷值為 12.59159，此決斷值可利用 R 中的 qchisq() 來加以完成，亦即輸入 qchisq(0.95,6)，即會計算出此決斷值 12.59159。

三、計算卡方值

利用卡方值的計算公式，計算本範例獨立性考驗的卡方值，如下表所示。

	O	E	$O-E$	$(O-E)^2$	$(O-E)^2/E$	R
1/1	23.0000	14.4108	8.5892	73.7742	5.1194	2.2626
1/2	27.0000	19.9892	7.0108	49.1515	2.4589	1.5681
1/3	5.0000	9.2973	-4.2973	18.4668	1.9863	-1.4093
1/4	31.0000	42.3027	-11.3027	127.7511	3.0199	-1.7378
2/1	5.0000	4.1892	0.8108	0.6574	0.1569	0.3961
2/2	4.0000	5.8108	-1.8108	3.2790	0.5643	-0.7512
2/3	6.0000	2.7027	3.2973	10.8722	4.0227	2.0057
2/4	10.0000	12.2973	-2.2973	5.2776	0.4292	-0.6551
3/1	3.0000	12.4000	-9.4000	88.3600	7.1258	-2.6694
3/2	12.0000	17.2000	-5.2000	27.0400	1.5721	-1.2538
3/3	9.0000	8.0000	1.0000	1.0000	0.1250	0.3536
3/4	50.0000	36.4000	13.6000	184.9600	5.0813	2.2542
小計	185	185			31.6618	

由上述可以得知，所計算的卡方值為 31.6618。

另外一種決定是否拒絕虛無假設的方法，即為計算出卡方分配下，大於此卡方值的機率值，此機率值即為 p 值，在 R 語言中，輸入 1-pchisq(31.6618,6)=1.895×10⁻⁵。

四、做成統計決定

由上述的計算結果中，可以得知，本範例同質性考驗結果，卡方值為 31.6618，自由度為 6，人數 100，p 值為 1.895×10^{-5}，小於 0.05，達顯著水準，代表需要拒絕虛無假設，接受對立假設。另外由決斷值 12.59159，而計算的卡方值為 31.6618，大於決斷值，亦得到相同的結論。即表示研究者調查這 185 位針對成績退步學生是否應該受到懲罰的態度，四組（家長、教師、心理專家、學生）受試者的贊成比例並不相同。

伍、應用卡方考驗注意事項

進行卡方考驗時，需要注意的事項，主要有以下幾點。

一、每位受試者在細格中，只能提供一個反應。

二、同質性與獨立性考驗中，反應資料應該大到足夠有 2×2 的列聯表中，不會出現少於 10 的期望次數，或者是大於 2×2 的列聯表中，不會少於 5 的期望次數。否則即需要蒐集更多資料，或者是使用其他的檢定方法，例如：費雪精確檢定 (Fisher's exact test)(Kiess & Green, 2016)。

三、適合度考驗中，如果僅有 2 個細格，儲存格的最小期望次數不應小於 5。Kiess 與 Green(2016) 指出，如果只有 2 個細格，最小期望次數不應小於 10；如果有 3 個以上的細格，期望次數不能小於 5，否則不能進行卡方考驗。

四、適合度考驗中，細格有 2 個以上時，期望次數小於 5 的細格，不能超過總細格數的 20%，否則不能進行卡方考驗。如果期望次數小於 5 的細格超過 20% 以上，可以利用合併類別的方式來解決。

陸、卡方考驗的範例解析

卡方考驗主要可分為適合度考驗、百分比同質性考驗以及獨立性考驗，以下將說明卡方考驗中，各種類型如何利用 R 來進行分析及其報告。

一、適合度考驗

以下將分為期望比例相同與不同等 2 個例子，說明如下。

（一）期望比例相同

適合度考驗的例子是以投擲公平的硬幣時，出現正面與反面的次數，首先切換至工作目錄 D:\DATA\CH07，如下所示。

```
> setwd("D:/DATA/CH07/")
```

建立資料，投擲 200 次的硬幣，正面 96 次，反面 104 次，考驗正面與反面的比例是否相同。

```
> sdata0 <- c(96,104)
```

檢視資料。

```
> print(sdata0)
[1]  96 104
```

進行卡方考驗。

```
> chisq.test(sdata0)
```

　　下列爲卡方考驗結果。

```
    Chi-squared test for given probabilities

data:  sdata0
X-squared = 0.32, df = 1, p-value = 0.5716
```

　　由上述卡方考驗的結果可以得知，卡方值爲 0.32，自由度爲 1，考驗結果的
顯著性 p 值 0.5716，大於 0.05 表示接受虛無假設，拒絕對立假設，表示正面與
反面出現的比率並無不同。下列爲另一種卡方考驗進行的方法，因爲本範例是考
驗各類別的比例相同，有 2 種可能，所以期望次數的比例爲 0.50 與 0.50，所以
可以撰寫如下所示。

```
> chisq.test(sdata0, p=c(0.50, 0.50))
```

　　另外一種方式可以將 2 個類別的比例分別爲 1:1，而總共有 2 個類別，撰寫
如下所示。

```
> chisq.test(sdata0, p=c(1, 1)/2)
```

　　還有一種方式，先將期望次數定義爲一個變項，如下所示。

```
> edata0 <- c(1,1)
```

　　因爲本範例是期望次數，並非比例，所以需要再加上 rescale.p=TRUE，將期
望次數計算成比例，如下所示。

```
> chisq.test(sdata0, p=edata0, rescale.p = TRUE)
```

　　上述幾種卡方考驗的語法，都會得到相同的結果，以下將說明當卡方考驗各類別的比例不同時的範例。

（二）期望比例不同

　　首先建立卡方考驗所需資料，以下的資料為 200 位受試者對於諮詢服務的滿意度調查，其中有 168 位表示滿意，32 位表示不滿意，而期望人數則為 180 與 20，如下所示。

```
> sdata11 <- c(168,32)
> sdata12 <- c(180,20)/200
```

　　進行卡方考驗，觀察資料變數為 sdata11，期望次數資料變數為 sdata12，撰寫語法格式，如下所示。

```
> presult <- chisq.test(sdata11, p=sdata12)
```

　　檢視卡方考驗，各類別期望次數比例不同情形下的結果。

```
> print(presult)

    Chi-squared test for given probabilities

data:  sdata11
X-squared = 8, df = 1, p-value = 0.004678
```

　　由上述的結果可以得知，此範例的卡方值為 8，自由度為 1，顯著性 p 值為

0.004678，達 α=0.05 的顯著水準，亦即拒絕虛無假設，接受對立假設，表示滿意諮詢服務的受試者與不滿意者的人數有所差異。以下將分析結果建立成資料表格，分別是觀察分數、期望分數、觀察分數－期望分數、（觀察分數－期望分數）的平方值、卡方值、殘差等欄位，如下所示。

```
> presult1 <- data.frame(presult$observed,presult$expected,
presult$observed-presult$expected,
(presult$observed-presult$expected)^2,
(presult$observed-presult$expected)^2/presult$expected,
presult$residuals)
```

建立資料表格的欄位名稱，分別是觀察分數 (O)、期望分數 (E)、觀察分數－期望分數 (O-E)、（觀察分數－期望分數）的平方值 (O-E)^2、殘差 (Residuals) 等欄位，如下所示。

```
> names(presult1)<- c("O","E","(O-E)","(O-E)^2",
"Chi-Square","Residuals")
```

顯示資料表格，如下所示。

```
> print(presult1)
    O   E (O-E) (O-E)^2 Chi-Square  Residuals
1 168 180   -12     144        0.8 -0.8944272
2  32  20    12     144        7.2  2.6832816
```

以下為另外一個各類別期望比例不相同的範例，本範例的母群分配比例是農人占 20%、勞工占 30%、公務人員占 30%、自由業占 15% 以及經理人員占 5%。而以下的 982 位觀察人數中，農人 192、勞工 302、公務人員 318、自由業 132 以及經理人員 38 位。進行的卡方考驗中，適合度考驗即是在於考驗調查這 982

位社會各階層的人數與母群的分配是否相同。

```
> sdata21 <- c(192,302,318,132,38)
> sdata22 <- c(0.20,0.30,0.30,0.15,0.05)
> presult21 <- chisq.test(sdata21, p=sdata22)
```

顯示卡方考驗的結果，如下所示。

```
> print(presult21)
print(presult21)

    Chi-squared test for given probabilities

data:  sdata21
X-squared = 6.2417, df = 4, p-value = 0.1818

> presult22 <- data.frame(presult21$observed,presult21$expected,
presult21$observed-presult21$expected,
(presult21$observed-presult21$expected)^2,
(presult21$observed-presult21$expected)^2/presult21$expected,
presult21$residuals)
> #設定抬頭
> names(presult22)<- c("O","E","(O-E)","(O-E)^2",
"Chi-Square","Residuals")
> print(presult22)
    O     E (O-E) (O-E)^2 Chi-Square  Residuals
1 192 196.4  -4.4   19.36 0.09857434 -0.3139655
2 302 294.6   7.4   54.76 0.18587916  0.4311371
3 318 294.6  23.4  547.56 1.85865580  1.3633253
4 132 147.3 -15.3  234.09 1.58920570 -1.2606370
5  38  49.1 -11.1  123.21 2.50936864 -1.5840987
```

由上述的結果可以得知，卡方考驗的卡方值為 6.2417、自由度為 4、顯著性 p 值為 0.1818，未達 0.05 的顯著水準，亦即需承認虛無假設，即這 982 位觀察人數與母群的人數分配比例並無不同。

二、獨立性考驗

以下範例為調查 210 位國中教師是否支持諮商政策，其中有 110 位男生，100 位女生，支持者有 172 位，反對者有 38 位。利用卡方考驗中的獨立性考驗來考驗國中教師性別與諮商政策的支持態度之間是否獨立無關，讀取資料，如下所示。

```
> library(readr)
> sdata31 <- read_csv("D:/DATA/CH07/CH07_1.csv")
Parsed with column specification:
cols(
    狀態 = col_integer(),
    支持 = col_integer(),
    人數 = col_integer()
)
```

檢視資料。

```
> head(sdata31)
# A tibble: 4 x 3
    狀態  支持  人數
   <int> <int> <int>
1    1    1    88
2    1    2    22
3    2    1    84
4    2    2    16
```

製作次數交叉表。

```
> sdata32 <- xtabs(人數 ~ 狀態 + 支持 , data=sdata31)
```

檢視次數交叉表的內容。

```
> print(sdata32)
    支持
狀態  1  2
  1 88 22
  2 84 16
```

進行獨立性考驗。

```
> presult31 <- chisq.test(sdata32)
> print(presult31)
    Pearson's Chi-squared test with Yates' continuity correction

data:  sdata32
X-squared = 0.3278, df = 1, p-value = 0.567
```

內定是採用 Yates' 連續性校正，若取消校正程序時，則可加入 correct=FALSE 的參數即可，如下所示。

```
> presult41 <- chisq.test(sdata32, correct=FALSE)
> print(presult41)
    Pearson's Chi-squared test

data:  sdata32
X-squared = 0.56548, df = 1, p-value = 0.4521
```

另外一種獨立性檢定的方法。

```
> summary(sdata32)
Call: xtabs(formula = 人數 ~ 狀態 + 支持 , data = sdata31)
```

```
Number of cases in table: 210
Number of factors: 2
Test for independence of all factors:
    Chisq = 0.5655, df = 1, p-value = 0.4521
```

由上述獨立性考驗的結果，可以得知，卡方考驗結果的卡方值為 0.5655，自由度為 1，顯著性 p 值為 0.4521，未達顯著水準，亦即承認虛無假設，拒絕對立假設，表示這 210 位國中教師性別與諮商政策的支持態度之間，獨立無關。

三、同質性考驗

以下同質性考驗的範例來自於林清山 (1994, p. 289) 的資料，其中有 31 位家長、43 位教師、20 位心理專家與 91 位學生有關於懲罰的意見，調查問題為「成績退步的學生應該受到老師的懲罰□贊成□沒意見□反對」。以下為蒐集資料形成交叉表的情形，利用考驗這四組，受試者對此一題目的贊成百分比是否相同，首先讀取資料，如下所示。

```
> library(readr)
> sdata41 <- read_csv("D:/DATA/CH07/CH07_2.csv")
Parsed with column specification:
cols(
   態度 = col_integer(),
   團體 = col_integer(),
   次數 = col_integer()
)
檢視資料。
> head(sdata41)
# A tibble: 6 x 3
   態度　團體　次數
  <int> <int> <int>
1     1     1    23
2     1     2    27
3     1     3     5
```

```
4    1    4    31
5    2    1    5
6    2    2    4
```

製作次數交叉表。

```
> sdata42 <- xtabs( 次數 ~ 態度 + 團體 , data=sdata3)
```

檢視次數交叉表資料。

```
> print(sdata42)
     團體
態度  1   2   3   4
   1 23  27   5  31
   2  5   4   6  10
   3  3  12   9  50
```

進行同質性考驗。

```
> presult51 <- chisq.test(sdata42)
Warning message:
In chisq.test(sdata42) : Chi-squared approximation may be incorrect
```

　　進行卡方考驗時，出現上方的警告訊息，表示是列聯表中的期望值太小，導致進行考卡方考驗會有不正確的結果，以上述列聯表為例，3×4 的 12 個細格中，有 2 個值小於 5，卡方考驗中，每一細格的期望值儘量要大於 5，期望次數低於 5 的細格數不能多於 20%，所以才會有上述的警告訊息，此時若列出結果，亦會出現卡方考驗的結果，如下所示。

```
> print(presult51)
    Pearson's Chi-squared test
data:  sdata42
X-squared = 31.662, df = 6, p-value = 1.894e-05
```

若要避免上述的警告，可以加入「simulate.p.value = TRUE」的參數即可，如下所示。

```
> chisq.test(sdata42,simulate.p.value=TRUE)

    Pearson's Chi-squared test with simulated p-value (based on 2000 replicates)

data:  sdata42
X-squared = 31.662, df = NA, p-value = 0.0004998
```

因為達顯著，所以進行事後比較，其中有 3 種態度，4 個團體，因此自由度 df=(3−1)×(4−1)=2×3=6，臨界值 qchisq(0.95, 6)。

以下將標準化殘差儲存至 ar_presult51。

```
> ar_presult51 <- presult51$stdres
> print(ar_presult51)
    團體
態度          1          2          3          4
   1  3.3900159  2.4466994 -2.0399955 -3.3326404
   2  0.4668807 -0.9219816  2.2836457 -0.9882349
   3 -3.7771731 -1.8475882  0.4833072  4.0825784
```

設定顯著水準為 0.05。

```
> psig <- 0.05
```

調整後的顯著水準。

```
> adj_psig <- psig/((nrow(sdata42)-1)*(ncol(sdata42)-1))
```

顯示出調整後的顯著水準 $= 0.05 \div (2 \times 3) = 0.0083$。

```
> print(adj_psig)
[1] 0.008333333
```

計算臨界值。

```
> print(qnorm(adj_psig/2))
[1] -2.638257
```

顯示殘差值如下。

```
> print(ar_presult51)
    團體
態度          1           2           3           4
   1  3.3900159  2.4466994 -2.0399955 -3.3326404
   2  0.4668807 -0.9219816  2.2836457 -0.9882349
   3 -3.7771731 -1.8475882  0.4833072  4.0825784
```

由以上可以得知，在態度 1 方面，主要的差異來自於 1，而態度 3 的差異則來自於 4，以下將進行事後比較，載入 chisq.posthoc.test 套件。

```
> library(chisq.posthoc.test)
> chisq.posthoc.test(sdata42)
```

```
 Dimension     Value         1          2          3          4
1          1 Residuals  3.3900159  2.4466994 -2.0399955 -3.3326404
2          1  p values  0.0083870  0.1730050  0.4962090  0.0103230
3          2 Residuals  0.4668807 -0.9219816  2.2836457 -0.9882349
4          2  p values  1.0000000  1.0000000  0.2687080  1.0000000
5          3 Residuals -3.7771731 -1.8475882  0.4833072  4.0825784
6          3  p values  0.0019030  0.7759430  1.0000000  0.0005340
Warning message:
In chisq.test(x, ...) : Chi-squared approximation may be incorrect
```

上述事後比較結果中，可以得知，1 與 1、1 與 4、3 與 1、3 與 1，其 p 值小於 0.05，代表達到顯著差異。

四、卡方考驗結果報告

上述的範例中，卡方考驗結果報告，可如下所述。

（一）適合度考驗

1. 期望比例相同

研究者投擲 200 個硬幣後，計算正面與反面出現的次數後，經卡方考驗中適合度考驗，考驗結果 χ^2(df=1, N=200)=0.32，p=0.5716，未達 0.05 的顯著水準，亦即需接受虛無假設，拒絕對立假設。表示 200 次的硬幣投擲後，正面與反面比與 1:1 並無顯著差異。

2. 期望比例不同

研究者調查 200 位受試者對於諮詢服務的滿意度態度後，經卡方考驗中適合度考驗，考驗結果 χ^2(df=1, N=200)=8.00，p=0.005，達 0.05 的顯著水準，亦即需拒絕虛無假設，接受對立假設。表示 200 位受試者對於諮詢服務的滿意與不滿意的比率，與 9:1 有顯著不同。

（二）獨立性考驗

研究者調查 210 位國中教師不同性別與是否支持諮商政策的資料，經卡方考驗中獨立性考驗，考驗結果 χ^2(df=1, N=210)=0.56548，p=0.4521，未達 0.05 的顯著水準，亦即需接受虛無假設，拒絕對立假設。表示 210 位國中教師不同性別與諮商政策的支持態度之間，獨立無關。

（三）同質性考驗

研究者調查 185 位受試者針對成績退步學生是否應該受到老師懲罰的態度，經卡方考驗中同質性考驗，考驗結果 χ^2(df=6, N=185)=31.662，p<0.001，達 0.05 的顯著水準，亦即需拒絕虛無假設，接受對立假設。表示 185 位四組受試者對此項目的贊成比例並不相同，繼續進行事後比較發現，四組受試者間，對此項目贊成比例的差異，主要來自於家長與其他群組意見不同，而針對反對意見的主要差異是來自於學生與其他群組的意見不同。整體而言，卡方考驗值達 0.05 的顯著水準，主要是這四組受試者中家長與心理專家，家長與學生以及教師與學生的意見不同所致。

五、卡方考驗分析程式

卡方考驗分析程式，如下所示。

```
1.   #卡方考驗 2017/11/19
2.   #檔名 CH07_1.R 資料檔 CH07_1.csv CH07_2.csv
3.   #設定工作目錄
4.   setwd("D:/DATA/CH07/")
5.   sdata0 <- c(96,104)
6.   print(sdata0)
7.   chisq.test(sdata0)
8.   #期望次數比率相同
9.   presult0 <- chisq.test(sdata0)
10.  presult01 <- data.frame(presult0$observed,presult0$expected,
11.  presult0$observed-presult0$expected,
12.  (presult0$observed-presult0$expected)^2,
13.  (presult0$observed-presult0$expected)^2/presult0$expected)
14.
```

```
15.  names(presult01)<- c("O","E","(O-E)","(O-E)^2","Chi-Square")
16.  print(presult01)
17.  presult0 <- chisq.test(c(38,56,44,56,66,40))
18.  presult01 <- data.frame(presult0$observed,presult0$expected,
19.  presult0$observed-presult0$expected,
20.  (presult0$observed-presult0$expected)^2,
21.  (presult0$observed-presult0$expected)^2/presult0$expected)
22.
23.  names(presult01)<- c("O","E","(O-E)","(O-E)^2","Chi-Square")
24.  print(presult01)
25.
26.  chisq.test(sdata0, p=c(0.50, 0.50))
27.  chisq.test(sdata0, p=c(1, 1)/2)
28.  edata0 <- c(1,1)
29.  chisq.test(sdata0, p=edata0, rescale.p = TRUE)
30.  #期望次數比率不同
31.  sdata11 <- c(168,32)
32.  sdata12 <- c(180,20)/200
33.  presult11 <- chisq.test(sdata11, p=sdata12)
34.  print(presult)
35.
36.  presult12 <- data.frame(presult$observed,presult$expected,
37.  presult$observed-presult$expected,
38.  (presult$observed-presult$expected)^2,
39.  (presult$observed-presult$expected)^2/presult$expected,
40.  presult$residuals)
41.
42.  names(presult12)<- c("O","E","(O-E)","(O-E)^2",
43.  "Chi-Square","Residuals")
44.  print(presult12)
45.  #適合度考驗
46.  sdata21 <- c(192,302,318,132,38)
47.  sdata22 <- c(0.20,0.30,0.30,0.15,0.05)
48.  presult21 <- chisq.test(sdata21, p=sdata22)
49.  print(presult21)
50.  presult22 <- data.frame(presult21$observed,presult21$expected,
         presult21$observed-presult21$expected,
         (presult21$observed-presult21$expected)^2,
```

```
              (presult21$observed-presult21$expected)^2/presult21$expected,
              presult21$residuals)
51.  names(presult22)<- c("O","E","(O-E)","(O-E)^2","Chi-Square","Residuals")
52.  print(presult22)
53.  # 獨立性考驗
54.  library(readr)
55.  sdata31 <- read_csv("D:/DATA/CH07/CH07_1.csv")
56.  head(sdata31)
57.  sdata32 <- xtabs(人數 ~ 狀態＋支持，data=sdata31)
58.  print(sdata32)
59.  presult31 <- chisq.test(sdata32)
60.  print(presult31)
61.  presult41 <- chisq.test(sdata32, correct=FALSE)
62.  print(presult41)
63.  # 另一種獨立性檢定
64.  summary(sdata32)
65.  # 同質性檢定
66.  library(readr)
67.  sdata41 <- read_csv("D:/DATA/CH07/CH07_2.csv")
68.  head(sdata41)
69.  print(sdata41)
70.  sdata42 <- xtabs(次數 ~ 態度＋團體，data=sdata41)
71.  print(sdata42)
72.  presult51 <- chisq.test(sdata42)
73.  print(presult51)
74.  chisq.test(sdata42,simulate.p.value=TRUE)
75.  ar_presult51 <- presult51$stdres
76.  print(ar_presult51)
77.  psig <- 0.05
78.  adj_psig <- psig/((nrow(sdata42)-1)*(ncol(sdata42)-1))
79.  print(adj_psig)
80.  print(qnorm(adj_psig/2))
81.  # 事後比較
82.  library(chisq.posthoc.test)
83.  chisq.posthoc.test(sdata42)
```

習　題

以下有一個隨機 40 筆來自於國小一年級的資料，內容包括這些學童是否入學前曾參加至少一年的幼兒園學習課程，交叉表結果如下，需進行的卡方考驗為考驗性別與參加至少一年的幼兒園學習課程是否有所關聯？

	男	女
參加幼兒園	12	10
未參加幼兒園	8	10

時間序列分析

教育計畫中，需要審慎地規劃教育事務，而時間序列即是一種可以藉由目前資料來預測未來發生的策略。時間序列能夠構成，是因為現象的發展變化是多種因素影響的綜合結果，由於教育事務中，各種因素的作用方向和影響程度不同，使具體的時間序列呈現出不同的變動形態。因此時間序列分析的任務就是要正確地確定時間序列的性質，對影響時間序列的各種因素加以分解和測定，以便對未來的狀況作出判斷和預測。以下將以時間序列分析的基本原理以及應用等二個部分，逐項分別說明。

以下為本章使用的 R 套件：forecast。

壹、時間序列分析的原理

時間序列是依時間順序記錄的一組資料，藉由這順序性的時間資料，可以預測後幾期的趨勢。在時間序列分析的原理中，分為時間序列分析的基本原理、預測方法的選擇與評估以及 ARIMA 模型預測的步驟等部分，說明如下。

一、時間序列分析的基本原理

時間序列分析的基本原理，主要會依時間序列的成分來加以說明。時間序列的變化可能是一種或者是多種因素的影響，以致於它在不同時間上數值的差異，而這些影響的因素即是時間序列的組成要素，其中這些組成要素，一般包括趨勢、季節變動、循環波動以及不規則波動等。

（一）趨勢

趨勢 (trend) 是表示時間序列在一段較長時間內，所呈現出來的持續向上或者是向下的變動趨勢。

（二）季節變動

季節變動 (seasonal fluctuation) 是表示時間序列以週期長度的固定變動模式，

而這個週期可以是「週」、「月」、「季」、「年」等。

（三）循環波動

循環波動 (cyclical fluctuation) 也被稱之為週期波動，時間序列的資料呈現的是非固定長度的週期性變動，循環波動無固定規律，變動週期多在一年以上，而且週期長短不一。

（四）不規則波動

不規則波動 (irregular variations) 也被稱之為隨機波動，時間序列的資料呈現的是除去趨勢、季節變動和週期波動之後剩餘的波動。隨機波動是由一些偶然因素所引起的，通常是夾雜在時間序列之中，致使時間序列產生一種波浪形的變動。不規則波動的因素往往不可預知，也無法控制，所以在時間序列的分析時，不可以單獨存在。

時間序列的四個組成因素與觀察值的關係，可以利用加法模型或者是乘法模型加以表示。

二、時間序列預測方法的選擇與評估

選擇時間序列的預測方法，在時間序列的分析上，扮演著相當重要的角色，當然選擇預測方法，會與歷史資料的變化模型有關。而歷史資料則是包括歷史資料量的大小，預測期的長短等有關，以下即列出時間序列預測方法選擇的參考變項。

表 8-1　時間序列預測方法的選擇

預測方法	適合資料	資料要求	預測時期
簡單指數平滑	隨機波動	5 個以上	短期
Holt 指數平滑	線性趨勢	5 個以上	短至中期
一元線性迴歸	線性趨勢	10 個以上	短至中期

表 8-1　時間序列預測方法的選擇（續）

預測方法	適合資料	資料要求	預測時期
指數模型	非線性趨勢	10 個以上	短至中期
多項式函數	非線性趨勢	10 個以上	短至中期
Winter 指數平滑	趨勢和季節	至少有 4 週期	短至中期
分解預測	趨勢、季節和循環	至少有 4 週期	短、中、長期

　　至於如何評估時間序列預測資料方法的好壞呢？一般來說，決定因素在於預測誤差的大小，而預測誤差即是預測資料與實際資料的差值，測量方法包括平均誤差、平均絕對誤差、均方誤差、平均百分比誤差與平均絕對百分比誤差等，其中較為常見的即為均方誤差 (mean square error, MSE)。

三、時間序列分析的策略

　　時間序列分析的策略方法，包括 ARIMA、指數平滑預測、趨勢外推預測、分解預測等，說明如下。

（一）ARIMA

　　ARIMA(autoregressive integrated moving average model, ARIMA)，被稱之為差分整合移動平均自我迴歸模型，又稱整合滑動平均自我迴歸模型。包括自我迴歸模型 (autoregressive models, AR)、差分 (integrated) 與滑動平均模型 (moving average models, MA) 等 3 個主要部分，其中的滑動又被稱之為移動。

（二）指數平滑預測

　　指數平滑預測，包括：1. 簡單指數平滑預測、2.Holt 指數平滑預測以及 3.Winter 指數平滑預測等。

（三）趨勢外推預測

　　趨勢外推預測的方法，簡單包括：1. 線性趨勢預測以及 2. 非線性趨勢預測。

其中常見的非線性趨勢預測方法，包括：1. 指數曲線、2. 多項式曲線、3. 成長曲線、4. 多次曲線等。

（四）分解預測

分解預測是先將時間序列的各個成分依序分解，之後再進行預測；簡單地說，分解預測是一種適合於含有趨勢、季節、循環等多種時間序列因素預測的一種方法。採用分解預測時，第 1 個步驟會先確定並分離季節成分，第 2 個步驟則是建立預測模型並加以預測，最後一個步驟則是計算最終預測值，亦即是將第 2 個步驟得到的預測值乘以相對應的季節指數，計算出最終的預測值。

四、時間序列分析的步驟

以下將以 ARIMA 模型來進行時間序列預測估計，分析時，一般常見的步驟如下所示。

（一）輸入資料並加以檢視

輸入資料，並且確認觀察資料中，是否有任何不尋常的資料。

（二）轉換資料

假若必要，需要轉換資料，讓資料的變異情形更爲穩定。

（三）差分資料

假如資料不穩定，進行資料的差分，直到資料呈現穩定的狀態。

（四）檢驗 ACF 與 PACF

檢驗 ACF 與 PACF，其中 ACF 是決定 AR 模式中的 p 參數，而 PACF 則是決定 MA 模式中的 q 參數。

（五）選擇 ARIMA 模型

嘗試選擇適當的 ARIMA 模式，並且利用 AIC 指數來選擇適切的模型。

（六）檢驗估計殘差

檢查模式中 ACF 的殘差，並且考驗殘差，否則可以嘗試修正的模型。

（七）檢驗是否達純雜訊

當殘差似乎具 white noise 時，則可以進行後幾期的預測。

詳細步驟內容及流程，如下圖所示。

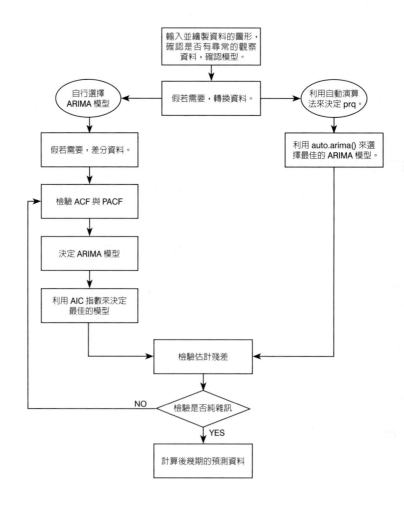

貳、時間序列分析的範例解析

以下將以幾個範例來加以說明時間序列分析，說明如下。

一、ARIMA 模型預測

以下資料為 97 至 105 學年度，國小男性教師人數，接下來將進行的時間序列分析，包括簡單指數平滑預測以及將實際值與預測的結果，繪圖進行比較。

（一）讀取資料檔

設定工作目錄為「D:\DATA\CH08\」。

```
> setwd("D:/DATA/CH08/")
```

讀取資料檔「CH08_1.dat」，並將資料儲存至 pe 這個變項，請注意因為 CH08_1.dat 這個檔案中的第 1 行是檔案的說明，所以讀取時，跳過第 1 行，從第 2 行才是國小教師的人數資料。

```
> pe <- scan("CH08_1.dat", skip=1)
Read 9 items
```

以上顯示讀取了 9 個資料值。

（二）檢視資料

檢視前六筆資料，如下所示。

```
> head(pe)
[1] 31551 31089 30859 30233 29626 29178
```

檢視前六筆資料時，97 學年度 31,551 人，總共有 7 個欄位，包括 ID、98 學年度 31,089 人、102 學年度國小男教師有 29,178 人，以下檢視後六筆資料，如下所示。

```
> tail(pe)
[1] 30233 29626 29178 29083 28478 27678
```

105 學年度有 27,678 人，104 學年度有 28,478 人，103 學年度有 29,083 人，102 學年度有 29,178 人。

（三）進行差分

以下將進行時間序列中 ARIMA 的模型預測，ARIMA 的時間序列分析所需要的資料是平穩的狀態，因此若資料未呈現平穩的狀況時，需要利用時間序列的差分，直到出現平穩的狀態。ARIMA 中有三個主要的參數，分別是 p、d、q，其中的 d 即是幾階的差分，若是 1 階差分即穩定，d 即為 1。進行時間序列前，需要將資料轉為時間序列資料，可以利用 ts() 來完成，進行時間序列的套件為 forecast()。

```
> library(forecast)
```

將時間轉為時間序列資料，並將結果儲存至 tspe 變數，如下所示，其中 start 代表從 2008 開始為第 1 個時間點，其後依序加 1。

```
> tspe <- ts(pe, start=c(2008))
```

檢視時間序列資料內容，如下所示。

```
> print(tspe)
Time Series:
Start = 2008
End = 2016
Frequency = 1
[1] 31551 31089 30859 30233 29626 29178 29083 28478 27678
```

接下來繪製圖形，如下所示。

```
> plot.ts(tspe)
```

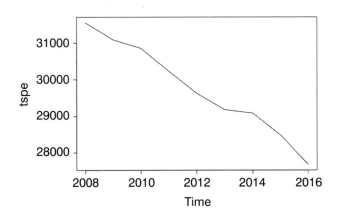

由上圖可以得知 97 學年度至 105 學年度，國小男教師人數在平均數上是不穩定的，隨著時間增加，數值的變化很大，所以需要進行差分，首先進行第 1 階的差分，如下所示。

```
> tsped1<-diff(tspe,differences=1)
```

檢視第 1 階差分後的圖形。

```
> plot.ts(tsped1)
```

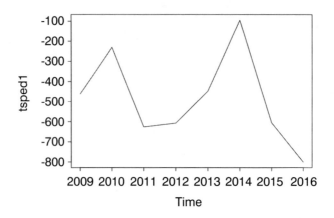

　　由上述第 1 階差分後的圖形顯示，似乎仍有趨勢，所以再進行第 2 階的差分，並且儲存結果，如下所示。

```
> tsped2<-diff(tspe,differences=2)
> plot.ts(tsped2)
```

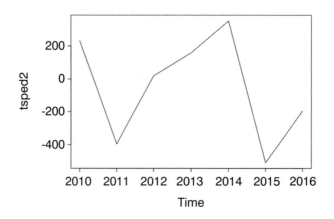

　　進行第 2 階的差分後，時間序列在平均數以及變異情形上，看起來像是平穩的，隨著時間的改變，時間序列的水平與變異情形，大致保持不變。因此，針對國小男教師人數進行 2 階差分似乎可以得到平穩的序列，應該可以設定 d=2，不過仔細比較 1 階與 2 階差分的圖形，似乎沒有什麼差異，所以還是選擇 1 階即可，d=1。

（四）選擇適當的 ARIMA 模型

　　接下來要選擇 ARIMA 模型中的 p 與 q 參數，此時需要檢查 ACF 與 PACF。其中的 ACF 為自我相關函數 (autocorrelation function, ACF)，而自我相關函數反映了同一時間序列在不同時刻的取值之間的相關程度。另外，PACF 即為偏自我相關函數 (partial autocorrelation function, PACF)，其中的 k 期偏自我相關函數是在移除線性相關下，兩觀測值的線性相關程度。自我相關函數和偏自我相關函數是判斷 ARIMA 落後期數的兩種基本方法，如下所示。

```
> acf(tsped2,lag.max=20)
```

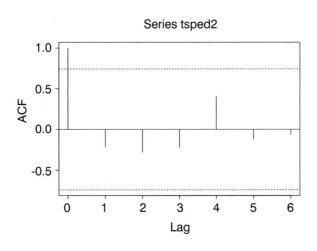

　　由上面 ACF 的圖中，可以觀察得出，ACF 皆未超出 95% 的信賴水準。繼續檢查其指數，如下所示。

```
> acf(tsped2,lag.max=20,plot=FALSE)
Autocorrelations of series 'tsped2' , by lag
    0      1      2      3      4      5      6
 1.000 -0.220 -0.281 -0.222  0.409 -0.122 -0.064
```

　　所有期別的 ACF 之值皆未大於 1.96，因此決定 p=0。接下來進行 PACF 的判斷，如下所示。

```
> pacf(tsped2,lag.max=20)
```

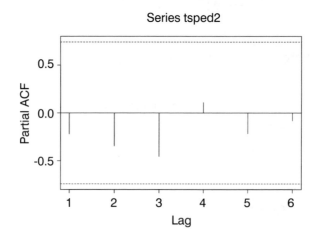

　　PACF 的值仍然沒有超越 95% 的信賴水準，檢視其計算結果的指數，如下所示。

```
> pacf(tsped2,lag.max=20,plot=FALSE)
Partial autocorrelations of series 'tsped2', by lag
      1       2       3       4       5       6
-0.220  -0.346  -0.456   0.110  -0.217  -0.082
```

　　因此決定 q=0，將以 ARIMA(0,1,0) 來開始進行 ARIMA 模型的預測，如下所示。

```
> tspearima<-arima(tspe,order=c(0,1,0))
```

　　檢視估計結果。

```
> print(tspearima)
Call:
arima(x = tspe, order = c(0, 1, 0))
sigma^2 estimated as 280303:  log likelihood = -61.53,  aic = 125.05
```

　　由上面估計的結果，可以得知 AIC=125.05。

```
> BIC(tspearima)
[1] 125.1315
```

　　估計結果的 BIC=125.13，接下來預測後 3 期的結果。

```
> predict(tspearima, 3)
$pred
Time Series:
Start = 2017
End = 2019
Frequency = 1
[1] 27678 27678 27678
$se
Time Series:
Start = 2017
End = 2019
Frequency = 1
[1] 529.4364 748.7361 917.0107
```

另外一種預測後 3 期結果的方法。

```
> tspearimaf <- forecast(tspearima, h=3, level=c(80,95))
> print(tspearimaf)
     Point Forecast    Lo 80     Hi 80     Lo 95     Hi 95
2017          27678 26999.50 28356.50 26640.32 28715.68
2018          27678 26718.46 28637.54 26210.50 29145.50
2019          27678 26502.80 28853.20 25880.69 29475.31
```

繪製預測結果的圖形。

```
> plot(tspearimaf)
```

結果如下所示。

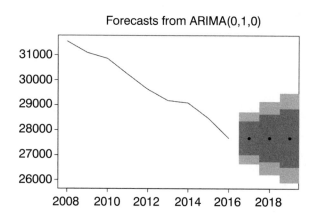

Forecasts from ARIMA(0,1,0)

（五）驗證估計的結果

　　接下來將進行預測結果的驗證，驗證 ARIMA 模型預測誤差是否也是常態分配，如下所示。

```
> acf(tspearimaf$residuals,lag.max=20)
```

　　圖形如下所示。

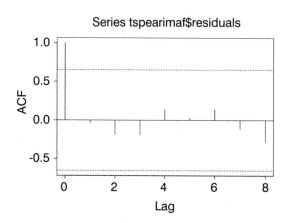

Series tspearimaf$residuals

檢視估計的參數資料。

```
> acf(tspearimaf$residuals,lag.max=20,plot=FALSE)
Autocorrelations of series 'tspearimaf$residuals', by lag
    0      1      2      3      4      5      6      7      8
1.000 -0.037 -0.189 -0.191  0.143  0.030  0.141 -0.114 -0.283
```

進行 Ljung-Box 檢定。

```
> Box.test(tspearimaf$residuals, lag=3, type="Ljung-Box")

    Box-Ljung test

data:  tspearimaf$residuals
X-squared = 1.1205, df = 3, p-value = 0.7721
```

Ljung-Box 的 p 值為 0.7721，未達顯著，代表預測的模型適合，因此可以驗證 ARIMA(0,1,0) 這個模型應該可以有效地預測國小男教師的人數。繪製殘差圖如下所示。

```
> plot.ts(tspearimaf$residuals)
```

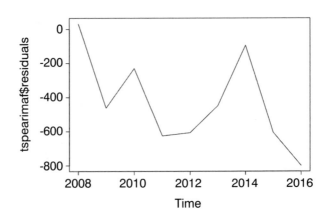

（六）利用 auto.arima() 決定參數

決定 ARIMA 模型中的 p、d、q 亦可以利用 auto.arima() 來進行，如下所示。

```
> fit <- auto.arima(tspe)
```

檢視估計的參數結果。

```
> print(fit)
Series: tspe
ARIMA(0,1,0) with drift

Coefficients:
          drift
      -484.1250
s.e.    75.7682

sigma^2 estimated as 52633:  log likelihood=-54.29
AIC=112.58   AICc=114.98    BIC=112.74
```

由上面模型參數的估計結果，可以得知，auto.arima() 決定的 p=0、d=1、q=0，往後預測 3 期結果，如下所示。

```
> forecast(fit,h=3)
     Point Forecast     Lo 80     Hi 80     Lo 95     Hi 95
2017       27193.88  26899.86  27487.89  26744.22  27643.53
2018       26709.75  26293.95  27125.55  26073.84  27345.66
2019       26225.63  25716.38  26734.87  25446.80  27004.45
```

繪製預測的結果圖形。

```
> plot(forecast(fit,h=3))
```

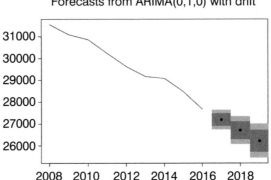

Forecasts from ARIMA(0,1,0) with drift

二、Holt-Winter 簡單指數平滑預測

簡單指數平滑預測是加權平均的一種形式，觀測值的時間距離現在時期愈遠，其權數也會跟著呈現指數下降，也因此稱為指數平滑。簡單指數平滑法的優點是只需要少數幾個觀察值，就可以進行預測，其方法相對地較為簡單，但是缺點是預測值往往遷就於實際值，無法考慮趨勢與季節成分的因素。

（一）繪製圖形

首先繪製資料的時間序列圖形，以下圖為例，橫座標是時間，而縱座標則是國小男教師的人數，由下圖可以呈現出的是國小男教師有愈來愈少的趨勢。

```
> plot(tspe,xlab="TIME",ylab="NUM",main="")
> grid()
> points(tspe, type="o",xlab="TIME",ylab="NUM")
```

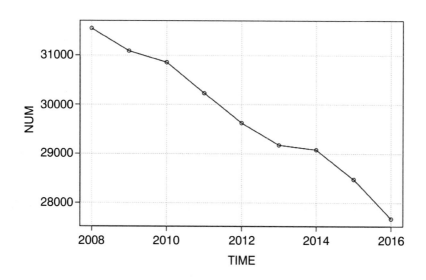

（二）參數估計及檢視結果

　　接下來進行簡單指數平滑預測的參數估計，主要是利用 forecast 套件中的 HoltWinters() 這個函數。

```
> tspehol <- HoltWinters(tspe, beta=FALSE, gamma=FALSE)
```

　　檢視參數估計的結果。

```
> print(tspehol)
Holt-Winters exponential smoothing without trend and without seasonal component.

Call:
HoltWinters(x = tspe, beta = FALSE, gamma = FALSE)

Smoothing parameters:
 alpha: 0.9999323
```

```
 beta : FALSE
 gamma: FALSE

Coefficients:
      [,1]
a 27678.05
```

由上述的參數估計結果，可以得知，估計中的 α 值爲 0.9999，α 爲上一期觀測值的權重，當不指定時，系統則會選擇合適的值。另外，beta 則是 Holt-Winters 平滑的參數，當 beta=FALSE 則是指進行簡單指數平滑，而 gamma=FALSE 則是代表估計時，不用考慮季節調整的因素，以下是預測結果的適合值。

```
> print(tspeho1$fitted)
Time Series:
Start = 2009
End = 2016
Frequency = 1
        xhat    level
2009 31551.00 31551.00
2010 31089.03 31089.03
2011 30859.02 30859.02
2012 30233.04 30233.04
2013 29626.04 29626.04
2014 29178.03 29178.03
2015 29083.01 29083.01
2016 28478.04 28478.04
```

適合值是從第 2 期開始到結束，而本例第 1 期是 2008，所以適合值是從 2009 到 2016，總共有 8 期的資料，接下來進行預測後 3 期的結果。

```
> tspeho2 <- forecast(tspeho1, h=3)
> print(tspeho2)
```

```
     Point Forecast      Lo 80    Hi 80     Lo 95    Hi 95
2017        27678.05  27384.45 27971.66  27229.03 28127.08
2018        27678.05  27262.85 28093.26  27043.06 28313.05
2019        27678.05  27169.54 28186.57  26900.35 28455.76
```

（三）繪製估計的結果

接著要將預測資料與實際的觀察資料加以比較，如下所示。

```
> plot(tspe, type='o', xlab="TIME", ylab="NUM")
> lines(c(2009:2016), tspeho1$fitted[,1],type='o', lty=2)
> legend(x="topright",legend=c(" 預測 "," 實際 "),lty=1:3)
```

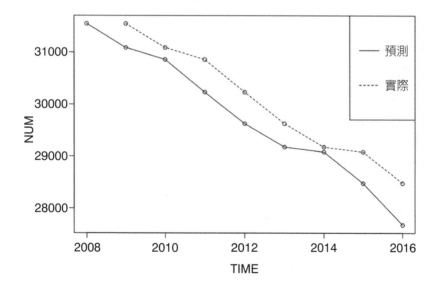

繪製預測圖形。

```
> plot(tspeho2, type='o', lty=2, xlab="TIME", ylab="NUM", main="")
```

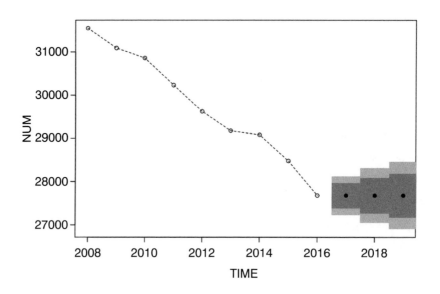

　　上圖中的虛線是國小男教師的觀察值，而圓點則是後 3 期的預測值，灰色區域則是預測值的信賴區間，其中淺灰色的是 95% 的信賴區間，深灰色的部分則是 80% 的信賴區間。

三、Holt 指數平滑預測

　　當時間序列存在趨勢時，簡單指數平滑的預測結果總是遷就於實際觀察值，而 Holt 指數平滑預測模型則是改進了簡單指數平滑的缺點，它也考慮趨勢因素，利用平滑值對時間序列的線性趨勢進行修正，建立線性平滑模型來進行預測。以下將利用 HoltWinters() 來進行 Holt 指數平滑模型的參數估計，因為未指定 beta，所以即為 Holt 指數平滑模型。

（一）參數估計及檢視結果

　　進行 Holt 指數平滑模型參數估計。

```
> tspeho3 <- HoltWinters(tspe, gamma=FALSE)
```

　　檢視參數估計的結果。

```
> print(tspeho3)
Holt-Winters exponential smoothing with trend and without seasonal component.

Call:
HoltWinters(x = tspe, gamma = FALSE)

Smoothing parameters:
 alpha: 0
 beta : 0
 gamma: FALSE

Coefficients:
   [,1]
a 27855
b  -462
```

　　由上述的參數估計結果，可以得知，此結果的 α 選擇值為 0，β 值亦為 0，預測後 3 期的結果，如下所示。

```
> tspeho4 <- forecast(tspeho3, h=3)
```

　　檢視後 3 期參數估計的結果。

```
> print(tspeho4)
     Point Forecast    Lo 80    Hi 80    Lo 95    Hi 95
2017          27393 27165.34 27620.66 27044.83 27741.17
2018          26931 26703.34 27158.66 26582.83 27279.17
2019          26469 26241.34 26696.66 26120.83 26817.17
```

（二）繪製圖形

接下來所要進行的是將預測資料與實際的觀察資料加以比較，如下所示。

```
> plot(tspe, type='o', xlab="TIME", ylab="NUM")
> lines(c(2010:2016), tspeho3$fitted[,1],type='o', lty=2)
> legend(x="topright",legend=c(" 預測 "," 實際 "),lty=1:3)
```

結果如下圖所示。

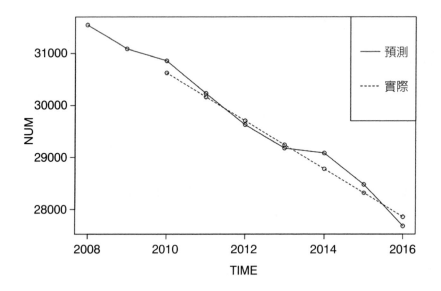

繪製後 3 期的預測圖形。

```
> plot(tspeho4, type='o', lty=2, xlab="TIME", ylab="NUM", main="")
```

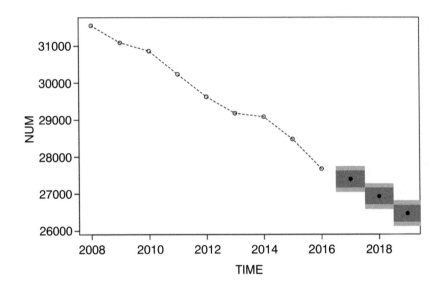

四、時間序列分析結果報告

　　原始數據為民國 97 年至 105 學年度，國民小學男教師人數，利用自我迴歸的整合移動平均 (autoregressive integrated moving average, ARIMA) 模式來分析，其中單變量 ARIMA(0,1,0) 的分析結果中，估計的變異數 280303，AIC=125.05，BIC=125.13，預測後 3 期的結果如下。

學年度	預測值	標準誤	95% 信賴區間	
106	27678	529.4364	26640.32	28715.68
107	27678	748.7361	26210.50	29145.50
108	27678	917.0107	25880.69	29475.31

五、時間序列分析程式

　　時間序列分析程式，如下所示。

```
1.   #時間序列分析 2017/09/01
2.   #檔名 CH08_1.R 資料檔 CH08_1.dat
3.   #國小男教師人數 97 至 105 學年度
4.   #切換至工作目錄
5.   setwd("D:/DATA/CH08/")
6.   pe <- scan("CH08_1.dat", skip=1)
7.   head(pe)
8.   tail(pe)
9.   library(forecast)
10.  tspe <- ts(pe, start=c(2008))
11.  print(tspe)
12.  plot.ts(tspe)
13.
14.  tsped1<-diff(tspe,differences=1)
15.  plot.ts(tsped1)
16.  tsped2<-diff(tspe,differences=2)
17.  plot.ts(tsped2)
18.
19.  acf(tsped2,lag.max=20)
20.  acf(tsped2,lag.max=20,plot=FALSE)
21.
22.  pacf(tsped2,lag.max=20)
23.  pacf(tsped2,lag.max=20,plot=FALSE)
24.
25.  tspearima<-arima(tspe,order=c(0,1,0))
26.  print(tspearima)
27.
28.  tspearimaf <- forecast(tspearima, h=3, level=c(80,95))
29.  print(tspearimaf)
30.
31.  plot(tspearimaf)
32.
33.  acf(tspearimaf$residuals,lag.max=20)
34.  acf(tspearimaf$residuals,lag.max=20,plot=FALSE)
35.  Box.test(tspearimaf$residuals, lag=3, type="Ljung-Box")
36.
37.  plot.ts(tspearimaf$residuals)
38.
39.  fit <- auto.arima(tspe)
```

```
40.  print(fit)
41.  forecast(fit,h=3)
42.  plot(forecast(fit,h=3))
43.  Box.test(fit$residuals, lag=3, type="Ljung-Box")
44.
45.  plot(tspe,xlab="TIME",ylab="NUM",main="")
46.  grid()
47.  points(tspe, type="o",xlab="TIME",ylab="NUM")
48.  tspeho1 <- HoltWinters(tspe, beta=FALSE, gamma=FALSE)
49.  print(tspeho1)
50.  print(tspeho1$fitted)
51.  tspeho2 <- forecast(tspeho1, h=3)
52.  print(tspeho2)
53.
54.  plot(tspe, type='o', xlab="TIME", ylab="NUM")
55.  lines(c(2009:2016), tspeho1$fitted[,1],type='o', lty=2)
56.  legend(x="topright",legend=c(" 預測 "," 實際 "),lty=1:3)
57.
58.  plot(tspeho2, type='o', lty=2, xlab="TIME", ylab="NUM", main="")
59.
60.  tspeho3 <- HoltWinters(tspe, gamma=FALSE)
61.  print(tspeho3)
62.  tspeho4 <- forecast(tspeho3, h=3)
63.  print(tspeho4)
64.
65.  plot(tspe, type='o', xlab="TIME", ylab="NUM")
66.  lines(c(2010:2016), tspeho3$fitted[,1],type='o', lty=2)
67.  legend(x="topright",legend=c(" 預測 "," 實際 "),lty=1:3)
68.
69.  plot(tspeho4, type='o', lty=2, xlab="TIME", ylab="NUM", main="")
```

習 題

資料檔 CH08_02.dat 是國小女教師人數，請利用 ARIMA、指數平滑以及 Holt 指數平滑等分析時間序列的方法，來進行分析，並說明模式的選擇結果。

試題反應理論 1

　　試題反應理論是以數學機率爲基礎所建構而成的測驗理論，其中內涵，包括有特徵曲線以及訊息函數，試題反應理論的計分模式，主要包括二元計分與多元計分模式。二元計分的模式包括 Rasch、2PL、3PL 模式，而多元計分模式則包括部分給分模式、等級模式等。以下將依試題反應理論中的試題特徵曲線、試題特徵模式、估計試題參數、測驗特徵曲線、估計受試者能力、測驗訊息曲線等部分，逐項分別說明。本章僅使用 R 的基本套件即可，並不需要再額外使用其他的 R 套件。

壹、試題特徵曲線

　　試題特徵曲線是試題反應理論用來描述試題特性的函數，以下將先從試題反應理論加以說明，之後再介紹試題特徵曲線。

一、試題反應理論簡介

　　試題反應理論的內涵，包括試題特徵曲線以及測驗訊息函數，首先說明試題反應理論的模式。

　　試題反應理論的模式，二元計分的試題反應模式，包括一、二、三參數的對數以及常態肩形模式。多元計分的試題反應模式則有等級模式以及名義模式，並有部分分數模式以及評定量表模式等。

　　試題反應理論相對於古典測驗理論而言，試題反應理論屬於強假定，亦即應用試題反應理論之前，需要符合理論的基本假設，而試題反應理論的基本假設，包括：(1) 單向度；(2) 局部獨立；(3) 試題特徵曲線；(4) 非速度測驗以及 (5) 參數具有不變性。

　　試題反應理論中的試題參數是不會因爲接受測驗的受試樣本之不同，而有所不同，亦即試題反應理論中的試題參數具有群體的不變性。試題的特徵曲線以及試題訊息、測驗訊息是表徵試題理論中的試題的重要訊息，其中訊息量可作爲評定試題或者是測驗的測量精準程度。試題反應理論於估計受試者能力時，同時考慮受試者的反應組型與試題參數，因此可以獲致較為準確的能力估計值，並且針對原始得分相同的受試者，提供可能不同的能力估計值。雖然試題反應理論具有以上的優勢，但是試題反應理論係建立在理論假設嚴謹的數理統計學機率模式上。與古典測驗理論相較下，試題反應理論是一種複雜深奧的測驗理論，對於在數理方面訓練有限的教育與心理學界學者而言，無非是一大挑戰，往往閱讀有關此試題反應理論的期刊論文與相關資料，頗感困難。另外，試題反應理論需要大樣本的受試資料為基礎，小規模的研究往往無法達到基本樣本數量的要求。

綜上所述，試題反應理論目前無論是理論或者是實務上，都已經有相當成熟的發展（陳新豐，2007），與古典測驗理論相較，古典測驗理論淺顯易懂，易於小規模資料的實際測驗情境中實施。試題反應理論的理論雖然嚴謹，但艱深難懂，適用於大樣本測驗資料的分析，這二個測驗理論各有其優勢與限制，應用時，可以適時地選擇適合的測驗理論來加以應用。

二、試題特徵曲線

以下將說明試題反應理論模式中的試題特徵曲線，並且以圖形來加以說明，典型的試題特徵曲線圖，可利用以下的 R 程序來加以繪製。

能力值由 -3 至 +3，以 0.1 為間隔的間距，因此會有 61 個能力值。

```
> ptheta <- seq(-3, 3, 0.1)
```

以難度值 0，鑑別度 1 的 2 參數模式試題來繪製試題特徵曲線。

```
> pb <- 0
> pa <- 1
```

以下即為試題特徵曲線的函數。

```
> p <- 1/(1+exp(-pa*(ptheta-pb)))
> plot(ptheta, p, type="1", xlim=c(-3,3),ylim=c(0,1),
+     xlab=" 能力值 ", ylab=" 答對機率 ")
```

結果如下圖所示。

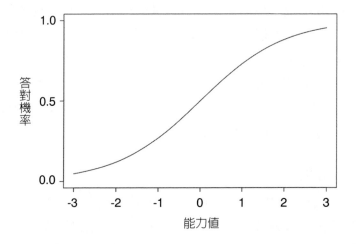

三、試題難度與鑑別度

以下將說明試題反應理論中的試題難度值以及鑑別度，下圖為 3 題鑑別度相同，但試題難度不同的試題特徵曲線。

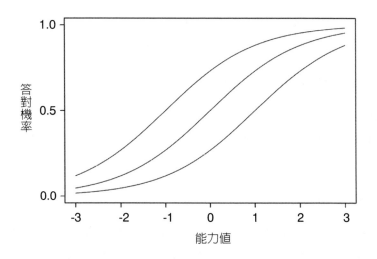

　　由上圖鑑別度相同、難度不同的試題特徵曲線中，可以發現，試題難度所表徵的是曲線的位置，所以試題反應理論的試題難度亦可以是位置的係數。

　　下圖則為 3 題相同試題難度，但不同鑑別度的試題特徵曲線。

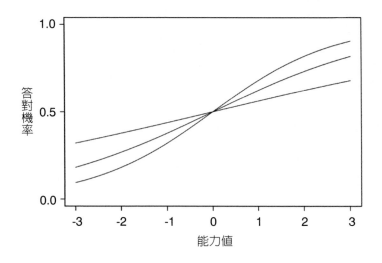

　　由上圖，不同鑑別度的試題特徵曲線中，可以發現，試題的鑑別度所代表的是試題特徵曲線的斜率大小。

四、試題難度與鑑別度的詞彙用語

　　試題的難度，通常可以利用非常簡單、簡單、中等難度、難、非常難等來加以表示，至於鑑別度則可以利用無、低、中等、高、完美等層次來加以表示試題的鑑別度。

五、試題特徵曲線的函數

　　試題特徵曲線是一條試題得分對能力因素所作的迴歸曲線，試題特徵曲線基本上是非直線的。試題特徵曲線所表示的涵義是指某種潛在特質與其在某一試題作答上正確反應的機率關係，這種潛在特質表現程度愈高，其在試題作答的上正確反應的機率便愈高，反之則機率愈低。以下為繪製試題特徵曲線的函數。

```
iccplot <- function(pa,pb){
  ptheta <- seq(-3,3,0.1)
  p <- 1/(1+exp(-pa*(ptheta-pb)))
  plot(ptheta, p, type="1",xlim=c(-3,3),ylim=c(0,1),
      xlab=" 能力值 ",ylab=" 答對機率 ")
}
```

　　可以利用下列來執行繪製的函數。

```
> iccplot(1,0)
```

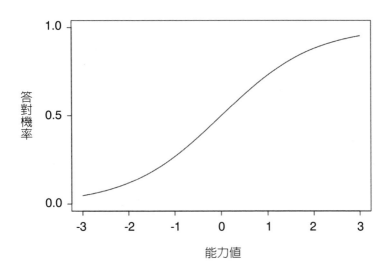

```
> iccplot(pa=1,pb=0)
```

　　上述指令會與上圖得到相同的結果。以下將宣告變數 bveryeasy、beasy、bmedium、bhard 以及 bveryhard 等變項所代表的難度值，難度值愈大代表題目愈難，如下所示，值愈小代表愈容易，反之則代表愈困難。

```
> bveryeasy <- -2.7
> beasy <- -1.5
> bmedium <- 0
> bhard <- 1.5
> bveryhard <- 2.7
```

　　試題的鑑別度變數部分，則分別是 anone、alow、amoderate、ahigh 以及 aperfect 等變項，鑑別度的值愈大，代表題目的區辨能力愈好，如下所示。

```
> anone <- 0
> alow <- 0.4
> amoderate <- 1
> ahigh <- 2.3
> aperfect <- 999
```

　　利用上述難度與鑑別度變項，利用 iccplot 函數來繪製 2 題的試題特徵曲線，這 2 題分別是中等難度 (bmedium) 中等鑑別度 (amoderate) 以及另 1 題簡單 (beasy) 低鑑別度 (alow)。

```
> iccplot(amoderate, bmedium)
> par(new=T)
> iccplot(alow, beasy)
```

　　結果如下圖所示。

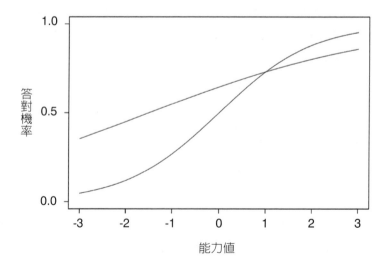

　　再加 2 個題目，分別是簡單 (beasy) 中等鑑別度 (amoderate) 與困難 (bhard)
中等鑑別度 (amoderate) 的試題特徵曲線。

```
> par(new=T)
> iccplot(amoderate, beasy)
> par(new=T)
> iccplot(amoderate, bhard)
```

　　結果如下圖所示。

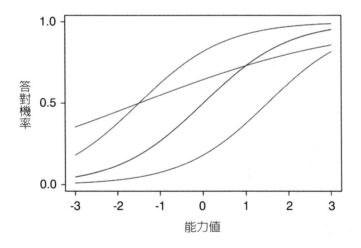

　　由上述圖形中，3 個中等鑑別度不同難度題目的試題特徵曲線，可以發現，
難度值的不同，其特徵曲線的位置即會有所差異。因此難度值在試題反應理論的
試題參數中，決定特徵曲線的位置。

貳、試題特徵曲線模式

以下將以幾個範例來加以說明試題特徵曲線的 2 參數、單參數 (Rasch) 以及 3 參數模式，說明如下。

一、2 參數模式

2 參數模式具有鑑別度 (a) 以及難度 (b)，以下為 2 參數的邏輯模式 (two-parameter logistic model, 2PL)。

$$P(\theta) = \frac{1}{1+e^{-L}} = \frac{1}{1+e^{-a(\theta-b)}}$$

上述的方程式中，符號代表意義如下所示。

e 代表的是自然對數，值為 2.718。

b 代表的是難度參數。

a 代表的是鑑別度參數。

L 是一個 logistic deviate(logit)，相當於 $a(\theta\text{-}b)$。

θ 代表的是能力值。

二、2PL 計算實例

以下為 2 參數的計算實例，其中 b=0.00 代表題目的難度 0.00，難度值為 0 代表題目難易適中，而 a=0.80 代表題目的鑑別度為 0.80。

假設目前的能力值是 -3.0，亦即 θ=-3.0，因此首先計算 $logit(L)$，如下所示。

$L=a(\theta\text{-}b)$

$L=0.8(\text{-}3.0\text{-}0.0)=\text{-}2.4$

接下來計算 e^{-L}。

$e^{-L}=exp(-L)=\exp(2.4)=11.023$

所以 2 參數的特徵曲線公式的分母則可以計算如下。

$1+exp(-L)=1+11.023=12.023$

最後 2 參數的特徵曲線公式結果，如下所示。

$P(\theta)=1/(1+exp(-L))=1/12.023=0.083$

　　以下用 R 來進行特徵曲線的計算，表示如下，指定能力值從 -3 至 +3，間距設定爲 1。

```
> ptheta <- seq(-3,3,1)
```

　　試題參數指定爲 b=0.00，a=0.80。

```
> pb <- 0.00
> pa <- 0.80
```

　　計算 Logit 的值。

```
> L <- pa*(ptheta-pb)
```

計算 2 參數的試題特徵曲線值。

```
> P <- 1/(1+exp(-L))
```

顯示能力值。

```
> print(ptheta)
[1] -3 -2 -1  0  1  2  3
```

顯示 Logit。

```
> print(L)
[1] -2.4 -1.6 -0.8  0.0  0.8  1.6  2.4
```

顯示 exp(-L) 的值。

```
> print(exp(-L))
[1] 11.02317638  4.95303242  2.22554093  1.00000000  0.44932896
[6]  0.20189652  0.09071795
```

顯示 2 參數公式中，分母的值。

```
> print(1+exp(-L))
[1] 12.023176  5.953032  3.225541  2.000000  1.449329  1.201897
[7]  1.090718
```

顯示試題特徵曲線的值。

```
> print(P)
[1] 0.0831727 0.1679816 0.3100255 0.5000000 0.6899745 0.8320184
[7] 0.9168273
```

將所計算的值儲存成 frame 後，指定至 pdata 的變數中。

```
> pdata <- data.frame(ptheta, L, exp(-L), 1+exp(-L), P)
```

結果整理如下表所示。

表 9-1　2 參數模式的試題特徵曲線計算結果一覽表 (a=0.5，b=0.0)

	theta	*L*	*exp(-L)*	*1+exp(-L)*	*P(θ)*
1	-3.0	-2.4	11.023	12.023	0.083
2	-2.0	-1.6	4.953	5.953	0.168
3	-1.0	-0.8	2.226	3.226	0.310
4	0.0	0.0	1.000	2.000	0.500
5	1.0	0.8	0.449	1.449	0.690
6	2.0	1.6	0.202	1.202	0.832
7	3.0	2.4	0.091	1.091	0.917

下圖則爲當 a=0.80，b=0.00 的 2 參數試題特徵曲線圖 R 的繪製程序。

```
> ptheta <- seq(-3,3,0.1)
> pb <- 0.00
> pa <- 0.80
> P <- 1/(1+exp(-pa*(ptheta-pb)))
> plot(theta, P, type="1",xlim=c(-3,3), ylim=c(0,1),
+      xlab="能力值", ylab="答對機率")
> thetai <- pb
> pthetai <- 1/(1+exp(-pa*(thetai-pb)))
```

加一條標示垂直的線。

```
> vliney <- seq(0, pthetai, 0.01)
> vlinex <- pb+vliney*0
> lines(vlinex, vliney, lty=2)
```

結果如下圖所示。

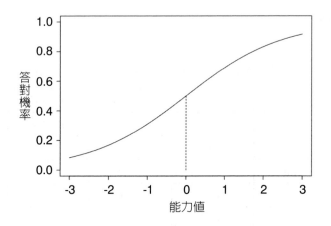

三、Rasch 模式

Rasch 模式具有難度 (b) 參數，此時的鑑別度 (a) 為 1，猜測值 (c) 為 0，以下為 Rasch 模式的邏輯模式 (Rasch model)，Rasch 模式亦為單參數模式。

$$P(\theta) = \frac{1}{1+e^{-1(\theta-b)}}$$

上述的方程式中，符號代表意義如下所示，其中的 *e* 代表的是自然對數，值為 2.718；*b* 代表的是難度參數；*θ* 代表的是能力值。

四、Rasch 模式計算實例

以下為 Rasch 模式的計算實例，以 *b*=0.00 代表題目的難度。假設目前的能力值是 -3.0，亦即 *θ*=-3.0，因此首先計算 *logit(L)*，如下所示。

$L=a(\theta-b)=\theta-b$

$L=-3.0-0.0=-3.0$

接下來計算 e^{-L}。

$e^{-L}=exp(-L)=exp(3.0)=20.086$

所以 Rasch 模式的特徵曲線公式的分母，則可以計算如下。

$1+exp(-L)=1+20.086=21.086$

最後 2 參數的特徵曲線公式結果，如下所示。

$P(\theta)=1/(1+exp(-L))=1/21.086=0.047$

計算結果利用 R 來進行，可表示如下，指定能力值從 -3 至 +3，間距設定為 1。

```
> theta <- seq(-3,3,1)
```

試題參數指定為 b=0.0，因為是 Rasch 模式，所以 a=1.00。

```
> b <- 0.00
> a <- 1.00
```

計算 Logit 的值。

```
> L <- a*(theta-b)
```

計算 2 參數的試題特徵曲線值。

```
> P <- 1/(1+exp(-L))
```

顯示能力值。

```
> print(theta)
[1] -3 -2 -1  0  1  2  3
```

顯示 Logit。

```
> print(L)
[1] -3 -2 -1  0  1  2  3
```

顯示 exp(-L) 的值。

```
> print(exp(-L))
[1] 20.08553692  7.38905610  2.71828183  1.00000000  0.36787944  0.13533528  0.04978707
```

顯示 Rasch 模式中，分母的值。

```
> print(1+exp(-L))
[1] 21.085537  8.389056  3.718282  2.000000  1.367879  1.135335  1.049787
```

顯示試題特徵曲線的值。

```
> print(P)
[1] 0.04742587 0.11920292 0.26894142 0.50000000 0.73105858 0.88079708 0.95257413
```

將所計算的值儲存成 frame 後，指定至 pdata 的變數中。

```
> pdata <- data.frame(theta, L, exp(-L), 1+exp(-L), P)
```

結果整理如下表所示。

表 9-2　Rasch 模式的試題特徵曲線計算結果一覽表 (b=0.0)

	theta	*L*	*exp(-L)*	*1+exp(-L)*	*P(θ)*
1	-3.0	-3.0	20.086	21.086	0.047
2	-2.0	-2.0	7.389	8.389	0.119
3	-1.0	-1.0	2.718	3.718	0.270
4	0.0	0.0	1.000	2.000	0.500
5	1.0	1.0	0.368	1.368	0.731
6	2.0	2.0	0.135	1.135	0.881
7	3.0	3.0	0.050	1.050	0.953

下圖則爲當 *b*=0.0 的 Rasch 模式試題特徵曲線圖 R 的繪製程序。

```
> ptheta <- seq(-3,3,0.1)
> pb <- 0.00
> pa <- 1.00
> P <- 1/(1+exp(-pa*(ptheta-pb)))
> plot(ptheta, P, type="1",xlim=c(-3,3), ylim=c(0,1),
+     xlab=" 能力值 ", ylab=" 答對機率 ")
> thetai <- pb
> pthetai <- 1/(1+exp(-pa*(thetai-pb)))
> vliney <- seq(0, pthetai, 0.01)
> vlinex <- pb+vliney*0
> lines(vlinex, vliney, lty=2)
```

結果如下圖所示。

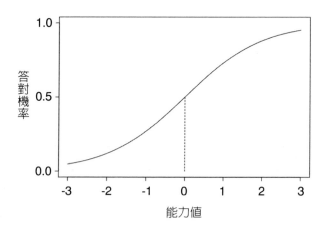

五、3 參數模式

3 參數模式具有鑑別度 (a)、難度 (b) 以及猜測度 (c)，以下為 3 參數的邏輯模式 (three-parameter logistic model, 3PL)。

$$P(\theta) = c + (1-c)\frac{1}{1+e^{-a(\theta-b)}} = c + (1-c)\frac{1}{1+\exp^{-L}}$$

上述的方程式中，符號代表意義，如下所示。

e 代表的是自然對數，值為 2.718。

b 代表的是難度參數。

a 代表的是鑑別度參數。

c 代表的是猜測度參數。

L 是一個 logistic deviate(logit)，相當於 $a(\theta-b)$。

θ 代表的是能力值。

六、3PL 計算實例

以下為 3PL 模式試題特徵曲線計算實例，以 $b=0.00$ 為題目的難度；$a=0.80$ 為題目的鑑別度；$c=0.02$ 為題目的猜測度。

假設目前的能力值是 -3.0，亦即 $\theta=-3.0$，首先計算 $logit(L)$，如下所示。

$L=a(\theta-b)$

$L=0.8(-3.0-0.0)=-2.4$

接下來計算 e^{-L}。

$e^{-L}=exp(-L)=\exp(2.4)=11.023$

所以 3 參數的特徵曲線公式的分母，可以計算如下。

$1+exp(-L)$=1+11.023=12.023

1/12.023=0.083

最後 3 參數的特徵曲線公式結果，如下所示。

$P(\theta)=c+(1-c)(1/(1+exp(-L)))$=0.02+(1-0.02)×(1/0.083)=0.102

計算結果利用 R 來進行，可表示如下，指定能力值從 -3 至 +3，間距設定為 1。

```
> ptheta <- seq(-3,3,1)
```

試題參數指定為 b=0.0，a=0.80，c=0.02。

```
> pb <- 0.00
> pa <- 0.80
> pc <- 0.02
```

計算 Logit 的值。

```
> L <- pa*(ptheta-pb)
```

計算 3 參數的試題特徵曲線值。

```
> P <- pc+(1-pc)*(1/(1+exp(-L)))
```

顯示能力值。

```
> print(theta)
[1] -3 -2 -1  0  1  2  3
```

顯示 Logit。

```
> print(L)
[1] -2.4 -1.6 -0.8  0.0  0.8  1.6  2.4
```

顯示 exp(-L) 的值。

```
> print(exp(-L))
[1] 11.02317638  4.95303242  2.22554093  1.00000000  0.44932896
[6]  0.20189652  0.09071795
```

顯示 3 參數公式中分母的值。

```
> print(1+exp(-L))
[1] 12.023176  5.953032  3.225541  2.000000  1.449329  1.201897
[7]  1.090718
```

顯示試題特徵曲線的值。

```
> print(P)
[1] 0.1015092 0.1846220 0.3238250 0.5100000 0.6961750 0.8353780
[7] 0.9184908
```

將所計算的值儲存成 frame 後，指定至 pdata 的變數中。

```
> pdata <- data.frame(ptheta, L, exp(-L), 1+exp(-L), P)
```

結果整理如下表所示。

表 9-3　3 參數模式的試題特徵曲線計算結果一覽表 (a=0.8，b=0.0，c=0.02)

	theta	*L*	*exp(-L)*	*1+exp(-L)*	*P(θ)*
1	-3.0	-2.4	11.023	12.023	0.102
2	-2.0	-1.6	4.953	5.953	0.185
3	-1.0	-0.8	2.226	3.226	0.324
4	0.0	0.0	1.000	2.000	0.510
5	1.0	0.8	0.449	1.449	0.696
6	2.0	1.6	0.202	1.202	0.835
7	3.0	2.4	0.091	1.091	0.918

下面為當 a=0.8，b=0.0，c=0.02 的 3 參數試題特徵曲線圖 R 的繪製程序。

```
> ptheta <- seq(-3,3,0.1)
> pb <- 0.00
> pa <- 0.80
> pc <- 0.02
> P <- pc+(1-pc)*(1/(1+exp(-pa*(ptheta-pb))))
> plot(ptheta, P, type="1",xlim=c(-3,3), ylim=c(0,1),
+      xlab=" 能力值 ", ylab=" 答對機率 ")
> thetai <- pb
> pthetai <- pc+(1-pc)*(1/(1+exp(-pa*(thetai-pb))))
> vliney <- seq(0, pthetai, 0.01)
> vlinex <- pb+vliney*0
> lines(vlinex, vliney, lty=2)
```

結果如下圖所示。

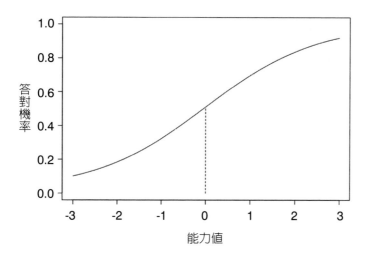

下圖為 3PL 答錯機率的試題特徵曲線。

```
> ptheta <- seq(-3,3,0.1)
> pb <- 0.00
> pa <- 0.80
> pc <- 0.02
> P <- pc+(1-pc)*(1/(1+exp(-pa*(ptheta-pb))))
> plot(ptheta, (1-P), type="1",xlim=c(-3,3), ylim=c(0,1),
+      xlab="能力值", ylab="答錯機率")
> thetai <- pb
> pthetai <- 1-(pc+(1-pc)*(1/(1+exp(-pa*(thetai-pb)))))
> vliney <- seq(0, pthetai, 0.01)
> vlinex <- pb+vliney*0
> lines(vlinex, vliney, lty=2)
```

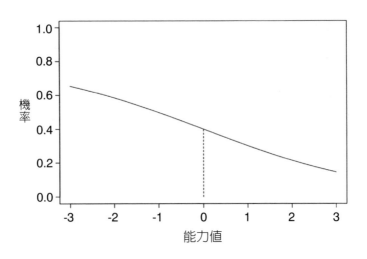

下圖為答錯與答對機率的圖，由下圖答錯與答對的試題特徵曲線中，可以得知，答錯與答對的機率和為 1，亦即「答對＝ 1－答錯」機率。

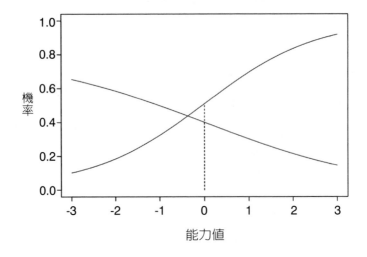

七、試題特徵曲線的函數

　　將試題特徵曲線的計算撰寫成函數的格式，以利日後只要呼叫函數即可執行，以下為試題特徵曲線計算 (icccal) 函數。

```
> icccal <- function (pa, pb, pc){
+    if (missing(pc)) pc<-0
+    if (missing(pa)) pa<-1
+    ptheta <- seq(-3,3,1)
+    L <- pa*(ptheta-pb)
+    exp1 <- exp(-L)
+    exp2 <- 1+exp1
+    P <- pc+(1-pc)/exp2
+    data.frame(ptheta, L, exp1, exp2, P)
+ }
```

　　以下函數 (icc) 為繪製試題特徵曲線的函數。

```
> icc <- function(pa, pb, pc){
+    if (missing(pc)) pc<-0
+    if (missing(pa)) pa<-1
+    ptheta <- seq(-3,3,0.1)
+    P <- pc+(1-pc)/(1+exp(-pa*(ptheta-pb)))
+    plot(ptheta, P, type="1",xlim=c(-3,3), ylim=c(0,1),
+        xlab=" 能力值 ", ylab=" 答對機率 ")
+    thetai <- pb
+    pthetai <- pc+(1-pc)/(1+exp(-pa*(thetai-pb)))
+    vliney <- seq(0, pthetai, 0.01)
+    vlinex <- pb+vliney*0
+    lines(vlinex, vliney, lty=2)
+ }
```

　　以下即是利用試題特徵曲線計算的程序。

```
> icccal(pa=1.0, pb=0.0)
```

檢視計算結果。

```
  ptheta  L         expl        exp2          P
1     -3 -3 20.08553692 21.085537 0.04742587
2     -2 -2  7.38905610  8.389056 0.11920292
3     -1 -1  2.71828183  3.718282 0.26894142
4      0  0  1.00000000  2.000000 0.50000000
5      1  1  0.36787944  1.367879 0.73105858
6      2  2  0.13533528  1.135335 0.88079708
7      3  3  0.04978707  1.049787 0.95257413
```

以下為利用 icc 函數來繪製試題特徵曲線的程序。

```
> icc(pa=1.0, pb=0.0)
```

以下為函數執行的結果。

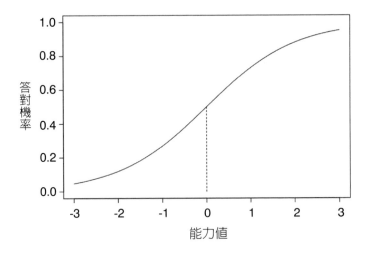

參、估計試題參數

以下將說明估計試題參數的方法，分別依試題參數的最大概似估計法、試題參數的群組不變性、計算試題特徵曲線適配程度的函數以及計算試題參數群組不變性的函數等四個部分，說明如下。

一、試題參數的最大概似估計法

試題反應理論中，最大概似估計的試題參數估計方法，其程序說明如下。將theta這個變數定義為能力值，其值介於 -3 與 +3 之間，間隔 0.16 取一個能力值。

```
> ptheta <- seq(-3,3,0.16)
```

總共有 38 個能力值，有 20 位受試者，而每位受試者有 38 個能力值的點。

```
> f <- rep(20, length(ptheta))
```

難度 b 值從 -3 到 3 隨機取 1 個值。

```
> pb <- round(runif(1,-3,3),2)
```

鑑別度 a 值從 0.2 到 2.8 隨機取 1 個值。

```
> pa <- round(runif(1,0.2,2.8),2)
```

猜測度 c 值從 0.0 到 0.35 隨機取 1 個值。

```
> pc <- round(runif(1,0,0.35),2)
```

設定為 2 參數模式。

```
> mdl <- 2
```

假若是單參數或者是 2 參數時，猜測度設定為 0。

```
> if (mdl == 1 | mdl == 2) {pc <- 0}
```

假如是單參數時，鑑別度設定為 1。

```
> if (mdl ==1) {pa <- 1}
```

計算特徵曲線機率值。

```
> for (g in 1:length(ptheta)){
+   P <- pc + (1-pc)/(1+exp(-pa*(ptheta-pb)))
+ }
> p <- rbinom(length(ptheta),f,P)/f
> plot(ptheta, p, xlim=c(-3,3), ylim=c(0,1),
+      xlab=" 能力值 ", ylab=" 答對機率 ")
```

繪製圖形如下圖所示。

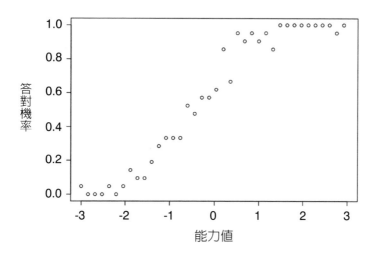

　　試題參數估計的過程中，要檢驗試題參數估計的參數是否適配，可以利用卡方值來加以計算，以下為所計算卡方值的公式。

$$\chi^2 = \sum_{g=1}^{G} f_g \frac{\left[p\left(\theta_g\right) - P\left(\theta_g\right) \right]^2}{P\left(\theta_g\right) Q\left(\theta_g\right)}$$

　　上述卡方值的計算公式中，符號所代表的意義說明如下。

　　G 是能力群組的個數，θ_g 是群組 g 的能力值，f_g 是受試者具有 θ_g 的數目，$p(\theta_g)$ 是群組 g 正確反應的機率，$P(\theta_g)$ 是利用參數估計時，群組 g 在試題特徵曲線模式下，正確反應的機率，並且 $Q(\theta_g)=1-P(\theta_g)$。

　　以下計算卡方值適合度的 R 程式。

```
> cs <- 0
> for (g in 1:1ength(ptheta)){
+    v <- f[g]*(p[g]-P[g])^2/(P[g]-P[g]^2)
+    cs <- cs+v
```

```
+ }
> cs <- round(cs,2)
> if (mdl == 1){
+    maintext <- paste("Chi-Square=",cs,"\n","b=", pb)
+ }
> if (mdl == 2){
+    maintext <- paste("Chi-Square=",cs,"\n","a=", pa,"b=", pb)
+ }
> if (mdl == 3){
+    maintext <- paste("Chi-Square=",cs,"\n","a=", pa,"b=", pb,"c=", pc)
+ }
```

繪製迴歸曲線。

```
> par(new=T)
> plot(ptheta, P, xlim=c(-3,3), ylim=c(0,1), type="1",
+      xlab="", ylab="", main=maintext)
```

結果如下圖所示。

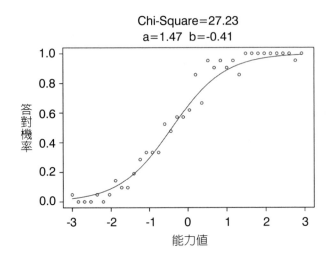

　　計算卡方值在 2PL 參數模式下的自由度 36 時之臨界值，結果如下所示。

```
> qchisq(0.95, df=36)
 [1] 50.99846
```

　　由於觀察值之卡方值為 27.23 小於 2 參數模式卡方值的臨界值 50.998，所以承認虛無假設，拒絕對立假設，代表模式適配。上述的 2 參數模式卡方值理論的自由度為 36，是因為有 38 個能力值，2 參數少掉 2 個自由度，所以 2 參數模式的自由度為 38-2=36，所以本範例的單參數自由度為 37，臨界值為 52.192，3 參數自由度為 35，臨界值為 49.802。

二、試題參數的群組不變性

　　試題反應理論的特徵中，具有試題參數的群組不變性，所謂的參數群組不變性，代表試題參數不會因受試者能力之不同而有所影響。以下的範例即是利用 2 個群組，群組 1 是低能力的群組，能力介於 -3 與 -1 之間，平均數為 -2；另外一個群組是高能力的群組，能力介於 +1 與 +3 之間，平均數為 2，將利用這 2 個不同的群組，來說明試題參數的群組不變性，R 程式列述如下。

　　以下為低能力群組 1 與答對機率散佈圖之程式。

```
> tll <- -3
> tlu <- -1
> lowerg1 <- 0
> for (g in 1:1length(ptheta)){
+    if (ptheta[g] <= tll){lowerg1 <- lowerg1+1}
+ }
> upperg1 <- 0
> for (g in 1:1length(ptheta)){
+    if (ptheta[g] <= tlu) {upperg1 <- upperg1+1}
+ }
> ptheta1 <- ptheta[lowerg1:upperg1]
```

```
> p1 <- p[lowerg1:upperg1]
> if (md1 == 1) { maintext <- paste("Group 1", "\n")}
> if (md1 == 2) { maintext <- paste("Group 1", "\n")}
> if (md1 == 3) { maintext <- paste("Group 1", "\n")}
> plot(pthetal, p1, xlim=c(-3,3), ylim=c(0,1),
+      xlab=" 能力值 ", ylab=" 答對機率 ",
+      main=maintext)
```

群組 1 之能力與答對機率之散佈圖形，如下所示。

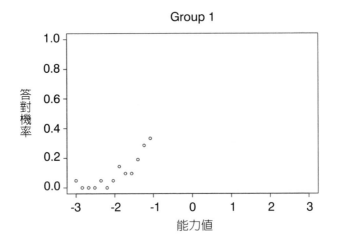

繪製迴歸線。

```
> P1 <- P[lowerg1:upperg1]
> if (md1 == 1){
+   maintext <- paste("\n", "b=", pb)
+ }
> if (md1 == 2){
+   maintext <- paste("\n", "a=", pa, "b=", pb)
+ }
```

```
> if (md1 == 3){
+    maintext <- paste("\n", "a=", pa, "b=", pb, "c=", pc)
+ }
> par(new=T)
> plot(ptheta1, P1, xlim=c(-3,3), ylim=c(0,1), type="1",
+      xlab="", ylab="", main=maintext)
```

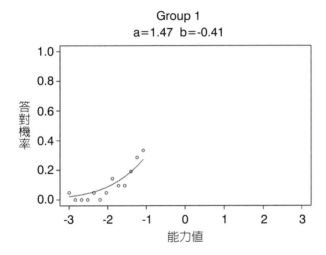

以下為能力介於 +1 與 +3 之間的群組 2。

```
> t21 <- 1
> t2u <- 3
> lowerg2 <- 0
> for (g in 1:length(ptheta)){
+    if (ptheta[g] <= t21){ lowerg2 <- lowerg2+1 }
+ }
> upperg2 <- 0
> for (g in 1:length(ptheta)){
+    if (ptheta[g] <= t2u) { upperg2 <- upperg2+1 }
+ }
> ptheta2 <- ptheta[lowerg2:upperg2]
```

```
> p2 <- p[lowerg2:upperg2]
> if (md1 == 1) {maintext <- paste("Group2","\n")}
> if (md1 == 2) {maintext <- paste("Group2","\n")}
> if (md1 == 3) {maintext <- paste("Group2","\n")}
> plot(ptheta2, p2, xlim=c(-3,3), ylim=c(0,1),
+       xlab=" 能力值 ", ylab=" 答對機率 ",
+       main=maintext)
```

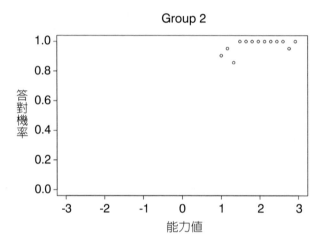

繪製群組 2 的迴歸線。

```
> p2 <- P[lowerg2:upperg2]
> if (md1 == 1){
+    maintext <- paste("\n", "b=", pb)
+ }
> if (md1 == 2){
+    maintext <- paste("\n", "a=", pa, "b=", pb)
+ }
> if (md1 == 3){
+    maintext <- paste("\n", "a=", pa, "b=", pb, "c=", pc)
+ }
```

```
> par(new=T)
> plot(ptheta2, P2, xlim=c(-3,3), ylim=c(0,1), type="1",
+      xlab="", ylab="", main=maintext)
```

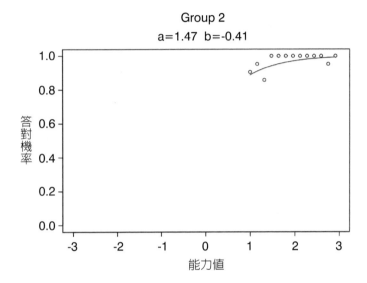

將群組 1 與群組 2 加以合併。

```
> ptheta12 <- c(theta1, theta2)
> p12 <- c(p1, p2)
> if (md1 == 1){ maintext <- paste("Groups1&2","\n")}
> if (md1 == 2){ maintext <- paste("Groups1&2","\n")}
> if (md1 == 3){ maintext <- paste("Groups1&2","\n")}
> plot(ptheta12, p12, xlim=c(-3,3), ylim=c(0,1),
+      xlab=" 能力值 ", ylab=" 答對機率 ",
+      main=maintext)
```

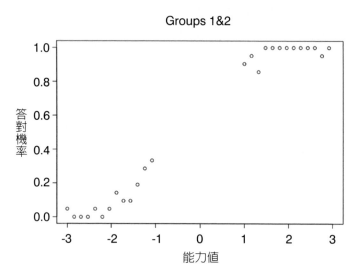

以下是繪製群組 1 與群組 2 合併後的迴歸線。

```
> if (md1 == 1){
+    maintext <- paste("\n", "b=", pb)
+ }
> if (md1 == 2){
+    maintext <- paste("\n", "a=", pa, "b=", pb)
+ }
> if (md1 == 3){
+    maintext <- paste("\n", "a=", pa, "b=", pb, "c=", pc)
+ }
> par(new=T)
> plot(ptheta, P, xlim=c(-3,3), ylim=c(0,1), type="1",
+      xlab="", ylab="", main=maintext)
>
```

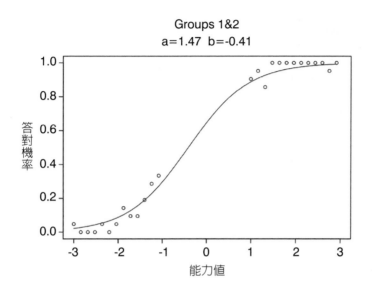

合併結果中，在 b(1)=b(2) 與 a(1)=a(2) 的條件下，群組 1 與群組 2 的試題參數估計值相同，亦即試題反應理論具有試題參數的群組不變性。群組參數的不變性在試題反應理論中，是一個非常重要的特徵，表示試題反應理論的試題參數代表的是試題特性，而不是因為群組反應者對於試題的反應。因此，假若有 1 題的試題參數 b=0，由低能力的反應結果中，還是有很少的受試者會答對。反之，若是在傳統的試題參數中，低能力者表現所計算的試題難度 0.3 的題目，若由高能力者來加以回答，可能的結果是 80% 的人會答對，表示傳統試題參數中的試題難度不具有群組參數不變的特性。

三、計算試題特徵曲線適配程度的函數

以下是利用 R 語言所撰寫的計算試題特徵曲線適配程度函數，此函數包括 2 個部分，第 1 個部分為自動產生模式的試題參數，另外則是依據試題參數計算試題特徵曲線的適配程度，如下所示。

```
1.    iccfit <- function(md1){
2.        ptheta <- seq(-3, 3, 0.16)
3.        f <- rep(20, length(ptheta))
4.        pb <- round(runif(1, -3, 3),2)
5.        pa <- round(runif(1, 0.2, 2.8),2)
6.        pc <- round(runif(1, 0, 0.35),2)
7.        if (md1 == 1 | md1 == 2) { pc <- 0}
8.        if (md1 == 1){ pa <- 1}
9.        for (g in 1:length(ptheta)){
10.          P <- pc + (1 - pc) / (1+exp(-pa*(ptheta-pb)))
11.       }
12.       p <- rbinom(length(ptheta), f, P)/f
13.       plot(ptheta, p, xlim=c(-3,3), ylim=c(0,1),
14.            xlab="能力值", ylab="答對機率")
15.       cs <- 0
16.       for (g in 1:length(ptheta)){
17.          v <- f[g]*(p[g]-P[g])^2/(P[g]-P[g]^2)
18.          cs <- cs + v
19.       }
20.       cs <- round(cs, 2)
21.       if (md1 == 1){
22.          maintext <- paste("Chi-Square=",cs,"\n","b=",pb)
23.       }
24.       if (md1 == 2){
25.          maintext <- paste("Chi-Square=",cs,"\n","a=",pa,"b=",pb)
26.       }
27.       if (md1 == 3){
28.          maintext <- paste("Chi-Square=",cs,"\n","a=",pa,"b=",pb, "c=",pc)
29.       }
30.       par(new=T)
31.       plot(ptheta, P, xlim=c(-3,3), ylim=c(0,1), type="1",
32.            xlab="", ylab="", main=maintext)
33.    }
```

以下為單參數的計算範例。

```
> iccfit(1)
```

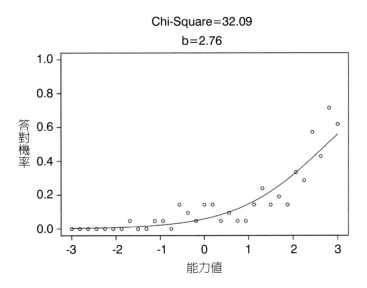

以下為 2 參數的計算範例。

```
> iccfit(2)
```

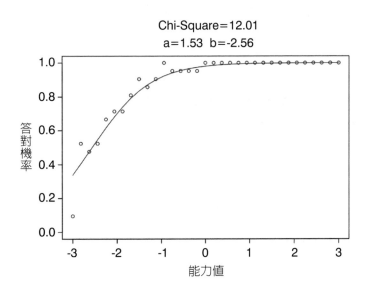

以下為 3 參數的計算範例。

```
> iccfit(3)
```

結果如下圖所示。

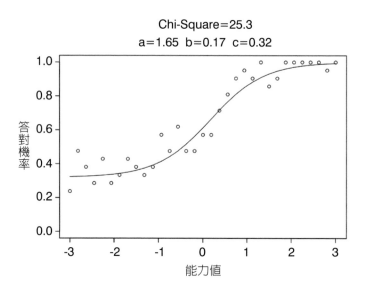

以下的函數修改自 iccfit，試題參數部分可自行輸入，單參數時，只需要輸入 b 的難度值，而 2 參數則需輸入鑑別度 a 以及難度 b，若是 3 參數則需要輸入鑑別度 a，難度 b 以及猜測度 c，R 程式如下所示。

```
1.    iccfit2 <- function(pa, pb, pc){
2.      ptheta <- seq(-3, 3, 0.16)
3.      f <- rep(20, length(ptheta))
4.      if (missing(pa)) pa <- 1
5.      if (missing(pc)) pc <- 0
```

```
6.      for (g in 1:length(ptheta)){
7.        P <- pc + (1 - pc) / (1+exp(-pa*(ptheta-pb)))
8.      }
9.      p <- rbinom(length(ptheta), f, P)/f
10.     par(lab=c(7,5,3))
11.     plot(ptheta, p, xlim=c(-3,3), ylim=c(0,1),
12.          xlab=" 能力值 ", ylab=" 答對機率 ")
13.     cs <- 0
14.     for (g in 1:length(ptheta)){
15.       v <- f[g]*(p[g]-P[g])^2/(P[g]-P[g]^2)
16.       cs <- cs + v
17.     }
18.     cs <- round(cs, 2)
19.     maintext <- paste("Chi-Square=",cs,"\n","a=",pa,"b=",pb, "c=",pc)
20.     par(new=T)
21.     plot(ptheta, P, xlim=c(-3,3), ylim=c(0,1), type="1",
22.          xlab="", ylab="", main=maintext)
23. }
```

以下為單參數的計算範例。

```
> iccfit2(pb=2.76)
```

結果如下圖所示。

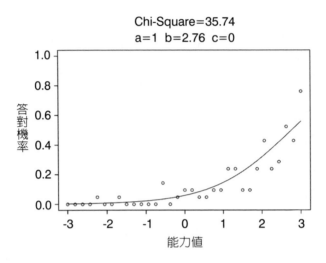

以下為 2 參數的計算範例。

```
> iccfit2(pa=1.53,pb=-2.56)
```

結果如下圖所示。

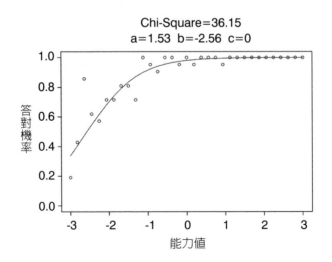

以下為 3 參數的計算範例。

```
> iccfit2(pa=1.65,pb=0.17,pc=0.32)
```

結果如下圖所示。

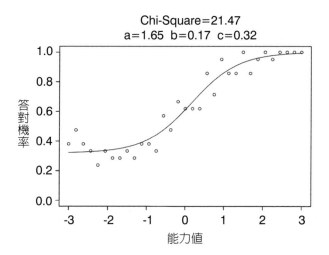

四、計算試題參數群組不變性的函數

以下為利用 R 語言所撰寫的參數群組不變性函數，參數主要包括 md1 模式
類型，1 代表單參數，2 代表 2 參數，3 代表 3 參數。另外則包括 2 個群組能力
的上、下限，分別是群組 1 的下限 t1l，上限 t1u，群組 2 的下限 t2l，上限 t2u。
若不指定群組的下上限時，則內容值為群組 1 的下限為 -3，上限為 -1，群組 2
的下限為 1，上限為 3，程式如下所示。

```
1.   groupinv <- function (md1, t1l, t1u, t2l, t2u){
2.     if (missing(t1l)) t1l <- -3
3.     if (missing(t1u)) t1u <- -1
4.     if (missing(t2l)) t2l <- 1
5.     if (missing(t2u)) t2u <- 3
6.     ptheta <- seq(-3, 3, 0.16)
7.     f <- rep(20, length(ptheta))
8.     pb <- round(runif(1, -3, 3), 2)
9.     pa <- round(runif(1, 0.2, 2.8), 2)
10.    pc <- round(runif(1, 0, 0.35), 2)
11.    if (md1 == 1 | md1==2) { pc <- 0}
12.    if (md1 ==1) {pa <- 1}
13.    for (g in 1:length(ptheta)){
14.      P <- pc+(1-pc)/(1+exp(-pa*(ptheta-pb)))
15.    }
16.    p <- rbinom (length(ptheta), f, P)/f
17.    lowerg1 <- 0
18.    for (g in 1:length(ptheta)){
19.      if (ptheta[g] <= t1l){lowerg1 <- lowerg1+1 }
20.    }
21.    upperg1 <- 0
22.    for (g in 1:length(ptheta)){
23.      if (ptheta[g] <= t1u){upperg1 <- upperg1+1}
24.    }
25.    ptheta1 <- ptheta[lowerg1:upperg1]
26.    p1 <- p[lowerg1:upperg1]
27.    lowerg2 <- 0
28.    for (g in 1:length(ptheta)){
29.      if (ptheta[g] <= t2l){lowerg2 <- lowerg2+1}
30.    }
31.    upperg2 <- 0
32.    for (g in 1:length(ptheta)){
33.      if (ptheta[g] >= t2u){upperg2 <- upperg2+1}
34.    }
35.    ptheta2 <- ptheta[lowerg2:upperg2]
36.    p2 <- p[lowerg2:upperg2]
37.    ptheta12 <- c(ptheta1, ptheta2)
38.    p12 <- c(p1,p2)
39.    par(lab=c(7,5,3))
```

```
40.    plot(ptheta12, p12, xlim=c(-3,3), ylim=c(0,1),
41.        xlab=" 能力值 ", ylab=" 答對機率 ")
42.    if (mdl == 1){
43.      maintext <- paste("Groups1&2", "\n", "b=", pb)
44.    }
45.    if (mdl == 2){
46.      maintext <- paste("Groups1&2", "\n", "a=", pa, "b=", pb)
47.    }
48.    if (mdl == 3){
49.      maintext <- paste("Groups1&2", "\n", "a=", pa, "b=", pb, "c=", pc)
50.    }
51.    # 繪圖
52.    par(new=T)
53.    plot(ptheta, P, xlim=c(-3,3), ylim=c(0,1), type="1",
54.        xlab="", ylab="", main=maintext)
55.  }
```

單參數計算範例，如下所示。

```
> groupinv(1)
```

結果如下所示。

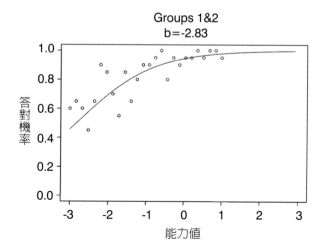

　　單參數，並且指定群組 1 與群組 2 的上、下限，本範例群組 1 的下限為 -3，上限為 -1，群組 2 的下限為 1，上限為 3，如下所示。

```
> groupinv(1, -3, -1, 1, 3)
```

　　結果如下所示。

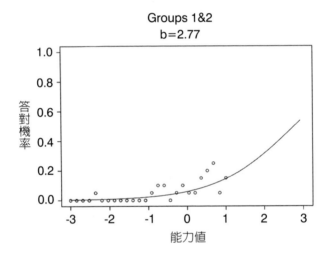

　　2 參數模式參數群組不變性的計算範例，如下所示。

```
> groupinv(2)
```

　　結果如下圖所示。

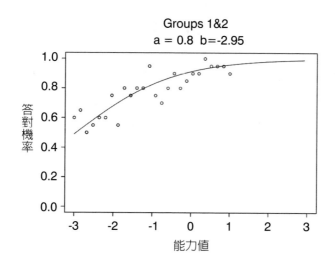

3 參數模式參數群組不變性的計算範例，如下所示。

```
> groupinv(3)
```

結果如下圖所示。

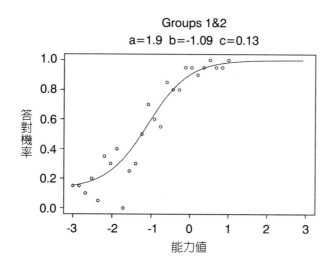

習　題

一、請說明試題反應理論中，試題參數群組不變性的涵義為何？

二、請利用 iccfit 函數，在不同的模式下（單參數、2 參數、3 參數）重複執行數次，觀察卡方值的適配程度，並說明是否適配情形。

Chapter

10

試題反應理論 2

本章是持續前一章試題反應理論未完成的議題說明，主要分為測驗特徵曲線、估計受試者的能力值以及如何計算測驗訊息等三個部分，逐項分別說明如下。

壹、測驗特徵曲線

測驗特徵曲線即是一次處理所有試題特徵曲線，二元計分的試題，當答對時計分為 1，答錯時計分為 0，所以只要計算總分即為答對的題數。受試者第 2 次再次測試時，假設受試者並不會記得第 1 次作答情形，所以第 2 次作答的情形應與第 1 次作答的分數會不同，因此多次回答相同的測驗，應該會有不同的結果，而經過多次的回答之後的期望值，即為受試者所表現出來的真分數。

一、計算真分數

以下為真分數的計算公式。

$$TS_i = \sum_{j=1}^{J} P_j(\theta_i)$$

其中的 TS_i 代表的是受試者在能力值為 θ_i 時的真分數。
j 代表的是題目序號，亦即 $j=1, ..., J$。
$P_j(\theta_i)$ 代表的是第 j 題的題目特徵曲線機率值。

$$P(\theta) = \frac{1}{1+e^{-L}} = \frac{1}{1+e^{-a(\theta-b)}}$$

以下有 4 題的測驗，具有難度與鑑別度等 2 參數模式的題目。
第 1 題：a=0.80，b=-1.00
第 2 題：a=1.00，b=0.00

第 3 題：a=0.60，b=0.25

第 4 題：a=1.20，b=0.50

當 θ_i=1.00 時，以上 4 題的題目特徵曲線機率值，分述如下。

$$P_1(1.00) = \frac{1}{1+e^{(-0.80(1.00-(-1.00)))}} = 0.832$$

$$P_2(1.00) = \frac{1}{1+e^{(-1.00(1.00-0.00))}} = 0.731$$

$$P_3(1.00) = \frac{1}{1+e^{(-0.60(1.00-0.25))}} = 0.611$$

$$P_4(1.00) = \frac{1}{1+e^{(-1.20(1.00-0.50))}} = 0.646$$

所以此時的 TS_i 即為 0.832+0.731+0.611+0.646=2.820

以上這 4 題的題目特徵曲線分別如下所示。

第 1 題 (a=0.80，b=-1.00)，如下圖所示。

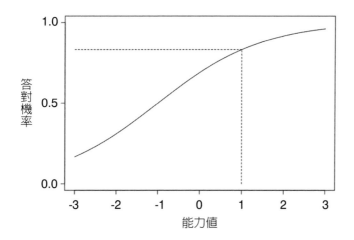

第 2 題 (a=1.00，b=0.00)，如下圖所示。

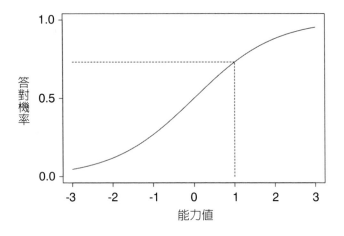

第 3 題 (a=0.60，b=0.25)，如下圖所示。

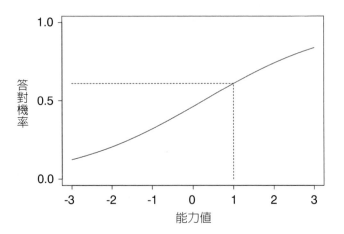

第 4 題 (a=1.20，b=0.50)，如下圖所示。

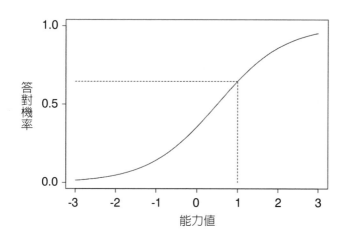

此時，以上 4 題的測驗特徵曲線如以下步驟計算所示。

二、計算測驗特徵曲線

以下即為測驗特徵曲線，並且以圖形來加以說明。測驗特徵曲線圖，可以利用以下的 R 程序來加以繪製。首先設定測驗這 4 個題目的參數，如下所示。

```
> pb <- c(-1.00, 0.00, 0.25, 0.50)
> pa <- c( 0.80, 1.20, 0.80, 0.75)
```

能力值由 -3.00 至 3.00 之間，每 0.10 取一個能力值。

```
> ptheta <- seq(-3.00, 3.00, 0.10)
> ts <- rep(0, length(ptheta))
```

將這 4 題目的特徵曲線函數值在每個能力值下，分別加總至 ts 這個變數中。

```
> J <- length(pb)
> for (j in 1:J){
+    P <- 1/(1+exp(-pa[j]*(ptheta-pb[j])))
+    ts <- ts + P
+ }
```

將測驗的特徵函數加以繪製圖形如下所示。

```
> plot(ptheta, ts, type="1", xlim=c(-3.00,3.00), ylim=c(0.00,J),
+      xlab=" 能力值 ", ylab=" 測驗分數 ")
```

結果如下圖所示。

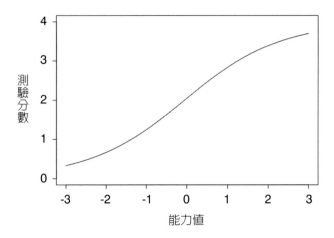

上圖即為這 4 題的測驗特徵曲線。

三、計算測驗特徵曲線的函數

以下將利用 R 語言，撰寫測驗特徵曲線函數。

```
> tcc <- function(pa, pb, pc){
+    J <- length(pb)
+    if (missing(pc)) pc<- rep(0, J)
+    if (missing(pa)) pa<- rep(1, J)
+    ptheta <- seq(-3.00, 3.00, 0.10)
+    ts <- rep(0, length(ptheta))
+    for (j in 1:J){
+      P <- pc[j]+(1-pc[j]) / (1+exp(-pa[j]*(ptheta-pb[j])))
+      ts <- ts + P
+    }
+    plot(ptheta, ts, type="1", xlim=c(-3.00,3.00), ylim=c(0.00,J),
+         xlab="能力值 ", ylab="測驗分數 ",
+         main="測驗特徵曲線 ")
+ }
```

測試測驗特徵曲線的函數，以下分別有難度值 -1.50、-1.00、0.00、1.00、1.50 等 5 個題目的參數。

```
> b <- c(-1.50, -1.00, 0.00, 1.00, 1.50)
> tcc(pb=b)
```

測驗特徵曲線繪製的結果如下圖所示。

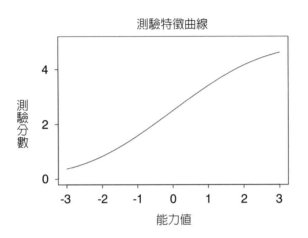

另外，將繪製難度值 -1.50、-1.00、0.00、1.00、1.50 與鑑別度 0.25、0.50、
1.00、0.50、0.25 等 5 個 2 參數模式試題的測驗特徵曲線，如下所示。

```
> b <- c(-1.50, -1.00, 0.00, 1.00, 1.50)
> a <- c( 0.25,  0.50, 1.00, 0.50, 0.25)
> tcc(pa=a, pb=b)
```

測驗特徵曲線繪製結果，如下所示。

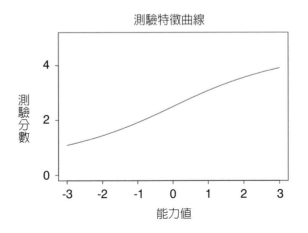

以下將繪製難度值 -1.50、-1.00、0.00、1.00、1.50；鑑別度 0.25、0.50、1.00、0.50、0.25；猜測度皆為 0.02 的 5 個 3 參數模式試題的測驗特徵曲線，如下所示。

```
> b <- c(-1.50, -1.00, 0.00, 1.00, 1.50)
> a <- c( 0.25,  0.50, 1.00, 0.50, 0.25)
> c <- c( 0.02,  0.02, 0.02, 0.02, 0.02)
> tcc(pa=a, pb=b, pc=c)
```

此 5 個試題的測驗特徵曲線繪製結果，如下所示。

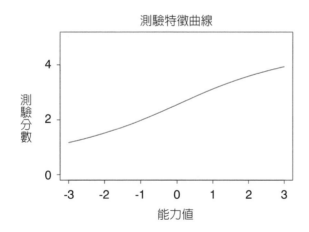

貳、估計受試者能力

以下將以幾個範例來說明如何估計受試者能力值。

一、估計能力的程序

以下為 2 參數的能力估計方程式。

$$\hat{\theta}_{s+1} = \hat{\theta}_s - \frac{\sum_{i=1}^{J} a_j \left[u_j - P_j\left(\hat{\theta}_s\right) \right]}{-\sum_{j=1}^{J} a_j^2 P_j\left(\hat{\theta}_s\right) Q_j\left(\hat{\theta}_s\right)}$$

上述公式中的符號代表意義如下所示。

$\hat{\theta}_s$ 是在第 s 次迭代下的受試者能力估計值。

a_j 是第 j 題的鑑別度。

u_j 是第 j 題的反應，其中 1 是代表答對，0 是代表答錯。

$P_j\left(\hat{\theta}_s\right)$ 是第 j 題正確反應的機率，而 $Q_j\left(\hat{\theta}_s\right)$ 則是 $1 - P_j\left(\hat{\theta}_s\right)$，所代表的意義則是第 j 題錯誤反應的機率。

上述的方程式，首先可以先設定 $\hat{\theta}_s$ 的初始能力估計值為 1，之後計算出 $\Delta\hat{\theta}_s$ 後，即可計算出 $\hat{\theta}_{s+1}$，如下列公式。

$$\hat{\theta}_{s+1} = \hat{\theta}_s - \Delta\hat{\theta}_s$$

此時的 $\hat{\theta}_{s+1}$ 即為下一個迭代階段的 $\hat{\theta}_s$。

以下將利用 3 個題目的測驗來說明估計能力的歷程，而這 3 個題目皆是屬於 3 參數的模式，以下為這 3 個題目的參數。

```
b1=-1.0    b2=0.0    b3=1.0
a1= 1.0    a2=1.2    a3=0.8
```

受試者的反應，如下所示。

```
u1=1      u2=0      u3=1
```

　　首先假設受試者能力的初始值為 1.0，亦即 $\hat{\theta}_s = 1.0$，以下為 2 參數的特徵曲線機率公式。

$$P_j\left(\hat{\theta}_s\right) = \frac{1}{1 + e^{-a_j\left(\hat{\theta}_s - b_j\right)}}$$

　　首先迭代 1 的過程結果，如下所示。

Item j	u	P	Q	a(u-P)	a²PQ
1	1	0.88	0.12	0.1192	0.1050
2	0	0.77	0.23	-0.9222	0.2562
3	1	0.50	0.50	0.4000	0.1600
Sum				-0.4030	0.5212

$\Delta\hat{\theta}_s = -0.4030/(-0.5212) = 0.7733$。

$\hat{\theta}_{s+1} = 1.00 - 0.7753 = 0.2267$。

　　此時迭代 1 的 $\hat{\theta}_{s+1}$ 即為迭代 2 的 $\hat{\theta}_s$。

　　迭代 2 的過程結果如下所示。
　　迭代 2 的 $\hat{\theta}_s = 0.2267$。

Item j	u	P	Q	a(u-P)	a²PQ
1	1	0.77	0.23	0.2268	0.1753
2	0	0.57	0.43	-0.6811	0.3534
3	1	0.35	0.65	0.5199	0.1456
Sum				0.0656	0.6744

$\Delta\hat{\theta}_s$ =0.0656/(-0.6744)=-0.0972。

$\hat{\theta}_{s+1}$ =0.2267-(-0.0972)=0.3239。

此時迭代 2 的 $\hat{\theta}_{s+1}$ =0.3239 即為迭代 3 的 $\hat{\theta}_s$。

迭代 3 的過程結果，如下所示。
迭代 3 的 $\hat{\theta}_s$ =0.3239。

Item j	u	P	Q	a(u-P)	a²PQ
1	1	0.79	0.21	0.2102	0.1660
2	0	0.60	0.40	-0.7152	0.3467
3	1	0.37	0.63	0.5056	0.1488
Sum				0.0006	0.6616

$\Delta\hat{\theta}_s$ =0.0006/(-0.6616)=-0.0009。

$\hat{\theta}_{s+1}$ =0.3239-(-0.0009)=0.3248。

　　此時因為 $\Delta\hat{\theta}_s$ 的絕對值為 0.0009，已經是非常地小，所以此時的迭代程序即告終止，亦即此時受試者的能力值為 0.3248。

　　以下為估計終止時能力值的測量標準誤計算公式。

$$SE\left(\hat{\theta}\right)=\frac{1}{\sqrt{\sum_{j=1}^{J}a_j^2 P_j\left(\hat{\theta}\right)Q_j\left(\theta\right)}}$$

　　因此，上述受試者反應的能力值之測量標準誤，可以計算如下。

$$SE\left(\hat{\theta}=0.3248\right)=\frac{1}{\sqrt{0.6616}}=1.2294$$

　　以下為估計受試者能力的 R 程序，說明如下。

　　u 為受試者的答題反應，總共 3 題，第 1 題答對，第 2 題答錯，第 3 題答對，所以是 1、0、1，表示如下。

```
> u <- c(1,0,1)
```

　　以下為試題的參數，2 參數模型，3 題的難度參數分別是 -1.00、0.00 以及 1.00，表示如下。

```
> b <- c(-1.00, 0.00, 1.00)
```

　　以下為題目的鑑別度參數，分別是 1.00、1.20 以及 0.80。

```
> a <- c( 1.00, 1.20, 0.80)
```

th 表示的是受試者預設的初始能力值為 1.00。

```
> th <- 1.00
> J <- length(b)
> S <- 10
```

上述 S 表示的是迭代的次數，最多是 10 次。

```
> ccrit <- 0.001
```

ccrit 表示的是每次迭代能力估計值，差距的值終止判斷的決定值，上述表示若每次迭代能力的估計值差距小於 0.001 時，即會終止能力估計。

```
> for (s in 1:S){
+   sumnum <- 0.00
+   sumdem <- 0.00
+   for (j in 1:J){
+     phat <- 1/(1+exp(-a[j]*(th-b[j])))
+     sumnum <- sumnum+a[j]*(u[j]-phat)
+     sumdem <- sumdem-a[j]^2*phat*(1.0-phat)
+   }
+   delta <- sumnum /sumdem
+   th <- th-delta
+   cat(paste("th=",th,"\n"));flush.console()
+   if (abs(delta)< ccrit | s ==S){
+     se <- 1/sqrt(-sumdem)
+     cat(paste("se=", se, "\n"));flush.console()
+     break
+   }
+ }
th= 0.226675883845771
```

上述 0.2267 為第 1 次迭代時的能力估計值。

```
th= 0.323936590129193
```

上述 0.3239 為第 2 次迭代時的能力估計值。

```
th= 0.324846185533961
```

上述 0.3248 為第 3 次迭代時的能力估計值。

```
se= 1.22944623655813
```

上述 se=1.2294 即為能力估計終止時的測量標準誤。

以下為顯示估計結果，能力估計結果為 0.325，測量標準誤為 1.229。

```
> th
[1] 0.3248462
> se
[1] 1.229446
```

二、估計能力的函數

以下為 R 估計受試者能力的函數，估計能力的函數包括 4 個參數，分別是 (1) md1，所代表的估計參數的模式，1 代表 Rasch 模式，2 代表 2 參數，3 代表 3 參數；(2)u，代表反應組型，其中 0 代表答錯，1 代表答對，所以若是 c(0,1,1) 是表示有 3 題，其中第 1 題答錯，第 2 題與第 3 題皆答對；(3)pb，代表題目的難度參數；(4)pa，代表題目的鑑別度參數；(5)pc，代表題目的猜測度參數。請注意第 2、3、4、5 參數，亦即反應組型、難度、鑑別度與猜測度參數的長度必須要一致。

```
> ability <- function (mdl, u, pb, pa, pc){
+   J <- length(pb)
+   if (mdl == 1 | mdl == 2 | missing(pc)){
+     pc <- rep(0, J)
+   }
+   if (mdl == 1 | missing(pa)){
+     pa <- rep(1, J)
+   }
+
+   x <- sum(u)
+   if (x == 0){
+     th <- -log(2*J)
+   }
+   if (x == J){
+     th <- log(2*J)
+   }
+   if (x == 0 | x == J){
+     sumdem <- 0.00
+     for (j in 1:J){
+       pstar <- 1/(1+exp(-pa[j]*(th-pb[j])))
+       phat <- pc[j]+(1.00-pc[j])*pstar
+       sumdem <- sumdem - pa[j]^2 * phat * (1.00-phat) * (pstar/phat)^2
+     }
+     se <- 1/sqrt(-sumdem)
+   }
+
+   if (x != 0 & x != J){
+     th <- 1.00
+     S <- 10
+     ccrit <- 0.001
+     for (s in 1:S){
+       sumnum <- 0.00
+       sumdem <- 0.00
+       for (j in 1:J){
```

```
+          pstar <- 1/ (1+exp(-pa[j]*(th-pb[j])))
+          phat <- pc[j]+(1.00-pc[j])*pstar
+          sumnum <- sumnum +a[j]*(u[j]-phat)*(pstar/phat)
+          sumdem <- sumdem -a[j]^2 *phat * (1.00-phat)*(pstar/phat)^2
+        }
+        delta <- sumnum /sumdem
+        th <- th-delta
+        cat(paste("th=",th, "\n"));flush.console()
+        if (abs(delta)<ccrit | s ==S){
+          se <- 1/sqrt(-sumdem)
+          cat(paste("se=",se, "\n"));flush.console()
+          break
+        }
+      }
+    }
+
+    thse <- c(th, se)
+    return(thse)
+ }
```

呼叫估計函數的實例結果，設定為 2 參數模式，所以 md1 設定為 2。

```
> md1 <- 2
```

受試者的答題反應。

```
> u <- c(   1,    0,    1)
```

以下為所答問題的題目參數。

```
> b <- c(-1.00, 0.00, 1.00)
> a <- c( 1.00, 1.20, 0.80)
```

呼叫估計受試者能力的估計函數。

```
> ability(md1, u, pa=a, pb=b)
th= 0.226675883845771
th= 0.323936590129193
th= 0.324846185533961
se= 1.22944623655813
[1] 0.3248462 1.2294462
```

上述結果中，0.3248 即為受試者能力的估計值，至於 1.2294 即為測量標準誤。

參、訊息函數

試題反應理論中的訊息函數所代表的是，試題或者測驗針對不同潛在能力可以提供的訊息。

一、試題訊息函數

2 參數試題訊息函數曲線的定義公式，如下所示。

$$I_j(\theta) = a_j^2 P_j(\theta) Q_j(\theta)$$

上述公式中各符號代表之意義，如下所示。

a_j 是試題 j 的鑑別度。

$P_j(\theta)=1/[1+exp(-L_j)]$。

$L_j=a_j(\theta-b_j)$。

$Q_j(\theta)=1-P_j(\theta)$。

θ 是能力值。

R 程式語言中，繪製程序如下所示。

```
> pb<- 0.00
> pa<- 1.80
> pc<- 0.00
> ptheta <- seq(-3, 3, 0.1)
> J <- length(pb)
> ii <- matrix(rep(0, length(ptheta)*J), nrow=length(ptheta))
> ti <- rep(0, length(ptheta))
> for (j in 1:J){
+    P <- 1/(1+exp(-pa[j]*(ptheta-pb[j])))
+    ii[,j] <- pa[j]^2 *P *(1.0-P)
+    ti <- ti+ii[,j]
+ }
> plot(ptheta, ti ,xlim=c(-3,3),ylim=c(0,J),type="1",
+      xlab=" 能力值 ", ylab=" 訊息量 ",
+      main=" 試題訊息函數 ")
```

結果如下圖所示。

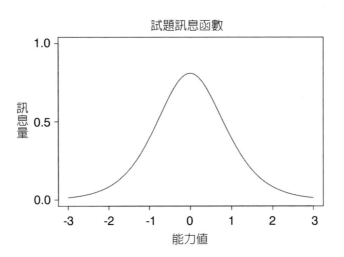

二、測驗訊息函數

測驗訊息函數即是一次處理所有測驗中試題訊息的總和，定義公式如下所示。

$$I(\theta) = \sum_{j=1}^{J} I_j(\theta)$$

上述公式中，$I(\theta)$ 代表的是在能力值 θ 下的測驗訊息。$I_j(\theta)$ 是代表測驗中第 j 個題目的試題訊息，J 則是代表測驗中的題數。以下的範例是利用 R 程式來進行 2 參數模式下，測驗訊息的計算。

```
> pb <- c(-0.5, -0.3, -0.2, -0.2, 0.1, 0.0, 0.1, 0.2, 0.4, 0.2)
> pa <- c( 1.2,  2.0,  1.4,  1.5, 1.2, 1.8, 1.8, 1.6, 0.8, 1.6)
> theta <- seq(-3, 3, 0.1)
> J <- length(pb)
> ii <- matrix(rep(0, length(ptheta)*J), nrow=length(ptheta))
> ti <- rep(0, length(ptheta))
> for (j in 1:J){
+    P <- 1/(1+exp(-pa[j]*(ptheta-pb[j])))
+    ii[,j] <- pa[j]^2 *P *(1.0-P)
+    ti <- ti+ii[,j]
+ }
> plot(theta, ti ,xlim=c(-3,3),ylim=c(0,J),type="1",
+      xlab=" 能力值 ", ylab=" 訊息量 ",
+      main=" 測驗訊息函數 ")
```

圖形如下所示。

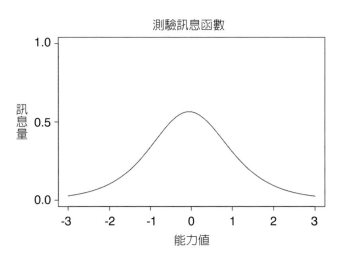

三、試題訊息函數的定義

（一）2 參數試題特徵曲線模式

上述試題訊息函數的範例即是 2 參數的試題特徵曲線模式，如下所示。

$$I_j\left(\theta\right) = a_j^2 P_j\left(\theta\right) Q_j\left(\theta\right)$$

上述公式中各符號代表之意義，如下所示。

a_j 是試題 j 的鑑別度。

$P_j(\theta)=1/[1+exp(-L_j)]$。

$L_j=a_j(\theta-b_j)$。

$Q_j(\theta)=1-P_j(\theta)$。

θ 是能力值。

（二）Rasch 試題特徵曲線模式

Rasch 試題特徵曲線模式的訊息函數定義公式，如下所示。

$$I_j(\theta) = P_j(\theta) Q_j(\theta)$$

上述公式中各符號代表之意義，如下所示。

$P_j(\theta)=1/[1+exp(-L_j)]$。

$L_j=(\theta-b_j)$。

$Q_j(\theta)=1-P_j(\theta)$。

θ 是能力值。

（三）3 參數試題特徵曲線模式

以下為 3 參數試題特徵曲線模式中的訊息函數。

$$I_j(\theta) = a_j^2 \left[\frac{Q_j(\theta)}{P_j(\theta)} \right] \left[\frac{\left(P_j(\theta) - c_j \right)^2}{\left(1 - c_j \right)^2} \right]$$

上述公式中各符號代表之意義，如下所示。

$P_j(\theta)=c_j+(1-c_j)\times 1/[1+exp(-L_j)]$

$L_j=a_j(\theta-b_j)$

$Q_j(\theta)=1-P_j(\theta)$

θ 是能力值。

以下將以一個 3 參數的試題 b_j=0.0，a_j=1.8，c_j=0.2 來說明上述的公式。

L_j=1.8(0.0-0.0)=0.0

$exp(-L_j)$=1.0

$1/[1+exp(-L_j)]$=0.5

$P_j(\theta)=c_j+(1-c_j)\times1/[1+exp(-L_j)]=0.2+0.8\times0.5=0.6$

$Q_j(\theta)=1-0.6=0.4$

$Q_j(\theta)/P_j(\theta)=0.4/0.6=0.667$

$(P_j(\theta)-c_j)^2=(0.6-0.2)^2=(0.4)^2=0.16$

$(1-c_j)^2=(1-0.2)^2=(0.8)^2=0.64$

$(a_j)^2=(1.8)^2=3.24$

所以此 3 參數試題的訊息函數值，如下所示。

$I_j(\theta)=I_j(0.0)=3.24\times0.667\times[(0.16)/(0.64)]=0.540$

表 10-1　計算 3 參數模式的試題訊息一覽表

θ	L_j	$exp(-L_j)$	$P_j(\theta)$	$Q_j(\theta)$	Q_j/P_j	$(P_j-c_j)^2$	$I_j(\theta)$
-3.0	-5.4	221.406	0.204	0.796	3.912	0.00001	0.00026
-2.0	-3.6	36.598	0.221	0.779	3.519	0.00045	0.00807
-1.0	-1.8	6.050	0.313	0.687	2.190	0.01288	0.14277
0.0	0.0	1.000	0.600	0.400	0.667	0.16000	0.54000
1.0	1.8	0.165	0.887	0.113	0.128	0.47131	0.30543
2.0	3.6	0.027	0.979	0.021	0.022	0.60641	0.06674
3.0	5.4	0.005	0.996	0.004	0.004	0.63426	0.01159

四、計算測驗訊息函數

以下將以 b_1=-2.0，b_2=-1.0，b_3=0.0，b_4=1.0，b_5=2.0，a_1=0.8，a_2=1.8，a_3=2.0，a_4=1.8，a_5=0.6 等 5 個題目的測驗訊息函數之計算，利用 R 程式語言實作，如下所示。

```
> pb <- c(-2.0, -1.0, 0.0, 1.0, 2.0)
> pa <- c( 0.8, 1.8, 2.0, 1.8, 0.6)
> ptheta <- seq(-3, 3, 1)
> J <- length(pb)
> ii <- matrix(rep(0, length(ptheta)*J), nrow=length(ptheta))
> ti <- rep(0, length(ptheta))
> for (j in 1:J){
+   P <- 1/(1+exp(-pa[j]*(ptheta-pb[j])))
+   ii[,j] <- pa[j]^2 *P *(1.0-P)
+   ti <- ti+ii[,j]
+ }
```

檢視結果。

```
> print(ptheta)
[1] -3 -2 -1  0  1  2  3
```

試題訊息函數。

```
> print(ii)
           [,1]        [,2]        [,3]       [,4]       [,5]
[1,] 0.13690221 0.08388228 0.009866037 0.00241533 0.01626360
[2,] 0.16000000 0.39440306 0.070650825 0.01450242 0.02745180
[3,] 0.13690221 0.81000000 0.419974342 0.08388228 0.04382256
[4,] 0.08944883 0.39440306 1.000000000 0.39440306 0.06404200
[5,] 0.04880320 0.08388228 0.419974342 0.81000000 0.08236233
[6,] 0.02408433 0.01450242 0.070650825 0.39440306 0.09000000
[7,] 0.01130413 0.00241533 0.009866037 0.08388228 0.08236233
```

測驗訊息函數結果。

```
> print(ti)
[1] 0.2493295 0.6670081 1.4945814 1.9422970 1.4450222 0.5936406 0.1898301
```

轉成表格。

```
> data.frame(ptheta, ii, ti)
  ptheta         X1         X2          X3         X4         X5        ti
1     -3 0.13690221 0.08388228 0.009866037 0.00241533 0.01626360 0.2493295
2     -2 0.16000000 0.39440306 0.070650825 0.01450242 0.02745180 0.6670081
3     -1 0.13690221 0.81000000 0.419974342 0.08388228 0.04382256 1.4945814
4      0 0.08944883 0.39440306 1.000000000 0.39440306 0.06404200 1.9422970
5      1 0.04880320 0.08388228 0.419974342 0.81000000 0.08236233 1.4450222
6      2 0.02408433 0.01450242 0.070650825 0.39440306 0.09000000 0.5936406
7      3 0.01130413 0.00241533 0.009866037 0.08388228 0.08236233 0.1898301
```

以下為上述 5 個 2 參數模式的測驗訊息函數曲線。

測驗訊息函數

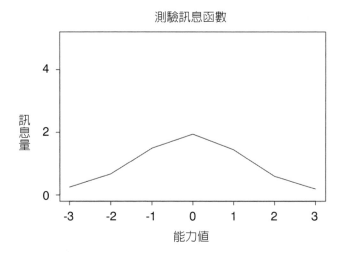

五、測驗訊息函數程序

以下為利用 R 所撰寫的測驗訊息函數的程序。

```
> tif <- function(pa, pb, pc){
+   J <- length(pb)
+   if (missing(pc)) {pc<-rep(0,J)}
+   if (missing(pa)) {pa<-rep(1,J)}
+
+   ptheta <- seq(-3, 3, 0.1)
+   ii <- matrix(rep(0, length(ptheta)*J), nrow=length(ptheta))
+   ti <- rep(0, length(ptheta))
+
+   for (j in 1:J){
+     Pstar <- 1/(1+exp(-pa[j]*(ptheta-pb[j])))
+     P <- pc[j]+(1-pc[j])*Pstar
+     ii[,j] <- pa[j]^2*P*(1.0-P)*(Pstar/P)^2
+     ti <- ti+ii[,j]
+   }
+   plot(ptheta, ti, xlim=c(-3,3),ylim=c(0, J), type="1",
+        xlab=" 能力值 ", ylab=" 訊息量 ",
+        main=" 測驗訊息函數 ")
+ }
```

測試測驗訊息函數，以下為 5 個 2 參數模式的試題參數。

```
> b <- c(-1.0, -0.5, 0.0, 0.5, 1.0)
> a <- c( 2.0,  1.5, 1.5, 1.5, 2.0)
```

利用測驗訊息函數來加以計算這 5 題的測驗訊息函數。

```
> tif(pa=a,pb=b)
```

結果如下圖所示。

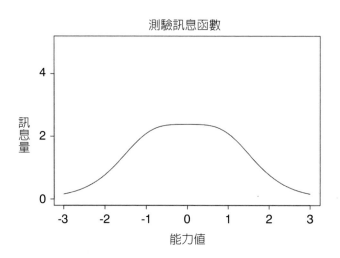

測驗訊息函數

習　題

一、請利用測驗特徵曲線函數，繪製難度值 -3.00、-2.50、-2.00、-1.50、-1.00、-0.50、0.00、0.50、1.00、1.50 等 10 個試題 Rasch 模式的測驗特徵曲線。

二、請利用測驗特徵曲線函數，繪製難度值 $b_1=1.00$、$b_2=1.20$、$b_3=1.50$、$b_4=1.80$、$b_5=2.00$；$a_1=1.20$、$a_2=0.90$、$a_3=1.00$、$a_4=1.50$、$a_5=0.60$；$c_1=0.25$、$c_2=0.20$、$c_3=0.25$、$c_4=0.20$、$c_5=0.30$ 等 5 個試題 3 參數模式的測驗特徵曲線。

11

試題反應理論實務
分析

試題反應理論 (item response theory, IRT) 主要可分為二元計分與多元計分模式，常見用來估計試題反應理論試題參數的軟體，包括 BILOG、PARSCALE、WINSTEPS、STATA 等。但由於 R 語言免費，使用人數大大提升，包括軟體開發、商業分析、統計報告和科學研究等的專家使用日益頻繁，當然在試題反應理論的相關套件的發展愈來愈豐富，使用介面也愈來愈符合一般社會大眾的需求，因此以 R 語言進行試題反應理論相關資料分析是下一個選擇適用統計軟體的首選。

以下即介紹如何運用 R 來進行試題反應理論的參數估計，包括二元計分的 1PL、2PL、3PL 以及多元計分模式等，說明如下。

以下為本章使用的 R 套件。

1. ltm
2. difR
3. psych
4. mirt
5. TAM

壹、IRT 估計參數所需套件

運用 R 來進行試題反應理論的參數估計，需要具備以下的套件之一，分別是 ltm、psych、mirt 以及 TAM 等，而這四個套件的主要功能說明如下。

ltm 套件是處理羅吉斯分配估計 (logistic distribution estimation) 的軟體，在試題反應理論的相關函數主要是二元計分中單參數的 rasch()、2PL 的 ltm()、3PL 的 tpm()、多元計分的 grm() 等。另外 psych 的套件主要是處理常態分配估計 (normal distribution estimation)，其中亦有許多是關於處理試題反應理論參數估計的函數。第三個要介紹的套件是 mirt，可應用多元計分的試題反應理論，安裝 mirt 的套件需要注意的事項，如下所述。

安裝 mirt 這個套件時，需要先安裝 gfortran 這個套件，若是 Mac 的使用者，則需要進行以下的程序。

curl -O http://r.research.att.com/libs/gfortran-4.8.2-darwin13.tar.bz2

sudo tar fvxz gfortran-4.8.2-darwin13.tar.bz2 -C /

若是安裝 Centos，需要注意 gcc、g++、gfortran 套件的版本不能夠太舊，若太舊則需要加以更新之後，再行安裝。

另外，本章第三節所討論的試題差異功能分析，主要利用的套件是 difR，這套件可以偵測二元計分試題的不同試題功能 (difference item function, DIF)，包括均勻 (uniform) 與非均勻 (non-uniform) 的 DIF 策略。

TAM 套件是 test analysis modules 的簡稱，是由 Kiefer、Robitzsch 以及 Wu(2017) 發展設計。分析 Rasch 模式是以 joint maximum likelihood method 來進行參數估計，除了可分析 Rasch 模式外，尚且可以進行 partical credit 以及一般性的 partical credit 模型，TAM 套件也可以分析 DIF、latent regression models、multidimensional IRT 模式、2PL、3PL 模式、計算 Generate plausible values 等。

以下將開始介紹二元計分模式的參數估計。

貳、IRT 二元計分參數估計

試題反應理論下的模式，大致主要分為二元計分與多元計分，以下將先說明二元計分下的 1PL 參數估計，接下來將繼續說明 2PL 以及 3PL 的參數估計。

一、1PL 參數估計

（一）開啓範例檔

首先請先開啓進行參數估計的範例檔，先讀入 ltm 這個套件，其中即包括 LSAT(Law School Admission Test) 這個資料檔。開啓 ltm 的套件檔需要在 R 中輸入 library(ltm) 這個指令，如下所示，開啓 ltm 的套件檔案之後，即會自動開啓相關的套件檔。

```
> library(ltm)
Loading required package: MASS
Loading required package: msm
Loading required package: polycor
```

接下來開啓進行試題反應理論參數估計的檔案，開啓內建的資料檔 LSAT，此時輸入 data(LSAT) 的指令開啓 LSAT 資料檔，並且檢視 LSAT 的前六筆資料檔，輸入 head(LSAT)，如下所示。

```
> data(LSAT)
> head(LSAT)
  Item 1 Item 2 Item 3 Item 4 Item 5
1      0      0      0      0      0
2      0      0      0      0      0
3      0      0      0      0      0
4      0      0      0      0      1
5      0      0      0      0      1
6      0      0      0      0      1
```

由上面的資料可以得知，LSAT 檔案中有 Item 1 到 Item 5，總共有 1,000 筆資料，並且其中的反應資料是屬於二元反應資料，LSAT 即法學院入學考試。它是由位於美國賓夕法尼亞州的法學院入學委員會 (Law School Admission Council) 負責主辦的法學院入學資格考試。幾乎所有的美國、加拿大法學院、澳大利亞墨爾本大學都要求申請人參加 LSAT 考試。LSAT 考試共有五個部分（包含一個不計分提供入學委員會評估用的評量），包括三個方面的內容，每部分時間爲 35 分鐘，另加 30 分鐘的寫作。這三個方面的內容分別是閱讀理解、邏輯推理及分析推理，不過，本範例只包括 Section 6 的 5 個題目 1,000 筆資料，以下將利用 descript(LSAT) 來進行 LSAT 的描述性統計，結果如下。

```
> descript(LSAT)
Descriptive statistics for the 'LSAT' data-set
Sample:
 5 items and 1000 sample units; 0 missing values
```

LSAT 資料檔中有 5 個題目，1,000 個樣本資料，沒有缺失值 (missing values)。

```
Proportions for each level of response:
           0     1   logit
Item 1 0.076 0.924 2.4980
Item 2 0.291 0.709 0.8905
Item 3 0.447 0.553 0.2128
Item 4 0.237 0.763 1.1692
Item 5 0.130 0.870 1.9010
```

上述為資料檔中 5 個題目分別是 0 與 1 所占的比率，例如：第 1 題 0 的資料占有 7.6%，而 1 的資料則占有 92.4%，至於第 3 題則是 44.7% 與 55.3%。

```
Frequencies of total scores:
    0   1   2   3   4   5
Freq 3  20  85 237 357 298
```

上述結果為資料檔中得分的次數分配，其中 0 分者為 3，1 分者為 20，2 分者為 85，3 分者為 237，4 分者為 357，5 分者則為 298（筆）。

```
Point Biserial correlation with Total Score:
        Included Excluded
Item 1   0.3618   0.1128
Item 2   0.5665   0.1531
Item 3   0.6181   0.1727
```

```
Item 4    0.5342    0.1444
Item 5    0.4351    0.1215
```

以上結果為題目與總分的點二系列相關，分別包括該題與刪除該題的結果，例如：包括第 1 題與包括第 1 題分數總分的點二系列相關為 0.3618，而第 1 題與刪除第 1 題總分的點二系列相關為 0.1128。計算題目與總分的點二系列相關時，研究者希望了解的是題目有多大的程度反應出與總分之間的相關，如果計算總分時，將待評估的題目包括，則題目與總分之間，一定會有某種程度的相關。因此計算題目與總分的點二系列相關目的在於評估題目的優劣時，傾向於使用刪除該題與總分之間的點二系列相關。

```
Cronbach's alpha:
                 value
All Items        0.2950
Excluding Item 1 0.2754
Excluding Item 2 0.2376
Excluding Item 3 0.2168
Excluding Item 4 0.2459
Excluding Item 5 0.2663
```

上述結果為測驗的內部一致性信度係數 α，5 題的信度為 0.2950，刪除第 1 題後的信度係數值為 0.2795，刪除第 5 題後的信度係數值為 0.2663。

```
Pairwise Associations:
  Item i Item j p.value
1     1     5   0.565
2     1     4   0.208
3     3     5   0.113
4     2     4   0.059
5     1     2   0.028
6     2     5   0.009
```

```
7      1      3    0.003
8      4      5    0.002
9      3      4    7e-04
10     2      3    4e-04
```

　　以上結果是進行卡方成對比較的 p 值，LSAT 中有 5 題，所以兩兩之間比較應該會有 10 種可能。而評估時，若所有的題目之間，應該都反應相同的特質，彼此之間應該會有相關，而 p 值不顯著的結果，表示成對的題目之間，沒有相關。以上述結果為例，若以 0.05 為考驗的顯著水準，則第 1 題與 5、4 題沒有相關，表示第 1 題與 4、5 題之間並沒有反應出相同的特質，第 3 題、5 題與第 2 題、4 題之間亦沒有反應出相同的特質。亦即若反應出相同的特質，應該是要達顯著水準 (p < 0.05)，表示題目與題目之間，反應出共同的特質。

　　接下來將進行二元計分中的單參數 (1PL/Rasch) 試題參數估計。

（二）1PL 參數估計語法

　　單參數模式又稱為 Rasch 模式，以下為單參數模式參數估計的步驟及語法，以上述所開啟的二元計分資料檔 LSAT 進行單參數模式的參數估計，可以將指令撰寫如下。

```
IRT1PL=rasch(LSAT)
```

　　上述指令中的 LSAT 為資料檔，rasch() 為單參數模式參數估計的函數，若要檢視參數估計結果，則可輸入 summary(IRT1PL) 即可得知參數估計的結果，如下所示。

```
> IRT1PL=rasch(LSAT)
> summary(IRT1PL)
```

```
Call:
rasch(data = LSAT)

Model Summary:
   log.Lik      AIC       BIC
 -2466.938 4945.875 4975.322

Coefficients:
               value std.err   z.vals
Dffclt.Item 1 -3.6153  0.3266 -11.0680
Dffclt.Item 2 -1.3224  0.1422  -9.3009
Dffclt.Item 3 -0.3176  0.0977  -3.2518
Dffclt.Item 4 -1.7301  0.1691 -10.2290
Dffclt.Item 5 -2.7802  0.2510 -11.0743
Dscrmn         0.7551  0.0694  10.8757

Integration:
method: Gauss-Hermite
quadrature points: 21

Optimization:
Convergence: 0
max(|grad|): 2.9e-05
quasi-Newton: BFGS
```

　　試題反應理論中的單參數模式，僅利用難度參數來描述題目的特徵，各個題目之間的斜率相同，亦即鑑別度相同，彼此不會相交。由上述的 1PL 參數估計結果，可以得知，這 5 題的難度 (b) 參數估計值分別是 -3.6153、-1.3224、-0.3176、-1.7301、-2.7802。至於 1PL 的鑑別度，全部就只有一個共同的參數 0.7551。上述的參數估計結果中，亦呈現出模型對數概似函數值 (log.Lik)、AIC 與 BIC 的資料，可應用於比較多個模型中適配的程度。檢視單參數模式估計的參數結果亦可以利用 coefficient() 函數來顯示，如下所示。

```
> coefficients(IRT1PL)
          Dffclt    Dscrmn
Item 1 -3.6152665 0.7551347
Item 2 -1.3224208 0.7551347
Item 3 -0.3176306 0.7551347
Item 4 -1.7300903 0.7551347
Item 5 -2.7801716 0.7551347
```

上述利用 coefficient() 所呈現的參數估計結果與 summary() 所呈現的結果是一致的，只是 coefficient() 的結果較為簡潔，另外亦可以簡寫為 coef()。除此之外，可以加入 prob 的參數呈現 p 值，以及 order 排序的參數來將參數排序，因此輸入 coef(IRT1PL, prob = TRUE, order = TRUE) 除了可以顯示估計的參數外，亦可以顯示 p 值以及將估計的參數加以排序後呈現，結果如下所示。

```
> coef(IRT1PL, prob = TRUE, order = TRUE)
          Dffclt    Dscrmn P(x=1|z=0)
Item 1 -3.6152665 0.7551347  0.9387746
Item 5 -2.7801716 0.7551347  0.8908453
Item 4 -1.7300903 0.7551347  0.7869187
Item 2 -1.3224208 0.7551347  0.7307844
Item 3 -0.3176306 0.7551347  0.5596777
```

由上述參數估計的結果，可以得知，這 5 個題目之中，以第 1 題最簡單，其次依序分別是 5、4、2、3，而第 3 題的難度值為 -0.3176。

（三）IIC 與 ICC

接下來說明如何進行試題特徵曲線 (item charisteric curve, ICC) 以及試題訊息曲線 (item information curve, IIC) 的繪製。plot(IRT1PL, type = "ICC") 即可將所有的試題特徵曲線加以繪製，試題特徵曲線愈偏向左邊者，顯示試題愈難，結果如下圖所示。

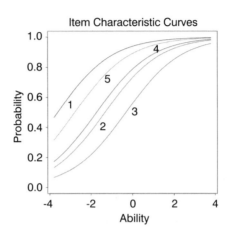

由上述的試題特徵曲線結果，可以得知，第 1 題最簡單，其次為第 5 題，至於第 3 題的題目因為是最左邊的試題特徵曲線，所以最難。若一次只繪製一個題目的試題特徵曲線時，可以增加 items 的參數，並且指定要繪製那一題，例如 plot(IRT1PL, type = "ICC", items=3) 即是單獨繪製第三題的試題特徵曲線，結果如下圖所示。

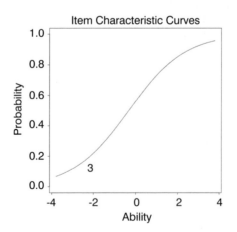

若是要繪製多題時，則可以在 items 後加入所要繪製的題目，例如：若要同時繪製第 2 題與第 3 題，則可以輸入 items=c(2,3)。接下來繼續要說明的是如何繪製試題訊息曲線，輸入 plot(IRT1PL, type = "IIC", items=1) 即可繪製第 1 題的試題訊息曲線。

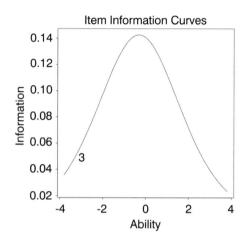

上述圖形爲第 3 題的試題訊息曲線，由上圖可知，第 3 題對於能力適中的受試者，可以提供最佳的訊息。若是要繪製測驗訊息曲線則只是將 items 的參數指定爲 0 即可，亦即輸入 plot(IRT1PL, type = "IIC", items=0) 即可繪製測驗訊息曲線，結果如下圖所示。

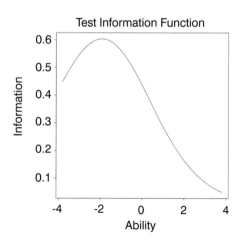

上述的測驗訊息曲線所表示的是這 5 題的題目對於能力較低，測驗可以針對大約能力值 (ability)-2 左右的受試者提供最大訊息，代表這 5 題的題目大都是屬於較簡單的試題。

（四）計算因素分數

接下來要說明的是因素分數 (factor score)，因素分數主要是針對所有反應的組型來估計其參數，其中的 Z 值即是針對所有組型的能力值估計值，輸入 factor. scores(IRT1PL) 即可估計因素分數，結果如下所示。

```
> factor.scores(IRT1PL)
Call:
rasch(data = LSAT)
Scoring Method: Empirical Bayes
Factor-Scores for observed response patterns:
   Item 1 Item 2 Item 3 Item 4 Item 5 Obs      Exp      z1 se.z1
1       0      0      0      0      0   3    2.364  -1.910 0.790
2       0      0      0      0      1   6    5.468  -1.439 0.793
3       0      0      0      1      0   2    2.474  -1.439 0.793
4       0      0      0      1      1  11    8.249  -0.959 0.801
5       0      0      1      0      0   1    0.852  -1.439 0.793
6       0      0      1      0      1   1    2.839  -0.959 0.801
7       0      0      1      1      0   3    1.285  -0.959 0.801
8       0      0      1      1      1   4    6.222  -0.466 0.816
9       0      1      0      0      0   1    1.819  -1.439 0.793
10      0      1      0      0      1   8    6.063  -0.959 0.801
11      0      1      0      1      1  16   13.288  -0.466 0.816
12      0      1      1      0      1   3    4.574  -0.466 0.816
13      0      1      1      1      0   2    2.070  -0.466 0.816
14      0      1      1      1      1  15   14.749   0.049 0.836
15      1      0      0      0      0  10   10.273  -1.439 0.793
16      1      0      0      0      1  29   34.249  -0.959 0.801
17      1      0      0      1      0  14   15.498  -0.959 0.801
18      1      0      0      1      1  81   75.060  -0.466 0.816
19      1      0      1      0      0   3    5.334  -0.959 0.801
20      1      0      1      0      1  28   25.834  -0.466 0.816
21      1      0      1      1      0  15   11.690  -0.466 0.816
22      1      0      1      1      1  80   83.310   0.049 0.836
23      1      1      0      0      0  16   11.391  -0.959 0.801
24      1      1      0      0      1  56   55.171  -0.466 0.816
25      1      1      0      1      0  21   24.965  -0.466 0.816
26      1      1      0      1      1 173  177.918   0.049 0.836
27      1      1      1      0      0  11    8.592  -0.466 0.816
28      1      1      1      0      1  61   61.235   0.049 0.836
29      1      1      1      1      0  28   27.709   0.049 0.836
30      1      1      1      1      1 298  295.767   0.593 0.862
```

　　由上述計算因素分數的結果可以得知，5 題全錯的筆數有 3 筆，期望值爲 2.364，標準分數爲 -1.910，標準誤爲 0.790。

（五）計算個人適配分數

　　個人適配分數 (person fit) 是針對資料中受試者的組型以及對於反應的能力估計值，參考的欄位是以 Lz 爲主，輸入 person.fit(IRT1PL) 的輸出結果，如下所示。

```
> person.fit(IRT1PL)
Person-Fit Statistics and P-values
Call:
rasch(data = LSAT)
Alternative: Inconsistent response pattern under the estimated model
    Item 1 Item 2 Item 3 Item 4 Item 5     L0      Lz Pr(<Lz)
1        0      0      0      0      0 -3.9914 -1.1186  0.1317
2        0      0      0      0      1 -3.9467 -1.0917  0.1375
3        0      0      0      1      0 -4.7396 -2.0187  0.0218
4        0      0      0      1      1 -4.1206 -1.3376  0.0905
5        0      0      1      0      0 -5.8062 -3.2656  0.0005
6        0      0      1      0      1 -5.1872 -2.4767  0.0066
7        0      0      1      1      0 -5.9802 -3.3235  0.0004
8        0      0      1      1      1 -4.7717 -2.0310  0.0211
9        0      1      0      0      0 -5.0475 -2.3786  0.0087
10       0      1      0      0      1 -4.4284 -1.6664  0.0478
11       0      1      0      1      1 -4.0129 -1.3093  0.0952
12       0      1      1      0      1 -5.0795 -2.3238  0.0101
13       0      1      1      1      0 -5.8725 -3.0780   0.001
14       0      1      1      1      1 -4.0395 -1.4551  0.0728
15       1      0      0      0      0 -3.3161 -0.3545  0.3615
16       1      0      0      0      1 -2.6970  0.1827  0.5725
17       1      0      0      1      0 -3.4900 -0.6641  0.2533
18       1      0      0      1      1 -2.2815  0.3375  0.6321
19       1      0      1      0      0 -4.5566 -1.8032  0.0357
20       1      0      1      0      1 -3.3481 -0.6769  0.2492
21       1      0      1      1      0 -4.1411 -1.4312  0.0762
22       1      0      1      1      1 -2.3081  0.0190  0.5076
23       1      1      0      0      0 -3.7978 -0.9929  0.1604
24       1      1      0      0      1 -2.5894  0.0447  0.5178
25       1      1      0      1      0 -3.3823 -0.7095   0.239
26       1      1      0      1      1 -1.5494  0.6651   0.747
```

27	1	1	1	0	0	−4.4489	−1.7240	0.0424
28	1	1	1	0	1	−2.6160	−0.2431	0.404
29	1	1	1	1	0	−3.4089	−0.9182	0.1793
30	1	1	1	1	1	−0.8945	0.8407	0.7997

　　由上述針對個人反應組型的適配分數，例如：5 題全對時，其能力值為 0.8409，前 4 題答對、第 5 題答錯時的能力值為 -0.9182，若答對 4 題，只有第 4 題答錯時，其能力值為 -0.2431。計算個人適配分數時，若需要以受試者為主，將所有受試者其能力值列出時，則可以加入 resp.patterns=LSAT 這個指令，當然其中的 LSAT 為資料檔的名稱，此時即會將所有以受試者適配程度的分數列出。列出時，若出現列出部分資料時，此時是因為 R 系統的設定值中，輸出最大筆數的限制，所以只要在系統中輸入 options(max.print=1000000)，將輸出的最大值放大即可，上述是設定最大值為 1,000,000 筆。

(六) 計算試題適配分數

　　另外，若要探討試題的適配程度時，只需要輸入 item.fit(IRT1PL)，即可了解試題在試題反應模式下的適配情形，亦即當未達顯著時，即表示模式適配，結果如下所示。

```
> item.fit(IRT1PL)

Item-Fit Statistics and P-values

Call:
rasch(data = LSAT)

Alternative: Items do not fit the model
Ability Categories: 10

          X^2 Pr(>X^2)
Item 1   61.9294  <0.0001
Item 2  159.0100  <0.0001
Item 3  233.7868  <0.0001
Item 4  132.4732  <0.0001
Item 5   84.7601  <0.0001
```

由上述的結果，可以得知這 5 題利用 1PL 來進行參數估計並不適配，因為所有的卡方考驗後的 p 值皆達顯著，需推翻虛無假設，承認對立假設，即與 1PL 的模式並不適配。

（七）調整單參數模式估計參數

單參數模式只有一個難度參數，其中所有的題目具有一個共同的鑑別度，若是要將這個共同的鑑別度固定為 1，可以在參數估計時，新增 constraint() 這個參數，因為是要固定 LSAT 這個範例資料檔估計結果的鑑別度 (a) 為 1，所以完整的輸入方法，如下所示。

```
IRT1PL_1 <- rasch(LSAT, constraint = cbind(1ength(LSAT) + 1, 1))
```

此時即可以將鑑別度的參數固定為 1，上述的指令中，length(LSAT) 亦可以利用 ncol(LSAT) 取代，因此若估計單參數時，要將鑑別度固定為 1.072 時，即可將指令撰寫如下。

```
IRT1PL_2 <- rasch(LSAT, constraint = cbind(ncol(LSAT) + 1, 1.072))
```

另外，亦可以利用 ltm 這個套件中的 tpm 來進行單參數的估計，因為 tpm 主要是進行 3PL 的參數估計，不過其中有個 Rasch 的單參數估計模式，亦可以來進行單參數模式的參數估計，輸入指令如下。

```
IRT1PL_3 <- tpm(LSAT, type = "rasch", max.guessing = 1)
```

其中的 max.guessing=1 是將 3PL 中的猜測度 (c) 的參數估計限制最大值為 1，此時利用 coef() 這個函數來檢視估計結果，如下所示。

```
> IRT1PL_3 <- tpm(LSAT, type = "rasch", max.guessing = 1)
> coef(IRT1PL_3)
           Gussng      Dffclt    Dscrmn
Item 1 0.082989045 -3.1765202 0.8459125
Item 2 0.196202302 -0.7723405 0.8459125
Item 3 0.008120054 -0.2706979 0.8459125
Item 4 0.256544273 -1.0332213 0.8459125
Item 5 0.495652119 -1.4331902 0.8459125
```

因為是 3PL 的參數估計，所以會同時具有鑑別度 (a)、難度 (b) 以及猜測度 (c)，這 5 個題目中，有一個共同的鑑別度，但是難度值卻是每個題目不相同，因此要符合單參數的模式可以將猜測度全部指定為 0，再次利用 constraint 這個參數將這 5 個題目的難度值估計時限制為 1，估計的指令修正，如下所示。

```
IRT1PL_4 <- tpm(LSAT, type = "rasch", constraint = cbind(c(1,2,3,4,5), 1, 0))
```

上面的 cbind(c(1,2,3,4,5),1,0)) 中的第 1 個參數代表題目，所以 c(1,2,3,4,5) 是指令 LSAT 中的 5 個題目。另外，第 2 個參數 1 是代表猜測度，2 是代表難度，3 是代表鑑別度，因為是要將猜測度限制為 0，所以第 2 個參數要指定 1。最後第 3 個參數所代表的是要限制的值，因為要將猜測度限制為 0，所以第 3 個參數即輸入 0。參數估計完成後，再利用 coef(IRT1PL_4) 這個函數，將估計結果呈現如下所示。

```
> IRT1PL_4 <- tpm(LSAT, type = "rasch", constraint = cbind(c(1,2,3,4,5), 1, 0))
> coef(IRT1PL_4)
       Gussng    Dffclt    Dscrmn
Item 1      0 -3.6152665 0.7551347
Item 2      0 -1.3224208 0.7551347
Item 3      0 -0.3176306 0.7551347
```

```
Item 4      0 -1.7300903 0.7551347
Item 5      0 -2.7801716 0.7551347
```

上述的估計結果即與利用 rasch() 估計的試題參數結果完全相同，因此若要進行單參數的參數估計，除了利用 rasch() 估計外，亦可利用 tpm() 來估計。

二、2PL 參數估計

接下來利用相同的資料來進行 2PL 的參數估計，主要使用的 ltm 套件中的 ltm()。此時除了難度之外，再加上不同鑑別度的估計，以下計算範例仍以上述之 LSAT 資料來進行 2PL 參數估計。

（一）2PL 參數估計語法

以下將進行 2PL 的參數估計，執行步驟及語法如下。

```
IRT2PL=ltm(LSAT ~ z1, IRT.param = TRUE)
```

其中的語法及參數說明如下。

Data~z1，其中的 z1 是必要的參數，而 IRT.param=TRUE 是將 2PL 估計之鑑別度與能力參數值，以傳統的格式加以呈現。因此，要進行 2PL 的參數估計，即在 R 中輸入 IRT2PL=ltm(LSAT ~ z1, IRT.param = TRUE)，其中的 LSAT 為資料檔，檢視參數估計結果可輸入 summary(IRTmodel)，即可得知參數估計的結果，如下所示。

```
> IRT2PL=ltm(LSAT ~ z1, IRT.param = TRUE)
> summary(IRT2PL)
Call:
ltm(formula = LSAT ~ z1, IRT.param = TRUE)
Model Summary:
```

```
    log.Lik      AIC       BIC
 -2466.653 4953.307 5002.384
Coefficients:
               value std.err  z.vals
Dffclt.Item 1 -3.3597  0.8669 -3.8754
Dffclt.Item 2 -1.3696  0.3073 -4.4565
Dffclt.Item 3 -0.2799  0.0997 -2.8083
Dffclt.Item 4 -1.8659  0.4341 -4.2982
Dffclt.Item 5 -3.1236  0.8700 -3.5904
Dscrmn.Item 1  0.8254  0.2581  3.1983
Dscrmn.Item 2  0.7229  0.1867  3.8721
Dscrmn.Item 3  0.8905  0.2326  3.8281
Dscrmn.Item 4  0.6886  0.1852  3.7186
Dscrmn.Item 5  0.6575  0.2100  3.1306
Integration:
method: Gauss-Hermite
quadrature points: 21
Optimization:
Convergence: 0
max(|grad|): 0.024
quasi-Newton: BFGS
```

由上述的 2PL 參數估計結果，可以得知，這 5 題的難度 (b) 參數估計值分別是 -3.3597、-1.3696、-0.2799、-1.8659、-3.1236。至於 2PL 的另外一個鑑別度參數 (a) 則分別是 0.8254、0.7229、0.8905、0.6886、0.6575。亦可以利用 coefficient() 這個函數來顯示輸出結果，如下圖所示。

```
> coefficients(IRT2PL)
          Dffclt    Dscrmn
Item 1 -3.3597341 0.8253715
Item 2 -1.3696497 0.7229499
Item 3 -0.2798983 0.8904748
Item 4 -1.8659189 0.6885502
Item 5 -3.1235725 0.6574516
```

　　其中的 Dffclt 欄位即為難度值 (b)，而 Dscrmn 即為 2PL 參數估計的鑑別度 (a)。難度值即為 b 值，也是代表 theta，就是能力值。至於鑑別度是為 a 值，即是代表試題可以區辨受試者的訊息。另外需要補充說明的是 coefficient() 這個函數亦可以利用 coef() 來進行提取參數的訊息。

（二）IIC 與 ICC

　　接下來說明如何進行試題特徵曲線 (ICC) 以及測驗訊息曲線 (IIC) 的繪製，plot(IRT2PL, type = "ICC") 即可將所有的試題特徵曲線加以繪製，結果如下圖所示。

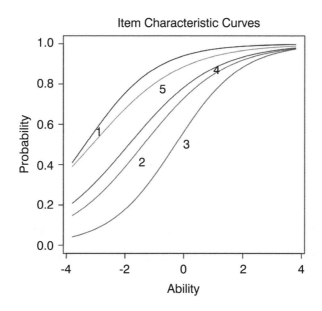

　　若一次只繪製一個題目的試題特徵曲線時，可以增加 items 的參數，並且指定要繪製那一題，例如 plot(IRT2PL, type = "ICC", items=3) 即是單獨繪製第 3 題的試題特徵曲線，結果如下圖所示。

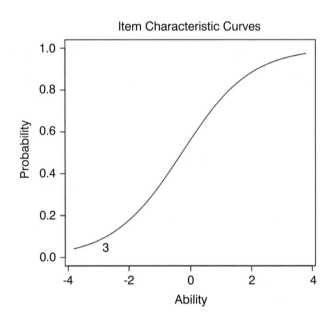

　　若是要繪製多題時，則可以在 items 後加入所要繪製的題目，例如：若要同時繪製第 2 題與第 3 題，則可以輸入 items=c(2,3)。接下來繼續要說明的是如何繪製測驗訊息曲線，輸入 plot(IRT2PL, type = "IIC", items=0) 即可繪製測驗訊息曲線，結果如下圖所示。

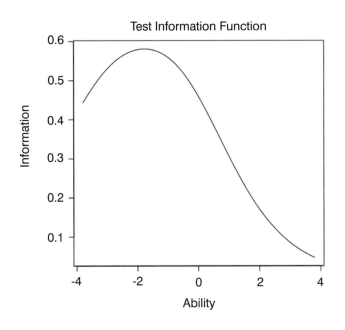

　　上述的測驗訊息曲線所表示的是這 5 題的題目對於能力較低 (ability=-2) 的受試者可以提供最大的訊息，代表這 5 題的題目是屬於較簡單的。此時若需要進行個別試題的訊息函數，只要進 items 的參數指定那一題，即可單獨繪製該題的試題訊息函數，例如：若要繪製第 3 題的試題訊息函數，即可輸入如下的指令。

```
plot(IRT2PL, type = "IIC", items=3)
```

　　第 3 題的試題訊息函數，如下所示。

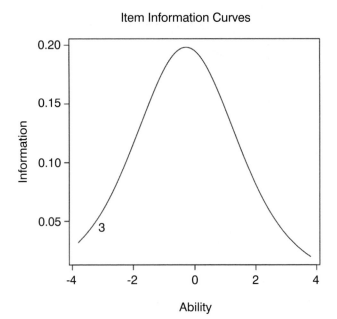

（三）計算因素分數

接下來要說明的是因素分數 (factor score)，因素分數主要是針對所有反應的組型來估計其參數，其中的 Z 值即是針對所有組型的能力值估計值，輸入 factor. scores(IRT2PL) 即可估計上述 2PL 模式參數估計結果的因素分數，結果如下所示。

```
> factor.scores(IRT2PL)
Call:
ltm(formula = LSAT ~ z1, IRT.param = TRUE)
Scoring Method: Empirical Bayes
Factor-Scores for observed response patterns:
  Item 1 Item 2 Item 3 Item 4 Item 5 Obs    Exp     z1 se.z1
1      0      0      0      0      0   3  2.277 -1.895 0.795
2      0      0      0      0      1   6  5.861 -1.479 0.796
3      0      0      0      1      0   2  2.596 -1.460 0.796
4      0      0      0      1      1  11  8.942 -1.041 0.800
```

5	0	0	1	0	0	1	0.696	−1.331	0.797
6	0	0	1	0	1	1	2.614	−0.911	0.802
7	0	0	1	1	0	3	1.179	−0.891	0.803
8	0	0	1	1	1	4	5.955	−0.463	0.812
9	0	1	0	0	0	1	1.840	−1.438	0.796
10	0	1	0	0	1	8	6.431	−1.019	0.801
11	0	1	0	1	1	16	13.577	−0.573	0.809
12	0	1	1	0	1	3	4.370	−0.441	0.813
13	0	1	1	1	0	2	2.000	−0.420	0.813
14	0	1	1	1	1	15	13.920	0.023	0.828
15	1	0	0	0	0	10	9.480	−1.373	0.797
16	1	0	0	0	1	29	34.616	−0.953	0.802
17	1	0	0	1	0	14	15.590	−0.933	0.802
18	1	0	0	1	1	81	76.562	−0.506	0.811
19	1	0	1	0	0	3	4.659	−0.803	0.804
20	1	0	1	0	1	28	24.989	−0.373	0.815
21	1	0	1	1	0	15	11.463	−0.352	0.815
22	1	0	1	1	1	80	83.541	0.093	0.831
23	1	1	0	0	0	16	11.254	−0.911	0.802
24	1	1	0	0	1	56	56.105	−0.483	0.812
25	1	1	0	1	0	21	25.646	−0.463	0.812
26	1	1	0	1	1	173	173.310	−0.022	0.827
27	1	1	1	0	0	11	8.445	−0.329	0.816
28	1	1	1	0	1	61	62.520	0.117	0.832
29	1	1	1	1	0	28	29.127	0.139	0.833
30	1	1	1	1	1	298	296.693	0.606	0.855

（四）計算個人適配分數

　　person fit 是針對資料中受試者的組型以及對於反應的能力估計值，參考的欄位是以 Lz 為主，輸入 person.fit(IRT2PL) 的輸出結果，如下所示。

```
> person.fit(IRT2PL)
Person-Fit Statistics and P-values
Call:
ltm(formula = LSAT ~ z1, IRT.param = TRUE)
Alternative: Inconsistent response pattern under the estimated model
    Item 1 Item 2 Item 3 Item 4 Item 5       L0        Lz Pr(<Lz)
1        0      0      0      0      0  -4.0633  -1.2085  0.1134
2        0      0      0      0      1  -3.8211  -0.9436  0.1727
3        0      0      0      1      0  -4.6645  -1.8837  0.0298
4        0      0      0      1      1  -3.9565  -1.1454   0.126
5        0      0      1      0      0  -6.1607  -3.5228  0.0002
6        0      0      1      0      1  -5.3157  -2.5662  0.0051
7        0      0      1      1      0  -6.1306  -3.4011  0.0003
8        0      0      1      1      1  -4.8129  -2.0687  0.0193
9        0      1      0      0      0  -5.0405  -2.3008  0.0107
10       0      1      0      0      1  -4.3092  -1.5185  0.0644
11       0      1      0      1      1  -3.9280  -1.2059  0.1139
12       0      1      1      0      1  -5.1333  -2.3723  0.0088
13       0      1      1      1      0  -5.9243  -3.1153  0.0009
14       0      1      1      1      1  -4.0902  -1.4915  0.0679
15       1      0      0      0      0  -3.4929  -0.5928  0.2766
16       1      0      0      0      1  -2.6922   0.1510    0.56
17       1      0      0      1      0  -3.5092  -0.7010  0.2417
18       1      0      0      1      1  -2.2367   0.3945  0.6534
19       1      0      1      0      0  -4.8331  -2.0723  0.0191
20       1      0      1      0      1  -3.4197  -0.7790   0.218
21       1      0      1      1      0  -4.2072  -1.5155  0.0648
22       1      0      1      1      1  -2.2973   0.0130  0.5052
23       1      1      0      0      0  -3.8559  -1.0635  0.1438
24       1      1      0      0      1  -2.5596   0.0752    0.53
25       1      1      0      1      0  -3.3528  -0.6860  0.2464
26       1      1      0      1      1  -1.5664   0.7089  0.7608
27       1      1      1      0      0  -4.5213  -1.8095  0.0352
28       1      1      1      0      1  -2.5858  -0.2434  0.4038
29       1      1      1      1      0  -3.3479  -0.8953  0.1853
30       1      1      1      1      1  -0.8765   0.8567  0.8042
```

（五）計算試題適配性

另外，若要探討試題的適配程度時，只需要輸入 item.fit(IRT2PL)，即可了解試題在試題反應模式下的適配情形，亦即當未達顯著時，即表示模式適配，結果如下所示。

```
> item.fit(IRT2PL)
Item-Fit Statistics and P-values
Call:
ltm(formula = LSAT ~ z1, IRT.param = TRUE)
Alternative: Items do not fit the model
Ability Categories: 10
              X^2 Pr(>X^2)
Item 1 276.1857  <0.0001
Item 2 253.5272  <0.0001
Item 3 437.0737  <0.0001
Item 4 216.3252  <0.0001
Item 5 400.3201  <0.0001
```

由上述的結果，可以得知這 5 題利用 2PL 來進行參數估計，因為 p 值都達到顯著水準，所以代表這 5 個題目利用 2PL 模式來估計並不適配。

三、3PL 參數估計

接下來仍是利用相同的資料來進行 3PL 的參數估計，此時除了難度與鑑別度之外，再加上不同的猜測度估計。

（一）3PL 參數估計語法

3PL 模式的參數估計，與 2PL 模式所利用的函數不同，3PL 所利用的參數估計模式為 tpm，語法為 tpm(data, type="latent.trait", IRT.param=TRUE)。以上述估計 2PL 的資料為例，輸入 IRT3PL=tpm(LSAT, type="latent.trait", IRT.param=TRUE) 估計 LSAT 資料檔的 3PL 參數，並且利用 summary(IRT3PL)，將顯示估計結果的摘要，如下所示。

```
> IRT3PL = tpm(LSAT, type = "latent.trait", IRT.param=TRUE)
> summary(IRT3PL)
Call:
tpm(data = LSAT, type = "latent.trait", IRT.param = TRUE)
Model Summary:
  log.Lik     AIC      BIC
 -2466.66 4963.319 5036.935
Coefficients:
               value  std.err   z.vals
Gussng.Item 1  0.0374  0.8650   0.0432
Gussng.Item 2  0.0777  2.5282   0.0307
Gussng.Item 3  0.0118  0.2815   0.0419
Gussng.Item 4  0.0353  0.5769   0.0612
Gussng.Item 5  0.0532  1.5596   0.0341
Dffclt.Item 1 -3.2965  1.7788  -1.8532
Dffclt.Item 2 -1.1451  7.5166  -0.1523
Dffclt.Item 3 -0.2490  0.7527  -0.3308
Dffclt.Item 4 -1.7658  1.6162  -1.0925
Dffclt.Item 5 -2.9902  4.0606  -0.7364
Dscrmn.Item 1  0.8286  0.2877   2.8797
Dscrmn.Item 2  0.7604  1.3774   0.5520
Dscrmn.Item 3  0.9016  0.4190   2.1516
Dscrmn.Item 4  0.7007  0.2574   2.7219
Dscrmn.Item 5  0.6658  0.3282   2.0284
Integration:
method: Gauss-Hermite
quadrature points: 21
Optimization:
Optimizer: optim (BFGS)
Convergence: 0
max(|grad|): 0.028
```

由上述摘要的結果，可以得知，3PL 的估計與 2PL 結果相較，除了難度與鑑別度之外，多了猜測度 (guessing) 的參數，輸入 coef(IRT3PL) 亦可以得到相同的結果，如下所示。

```
> coef(IRT3PL)
          Gussng     Dffclt    Dscrmn
Item 1 0.03738668 -3.2964761 0.8286287
Item 2 0.07770995 -1.1451487 0.7603748
Item 3 0.01178206 -0.2490144 0.9015777
Item 4 0.03529306 -1.7657862 0.7006545
Item 5 0.05315665 -2.9902046 0.6657969
```

　　由上述 3PL 模式參數估計結果，可以得知，所有的題目皆具有不同的試題鑑別度 (Dscrmn)、難度 (Dffclt) 以及猜測度 (Gussng)。

（二）3PL 試題特徵曲線

　　接下來說明如何進行 3PL 的試題特徵曲線 (ICC) 以及測驗訊息曲線 (IIC) 的繪製，輸入 plot(IRT3PL, type = "ICC") 即可將所有的試題特徵曲線加以繪製，結果如下圖所示。

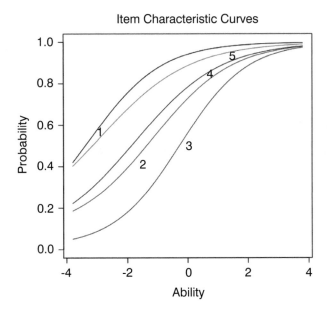

　　若一次只繪製一個題目的試題特徵曲線時，可以增加 items 的參數，並且指定要繪製那一題，例如 plot(IRT3PL, type = "ICC", items=3)，即是單獨繪製第 3 題的試題特徵曲線，結果如下圖所示。

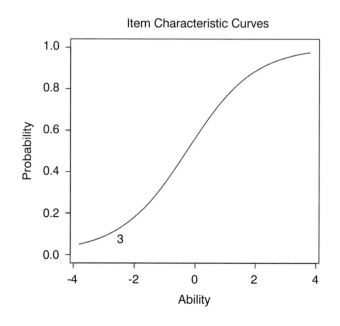

　　接下來繼續要說明的是如何繪製測驗訊息曲線，輸入 plot(IRT3PL, type = "IIC", items=0) 即可繪製測驗訊息曲線，結果如下圖所示。

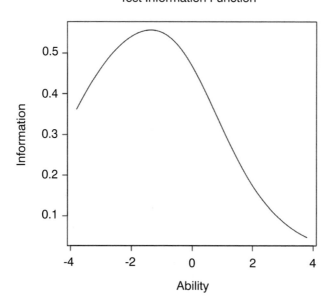

上述的測驗訊息曲線所表示的是 3PL 估計這 5 題的題目對於能力較低 (ability=-1.6) 的受試者可以提供最大的訊息，與 2PL 估計結果略有一些差異，不過 5 題的題目仍是屬於較簡單的。

（三）計算因素分數

接下來要說明的是因素分數 (factor score)，因素分數主要是針對所有反應的組型來估計其參數，其中的 Z 值即是針對所有組型的能力值估計值，輸入 factor. scores(IRT3PL) 即可估計 3PL 的因素分數，結果如下所示。

```
> factor.scores(IRT3PL)
```

```
Call:
tpm(data = LSAT, type = "latent.trait", IRT.param = TRUE)
Scoring Method: Empirical Bayes
Factor-Scores for observed response patterns:
```

	Item 1	Item 2	Item 3	Item 4	Item 5	Obs	Exp	z1	se.z1
1	0	0	0	0	0	3	2.230	−1.871	0.790
2	0	0	0	0	1	6	5.820	−1.463	0.792
3	0	0	0	1	0	2	2.583	−1.446	0.793
4	0	0	0	1	1	11	8.944	−1.032	0.796
5	0	0	1	0	0	1	0.701	−1.325	0.796
6	0	0	1	0	1	1	2.628	−0.908	0.800
7	0	0	1	1	0	3	1.185	−0.889	0.801
8	0	0	1	1	1	4	5.969	−0.463	0.809
9	0	1	0	0	0	1	1.855	−1.438	0.801
10	0	1	0	0	1	8	6.456	−1.017	0.803
11	0	1	0	1	1	16	13.583	−0.570	0.810
12	0	1	1	0	1	3	4.374	−0.439	0.814
13	0	1	1	1	0	2	2.002	−0.418	0.815
14	0	1	1	1	1	15	13.906	0.028	0.829
15	1	0	0	0	0	10	9.438	−1.358	0.791
16	1	0	0	0	1	29	34.655	−0.945	0.796
17	1	0	0	1	0	14	15.612	−0.926	0.797
18	1	0	0	1	1	81	76.691	−0.504	0.806
19	1	0	1	0	0	3	4.684	−0.801	0.800
20	1	0	1	0	1	28	25.037	−0.375	0.810
21	1	0	1	1	0	15	11.481	−0.354	0.811
22	1	0	1	1	1	80	83.338	0.089	0.827
23	1	1	0	0	0	16	11.294	−0.909	0.803
24	1	1	0	0	1	56	56.131	−0.481	0.811
25	1	1	0	1	0	21	25.652	−0.460	0.812
26	1	1	0	1	1	173	173.188	−0.018	0.825
27	1	1	1	0	0	11	8.446	−0.329	0.816
28	1	1	1	0	1	61	62.389	0.119	0.831
29	1	1	1	1	0	28	29.073	0.142	0.832
30	1	1	1	1	1	298	296.893	0.612	0.853

（四）計算個人適配分數

person.fit 是針對資料中受試者的組型以及對於反應的能力估計值，參考的欄位是以 Lz 爲主，輸入 person.fit(IRT3PL) 的輸出結果，如下所示。

```
> person.fit(IRT3PL)
Person-Fit Statistics and P-values
Call:
tpm(data = LSAT, type = "latent.trait", IRT.param = TRUE)
Alternative: Inconsistent response pattern under the estimated model
   Item 1 Item 2 Item 3 Item 4 Item 5       L0       Lz Pr(<Lz)
1       0      0      0      0      0  -4.1247  -1.2784  0.1005
2       0      0      0      0      1  -3.8465  -0.9730  0.1653
3       0      0      0      1      0  -4.6861  -1.9084  0.0282
4       0      0      0      1      1  -3.9614  -1.1517  0.1247
5       0      0      1      0      0  -6.1624  -3.5261  0.0002
6       0      0      1      0      1  -5.3113  -2.5632  0.0052
7       0      0      1      1      0  -6.1265  -3.3993  0.0003
8       0      0      1      1      1  -4.8081  -2.0652  0.0195
9       0      1      0      0      0  -5.0389  -2.3005  0.0107
10      0      1      0      0      1  -4.3119  -1.5219   0.064
11      0      1      0      1      1  -3.9327  -1.2108   0.113
12      0      1      1      1      1  -5.1364  -2.3767  0.0087
13      0      1      1      1      0  -5.9286  -3.1217  0.0009
14      0      1      1      1      1  -4.0927  -1.4946  0.0675
15      1      0      0      0      0  -3.5114  -0.6148  0.2693
16      1      0      0      0      1  -2.6923   0.1498  0.5595
17      1      0      0      1      0  -3.5091  -0.7018  0.2414
18      1      0      0      1      1  -2.2305   0.4025  0.6564
19      1      0      1      0      0  -4.8256  -2.0659  0.0194
20      1      0      1      0      1  -3.4123  -0.7702  0.2206
21      1      0      1      1      0  -4.2011  -1.5094  0.0656
22      1      0      1      1      1  -2.2955   0.0184  0.5074
23      1      1      0      0      0  -3.8569  -1.0645  0.1435
24      1      1      0      0      1  -2.5609   0.0753    0.53
25      1      1      0      1      0  -3.3552  -0.6878  0.2458
26      1      1      0      1      1  -1.5669   0.7086  0.7607
27      1      1      1      0      0  -4.5231  -1.8116   0.035
```

28	1	1	1	0	1 −2.5875 −0.2447 0.4033
29	1	1	1	1	0 −3.3497 −0.8974 0.1848
30	1	1	1	1	1 −0.8722 0.8550 0.8037

（五）計算試題適配性

另外，若要探討試題的適配程度時，只需要輸入 item.fit(IRT3PL)，即可了解試題在試題反應模式下的適配情形，亦即當未達顯著時，即表示模式適配，結果如下所示。

```
> item.fit(IRT3PL)
Item-Fit Statistics and P-values
Call:
tpm(data = LSAT, type = "latent.trait", IRT.param = TRUE)
Alternative: Items do not fit the model
Ability Categories: 10
            X^2 Pr(>X^2)
Item 1 277.4006  <0.0001
Item 2 251.3121  <0.0001
Item 3 436.7733  <0.0001
Item 4 216.1856  <0.0001
Item 5 400.1810  <0.0001
```

由上述的結果，可以得知這 5 題利用 3PL 來進行參數估計並不適配，因為所有題目都達顯著。

四、參數估計結果比較

接下來利用變異數分析來比較相同二元計分的資料檔中，利用 1PL、2PL 以及 3PL 模式下參數估計結果的差異程度，利用 anova() 這個函數來進行差異性比較，結果如下所示。

（一）1PL 與 2PL 模式適配性比較

1PL 與 2PL 模式參數估計結果的差異比較結果如下。

```
> anova(IRT1PL, IRT2PL)
 Likelihood Ratio Table
            AIC      BIC  log.Lik  LRT df p.value
IRT1PL 4945.88 4975.32 -2466.94
IRT2PL 4953.31 5002.38 -2466.65 0.57  4   0.967
```

由上述 1PL 與 2PL 模式估計參數的差異比較，p 值未達 0.05 的顯著水準，考慮參數的簡單原則，利用 1PL 即可得到較好的參數估計結果。

（二）1PL 與 3PL 模式適配性比較

1PL 與 3PL 模式參數估計結果的差異比較結果如下。

```
> anova(IRT1PL, IRT3PL)
 Likelihood Ratio Table
            AIC      BIC  log.Lik  LRT df p.value
IRT1PL 4945.88 4975.32 -2466.94
IRT3PL 4963.32 5036.94 -2466.66 0.56  9       1
```

由上述 1PL 與 3PL 模式估計參數的差異比較，p 值未達 0.05 的顯著水準，考慮參數的簡單原則，利用 1PL 即可得到較好的參數估計結果。

（三）2PL 與 3PL 模式適配性比較

2PL 與 3PL 模式參數估計結果的差異比較結果如下。

```
> anova(IRT2PL, IRT3PL)
 Likelihood Ratio Table
            AIC      BIC  log.Lik   LRT df p.value
IRT2PL 4953.31 5002.38 -2466.65
```

```
IRT3PL 4963.32 5036.94 −2466.66 −0.01  5       1
Warning message:
In anova.1tm(IRT2PL, IRT3PL) :
  either the two models are not nested or the model represented by 'object2' fell on a local maxima.
```

　　由上述 2PL 與 3PL 模式估計參數的差異比較，AIC 與 BIC 的值幾乎沒有差異，p 值亦未達 0.05 的顯著水準，考慮參數的簡單原則，利用 2PL 即可得到較好的參數估計結果。

(四) 1PL、2PL 與 3PL 模式適配性比較

　　下表是 LSAT 資料檔利用 1PL、2PL 與 3PL 估計參數結果，模式適配性的參數摘要表。

表 11-1　1PL、2PL 與 3PL 模式適配性參數摘要表

	AIC	BIC	Log.Lik
1PL	4945.88	4975.32	-2466.94
2PL	4953.31	5002.38	-2466.65
3PL	4963.32	5036.94	-2466.66

　　由表 11-1 可以得知 LSAT 資料檔利用 1PL 的 AIC 與 BIC 值皆最低，應該是以 1PL 的模式來估計 LSAT 的試題參數較為適配。而以 1PL、2PL 與 3PL 模式適配性比較，2PL、3PL 的適配性差異最小 0.01，而 1PL 與 2PL、3PL 的適配性差異 0.57 與 0.56 均差 0.01 來得大，亦即 2PL 與 3PL 的模式估計適配性差異較小。

參、試題差異功能分析

　　測驗與評量的結果，往往會適用於許多重大的決定，例如：許多考試的分數會決定考生是否可以擔任公職，或者是否錄取某項工作。所以測驗本身對不同群體有不公平的情形，則造成決定的結果之品質堪慮。

　　試題差異功能是比較不同群體在總分或能力估計值上的差異，說明不同群體的眞實能力差異，如果試題不公平，則難以了解差異是來自於眞實能力或者是試題不公平所致。在試題反應理論中，試題的公平與否，可以利用難度來加以界定，如果試題對不同群體的難度不同，例如：對於男生比較難，則結果不可以說這個試題對於男女是公平的。反過來說，如果一個試題對於男生或女生的難度相同，或者至少是接近的，則可以相信試題對於男女是公平的。

　　以下將利用 difR 這個套件及其相關的指令，來檢驗不同性別的試題特徵曲線是否有所差異，因爲檢測試題差異功能的方式眾多，difR 中亦提供了許多的方法。若讀者對於試題差異功能有深入探討的興趣，可以參考相關網站或者書籍，本書中僅介紹 Lord(1980) 的 DIF 檢測方法及結果判讀。

一、讀取套件及開啓資料檔

　　本文所採用的套件是 difR，所以分析前先開啓 difR 的套件，亦即輸入 library(difR)，之後再開啓資料檔 verbal，亦即輸入 data(verbal)，讀取完成後，利用 head(verbal) 來檢視前六筆資料及相關的欄位，如下所示。

```
> library(difR)
Loading required package: lme4
Loading required package: Matrix
Loading required package: ltm
Loading required package: MASS
Loading required package: msm
Loading required package: polycor
```

載入 difR 套件後，會將相關的套件一併載入，例如：ltm 以及 lme4 等。

```
> data(verbal)
```

讀取 verbal 資料檔。

```
> head(verbal)
  S1wantCurse S1WantScold S1WantShout S2WantCurse S2WantScold S2WantShout S3WantCurse
1           0           0           0           0           0           0           0
2           0           0           0           0           0           0           0
3           1           1           1           1           0           1           1
4           1           1           1           1           1           1           1
5           1           0           1           1           0           0           1
6           1           1           0           1           0           0           1
  S3WantScold S3WantShout S4WantCurse S4WantScold S4WantShout S1DoCurse S1DoScold
1           0           1           1           0           0         1         0
2           0           0           0           0           0         0         0
3           0           0           0           0           0         0         1
4           0           0           0           0           0         1         1
5           0           0           1           0           0         1         1
6           1           1           0           0           0         1         0
  S1DoShout S2DoCurse S2DoScold S2DoShout S3DoCurse S3DoScold S3DoShout S4DoCurse
1         1         1         0         0         1         0         0         1
2         0         0         0         0         1         0         0         0
3         1         0         0         1         0         0         0         1
4         1         1         1         1         1         0         0         0
5         0         1         0         0         1         0         0         1
6         0         1         0         0         1         0         0         1
  S4DoScold S4DoShout Anger Gender
1         1         1    20      1
2         0         0    11      1
3         0         0    17      0
4         0         0    21      0
5         0         0    17      0
6         1         0    21      0
```

　　由上述資料檔前六筆資料的檢視，可以了解 verbal 是一個具有 24 個二元計分資料欄位，再加上 Anger 以及 Gender 等 2 個屬性變項的資料檔。而以下的試題差異功能分析，就是判斷是否所有的試題在不同性別 (Gender) 上扮演著相同的功能。

　　此範例要進行的試題差異功能，主要是想要了解這 24 題在不同性別的群體中，是否有不公平的情形。需要先將資料檔中，另外一個 Anger 的變項排除，所以需要輸入以下的指令排除 Anger 變項。

```
verbal <- verbal[colnames(verbal)!="Anger"]
```

二、計算試題差異功能

　　此時開始計算試題差異功能，採用的是 Lord's Chi-Square DIF 的方法，主要分析的語法，如下所示。

```
difLord(Data, group, focal.name, model,save.output = FALSE,output = c("out",
"default"))
```

　　上述語法中的 Data 所指的是資料檔，本範例為 verbal。而 group 的參數是需要指定的群體，本範例是性別群體，而 Gender 這個變項是在 verbal 資料檔中的第 25 個，所以可以指定 group=25 或者是 group="Gender"。接下來的參數是 focal.name 是需要指定的焦點群體，性別變項分別是 0 代表女生，而 1 代表男生，若本例是以男生為焦點群體，所以可以指定 1，亦即 focal.name=1。接下來的參數 model 是指估計的試題反應模式，分別是 1PL、2PL 與 3PL，本範例先計算單參數模式，因此 model=1PL。另外 save.output=FALSE 代表是不儲存計算的結果至檔案，若 save.output=TRUE，則需要指定接下來的參數 out 為輸出的檔案，default 為預設指定的路徑，若是輸出為 result.txt，則需將參數指定為

output=c("result.txt", "default")。綜上所述，可以計算試題差異功能的指令撰寫如下。

```
r <- difLord(verbal, group = "Gender", focal.name = 1, model = "1PL")
```

以下 2 種寫法會產生相同的結果。

```
r <- difLord(verbal, group = 25, focal.name = 1, model = "1PL")
r <- difLord(verbal[,1:24], group = verbal[,25], focal.name = 1, model = "1PL")
```

三、檢視計算結果

上述的結果，說明本範例是以 Lord's 的方法來計算試題差異功能，參數估計是利用 ltm 這個套件，也因此若以 difR 這個套件進行試題差異功能之前，也需要有 ltm 這個計算試題反應理論參數的套件。另外，指定共同的鑑別度參數是指定為 1，此次的計算並不包括共同試題 (anchor items)，也並未在多重比較時，提供 p 值的調整值。

以下為試題差異功能的計算結果。

```
Lord's chi-square statistic:
           Stat.  P-value
S1wantCurse 1.3724 0.2414
S1WantScold 1.2657 0.2606
S1WantShout 1.5437 0.2141
S2WantCurse 2.8839 0.0895  .
S2WantScold 1.8915 0.1690
S2WantShout 8.3601 0.0038  **
S3WantCurse 0.1852 0.6670
S3WantScold 1.2368 0.2661
S3WantShout 2.1805 0.1398
```

```
S4WantCurse 1.6452 0.1996
S4WantScold 0.0116 0.9142
S4WantShout 3.4935 0.0616   .
S1DoCurse   0.4740 0.4911
S1DoScold   3.1282 0.0770   .
S1DoShout   0.5578 0.4552
S2DoCurse   5.8219 0.0158   *
S2DoScold   6.5842 0.0103   *
S2DoShout   0.0661 0.7972
S3DoCurse   5.4206 0.0199   *
S3DoScold   3.5481 0.0596   .
S3DoShout   0.3572 0.5501
S4DoCurse   1.4774 0.2242
S4DoScold   1.7986 0.1799
S4DoShout   1.0130 0.3142
Signif. codes: 0 '***' 0.001 '**' 0.01 '*' 0.05 '.' 0.1 ' ' 1
Detection threshold: 3.8415 (significance level: 0.05)
```

上述的 p 值若達顯著，即代表該試題具有 DIF，並且只要統計值大於 3.8415，即達顯著水準 0.05 者，該試題即有 DIF，因此分析結果具有 DIF 的試題有以下 S2WantShout、S2DoCurse、S2DoScold、S3DoCurse 等 4 題。

```
Items detected as DIF items:
 S2WantShout
 S2DoCurse
 S2DoScold
 S3DoCurse
Effect size (ETS Delta scale):
Effect size code:
 'A': negligible effect
 'B': moderate effect
 'C': large effect

            mF-mR   deltaLord
S1wantCurse 0.4116 -0.9673   A
```

```
S1WantScold    0.3749  −0.8810    A
S1WantShout    0.4092  −0.9616    A
S2WantCurse    0.6323  −1.4859    B
S2WantScold    0.4608  −1.0829    B
S2WantShout    0.9654  −2.2687    C
S3WantCurse    0.1441  −0.3386    A
S3WantScold   −0.3703   0.8702    A
S3WantShout    0.5685  −1.3360    B
S4WantCurse    0.4431  −1.0413    B
S4WantScold   −0.0356   0.0837    A
S4WantShout    0.6742  −1.5844    C
S1DoCurse     −0.2562   0.6021    A
S1DoScold     −0.6110   1.4359    B
S1DoShout      0.2564  −0.6025    A
S2DoCurse     −0.9191   2.1599    C
S2DoScold     −0.8704   2.0454    C
S2DoShout     −0.0927   0.2178    A
S3DoCurse     −0.7801   1.8332    C
S3DoScold     −0.6633   1.5588    C
S3DoShout     −0.2872   0.6749    A
S4DoCurse     −0.4281   1.0060    B
S4DoScold     −0.4439   1.0432    B
S4DoShout      0.4173  −0.9807    A
Effect size codes: 0 'A' 1.0 'B' 1.5 'C'
 (for absolute values of 'deltaLord')
Output was captured and saved into file
```

　　上述為計算的效果量，代表的符號分別為 A、B、C，其中的 A 代表的是輕微的效果量 (negligible effect)、B 代表的中等效果量 (moderate effect)、C 代表的是大的效果量 (large effect)。

　　計算試題差異功能，若要結果儲存成 LordResults.txt 時，可以將估計的指令修正如下。

```
r <- difLord(verbal, group = "Gender", focal.name = 1, model = "1PL",
             save.output = TRUE, output = c("LordResults","default"))
```

四、繪製相關圖形

以下爲試題差異功能估計結果的圖形，輸入 plot(r) 指令。

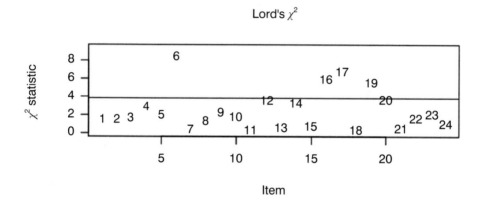

由上圖的結果，可以得知第 6、16、17、19 等 4 題是具有較嚴重的 DIF。以下將繪製 DIF 試題的試題特徵曲線，若以第 1 題爲例來比較，可以輸入 plot(r, plot = "itemCurve", item = 1)，即會出現下圖試題特徵曲線的比較。

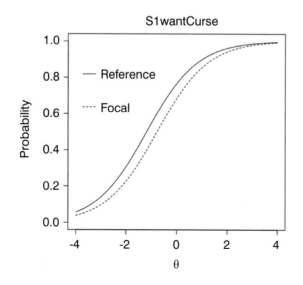

再以具有 DIF 的試題第 6 題爲例來加以比較 plot(r, plot = "itemCurve", item = 6)，結果如下。

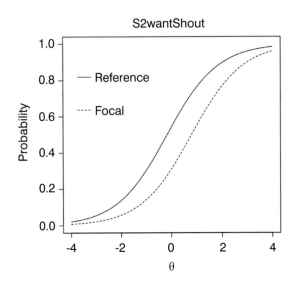

第 6 題與第 1 題相較，明顯地較參考曲線的距離爲大。繪製圖形也一併將圖形儲存時，可以輸入如下，此時的輸出檔案類型爲 .pdf。

```
plot(r, save.plot = TRUE, save.options = c("plot", "default", "pdf"))
```

肆、IRT 多元計分參數估計

多元計分的資料在現實資料中，也是經常會存在的，例如：態度調查量表中的李克特量表、語意差別法或者是成就測驗中的開放性試題，其中的試題型式都是屬於多元計分的類型，而以下要說明的，即是如何利用試題反應理論來計算多元計分的試題類型資料。

一、開啓分析套件及資料檔

首先要進行的針對多元計分資料的試題反應理論分析，以下為此次分析的所需的套件，分別是 ltm 與 psych。

```
> library(ltm)
Loading required package: MASS
Loading required package: msm
Loading required package: polycor
> library(psych)
Attaching package: 'psych'
The following object is masked from 'package:ltm' :
    factor.scores
The following object is masked from 'package:polycor' :
    polyserial
```

接下來為進行分析的資料檔 bfi 的說明。bfi 資料檔包括 25 個自陳量表變項，資料來源為國際人格題庫 (international personality item pool, IPIP)。資料檔中包括 2,800 筆資料，另外除了 25 個自陳量表變項外，尚包括性別、教育水準以及年齡等 3 個屬性變項。以下將在 R 中開啓資料檔及描述性統計。

```
> data(bfi)
> head(bfi)
      A1 A2 A3 A4 A5 C1 C2 C3 C4 C5 E1 E2 E3 E4 E5 N1 N2 N3 N4 N5 O1 O2 O3 O4 O5 gender
61617  2  4  3  4  4  2  3  3  4  4  3  3  4  4  3  4  2  2  3  6  3  6  3  4  3      1
61618  2  4  5  2  5  5  4  4  3  4  1  1  6  4  3  3  3  3  5  5  4  2  4  3  3      2
61620  5  4  5  4  4  4  5  4  2  5  2  4  4  4  5  4  5  4  2  3  4  2  5  5  2      2
61621  4  4  6  5  5  4  4  3  5  5  5  3  4  4  4  2  5  2  4  1  3  3  4  3  5      2
61622  2  3  3  4  5  4  4  5  3  2  2  2  5  4  5  2  3  4  4  3  3  3  4  3  3      1
61623  6  6  5  6  5  6  6  6  1  3  2  1  6  5  6  3  5  2  2  3  4  3  5  6  1      2
      education age
61617        NA  16
61618        NA  18
61620        NA  17
```

```
61621          NA   17
61622          NA   17
61623           3   21
```

由上述的資料檔前六筆內容顯示，bfi 資料總共有 28 個變項，其中包括 25 個自陳資料，包括 A1-A5、C1-C5、E1-E5、N1-N5、O1-O5 等五大人格特質，亦即友善性 (agreeableness)、謹慎性 (conscientiousness)、外向性 (extraversion)、神經質 (neuroticism)、開放性 (openness) 等。其中還包括 gender、education 以及 age 等三個屬性變項。因為此次的多元計分資料分析，只需要這 28 個變項中，自陳變項的 25 個變項，所以將目標檔案選定前 25 個變項，指令如下。

```
> IRTgrm.items <- bfi[,1:25]
```

試題反應理論的多元計分有許多的模式，模式包括 Samejima(1969) 的等級反應模式 (graded response model)、Muraki(1992) 的等級評分量尺模式 (graded rating scale model)、一般部分評分模式 (generalized partial credit model)、andrich(1978) 的 Rasch 評分量尺模式 (rasch rating scale model)、Bock(1972) 名義反應模式 (nominal response model) 等。

以下的範例，主要是以等級反應模式 (graded response model) 的資料來進行分析，bfi 中的自陳反應資料是屬於多元計分中的等級量尺，等級反應模式可以應用於等級、等距以及等比的量尺資料。

二、限定與非限定鑑別度

試題反應理論的分析中，有二個最基本的模式假設，其中一種即是假定所有的試題皆具備有良好的鑑別度或者是假定試題中的區辨（鑑別度）的情形皆有所不同等 2 種。因此以下將分為限定 (constrained) 與非限定 (unconstrained) 等二種不同的模式，來進行分析上的說明。

（一）限定鑑別度分析模式

　　首先要進行分析的最簡單的模式，亦即假定所有試題中的鑑別度視爲相同，而此模式稱爲限定鑑別度分析模式。在 R 分析的 ltm 套件中，是以 grm() 來進行等級反應模式的分析，其中的 constrained = TRUE 表示，將所有試題中的鑑別度視爲相同，程式語法，如下所述。

```
> IRTgrm <- grm(IRTgrm.items, constrained = TRUE)
```

　　接下來檢視利用試題反應理論中的等級反應模式，來分析 bfi 資料檔中的結果，如下所示。

```
> print(IRTgrm)
Call:
grm(data = IRTgrm.items, constrained = TRUE)
Coefficients:
     Extrmt1   Extrmt2   Extrmt3   Extrmt4   Extrmt5   Dscrmn
A1    -1.790    1.230     2.974     5.211     8.695    0.407
A2   -10.149   -6.830    -5.116    -1.966     1.983    0.407
A3    -8.544   -5.723    -4.048    -1.336     2.519    0.407
A4    -7.593   -4.953    -3.684    -1.566     0.890    0.407
A5    -9.597   -5.908    -3.874    -1.050     2.783    0.407
C1    -9.056   -6.008    -3.778    -0.831     3.282    0.407
C2    -8.583   -5.128    -3.176    -0.467     3.563    0.407
C3    -8.700   -5.058    -3.163    -0.121     4.001    0.407
C4    -2.435    0.594     2.500     5.341     9.365    0.407
C5    -3.809   -1.210     0.069     2.482     5.428    0.407
E1    -2.900   -0.288     1.191     3.160     5.852    0.407
E2    -3.619   -0.708     0.538     3.031     5.745    0.407
E3    -7.258   -4.246    -2.089     1.084     4.909    0.407
E4    -7.387   -4.508    -2.911    -1.011     2.648    0.407
E5    -8.405   -5.201    -3.263    -0.627     3.189    0.407
N1    -3.055   -0.349     1.265     3.683     6.568    0.407
N2    -5.180   -2.100    -0.478     2.301     5.481    0.407
```

```
N3    -3.934   -0.994    0.374    2.823    5.846    0.407
N4    -4.038   -0.971    0.530    3.118    5.882    0.407
N5    -3.039   -0.315    1.122    3.434    5.966    0.407
O1   -11.916   -7.654   -5.004   -1.691    1.832    0.407
O2    -2.326    0.394    1.887    4.106    6.725    0.407
O3    -8.958   -6.166   -3.753   -0.356    3.607    0.407
O4    -9.783   -6.740   -5.048   -2.251    1.166    0.407
O5    -2.541    0.828    3.060    5.640    9.089    0.407

Log.Lik: -111365.9
```

　　上述的等級反應模式的分析結果，儲存至 IRTgrm 變項，結果有 6 行，其中第 1 行至第 5 行的 5 個參數是試題的 extremity 參數（因為有 6 個可能的反應），而最後第 6 行則是試題的鑑別度參數。需要注意本模式是限制鑑別度相同的分析模式，所以每個試題的鑑別度估計參數結果都相同，亦即是在估計的函數中 constrained=TRUE，假設所有試題的鑑別度參數都相同。

　　extremity 參數所表示的是受試者有 50/50 的機會選擇適當的反應。舉例來說，A1 試題的第 1 個估計參數 extrmt1 是 -1.790，表示 -1.790 這個潛在特質分數有 50/50 的機會選擇 1。第 2 個 extrnt2 估計參數 1.230 表示潛在特質分數 1.230 有 50/50 的機會選擇 1 或者 2。第 3 個估計參數 extrmt3 表示有 50/50 的機會選擇 1 或者 2 或者 3。第 4 個估計參數 extrmt4 潛在特質分數的值表示有 50/50 的機會選擇 1、2、3 或者 4。第 5 個估計參數 extrmt5 潛在特質分數的值，表示有 50/50 的機會，選擇 1、2、3、4 或者 5。

　　分析此類的試題是假定量尺上的所有試題都在評估相同結構，並且可以利用測驗或問卷內的所有試題的平均來加以估計此相同結構。因此在試題中，可以利用友善性 (agreeableness) 來估計外向性 (extraversion)，利用外向性來估計神經質 (neuroticism)，以此類推。

　　更好的作法是評估試題與這五個量尺的相關情形，並檢查它們如何預測與相關的期望，如下列所示。

```
> IRTgrm.agree <- grm(IRTgrm.items[,1:5], constrained = TRUE)
> IRTgrm.consc <- grm(IRTgrm.items[,6:10], constrained = TRUE)
> IRTgrm.extra <- grm(IRTgrm.items[,11:15], constrained = TRUE)
> IRTgrm.neuro <- grm(IRTgrm.items[,16:20], constrained = TRUE)
> IRTgrm.open <- grm(IRTgrm.items[,21:25], constrained = TRUE)
```

檢視友善性 (agreeableness) 的輸出結果。

```
> IRTgrm.agree
Call:
grm(data = IRTgrm.items[, 1:5], constrained = TRUE)
Coefficients:
      Extrmt1   Extrmt2   Extrmt3   Extrmt4   Extrmt5   Dscrmn
A1    −0.869     0.605     1.456     2.553     4.263    0.849
A2    −5.242    −3.584    −2.713    −1.056     1.070    0.849
A3    −4.464    −3.040    −2.169    −0.714     1.369    0.849
A4    −3.977    −2.633    −1.966    −0.833     0.495    0.849
A5    −4.988    −3.138    −2.075    −0.555     1.514    0.849
Log.Lik: −20748.94
```

此時所估計的鑑別度 (0.849) 與前次所估計的鑑別度 (0.407) 有所不同，而 A1 的第一個估計參數 extrmt1 是 -0.869 而不是 -1.790。這是因為估計此模型不同潛在變項，當使用所有試題時，所估計的是人格的一般因素，因此只有友善性試題時，所估計的是友善性的因素。

（二）非限定鑑別度模式

接下來將擴展所估計的模式，並且分別估計個別試題的鑑別度。在 grm 函數中的 constrained 參數設定為 FALSE，因為現在要估計的模式是非限定鑑別度的模式，這 5 項人格特質的估計程式，如下所示。

```
> IRTgrm2.agree <- grm(IRTgrm.items[,1:5], constrained = FALSE)
> IRTgrm2.consc <- grm(IRTgrm.items[,6:10], constrained = FALSE)
> IRTgrm2.extra <- grm(IRTgrm.items[,11:15], constrained = FALSE)
> IRTgrm2.neuro <- grm(IRTgrm.items[,16:20], constrained = FALSE)
> IRTgrm2.open <- grm(IRTgrm.items[,21:25], constrained = FALSE)
```

檢視友善性 (agreeableness) 在非限定鑑別度模式的估計結果。

```
> IRTgrm2.agree
Call:
grm(data = IRTgrm.items[, 1:5], constrained = FALSE)
Coefficients:
      Extrmt1   Extrmt2   Extrmt3   Extrmt4   Extrmt5   Dscrmn
A1    -0.905    0.744     1.654     2.774     4.459     0.862
A2     3.030    2.139     1.645     0.660    -0.650    -1.839
A3     2.276    1.604     1.170     0.404    -0.730    -2.527
A4     3.352    2.232     1.670     0.709    -0.414    -1.047
A5     3.005    1.955     1.319     0.369    -0.948    -1.701

Log.Lik: -19604.71
```

上述的分析結果是以 IRTgrm2.agree 的內容 (agreeableness 的試題)，其中個別試題間的鑑別度參數 (dscrmn) 是不相同的，並且 Extrmt 的參數估計值與上述限定鑑別度參數相同模式中，是有所不同的。

三、模式比較

以下要進行的分析是檢驗限定與非限定鑑別度模式之間的差異情形，所利用的函數是 ANOVA。以下將分析檢驗五大人格特質，其中關於友善性 (agreeableness) 變項，在 R 中所輸入的程式為 anova(IRTgrm.agree,IRTgrm2. agree)。

```
> anova(IRTgrm.agree,IRTgrm2.agree)
 Likelihood Ratio Table
                    AIC       BIC    log.Lik     LRT df p.value
IRTgrm.agree  41549.88 41704.25 -20748.94
IRTgrm2.agree 39269.42 39447.54 -19604.71 2288.46  4  <0.001
```

檢驗謹慎性 (conscientiousness) 的模式比較情形。

```
> anova(IRTgrm.consc,IRTgrm2.consc)
 Likelihood Ratio Table
                    AIC       BIC    log.Lik     LRT df p.value
IRTgrm.consc  45843.55 45997.92 -22895.77
IRTgrm2.consc 42059.20 42237.32 -20999.60 3792.35  4  <0.001
```

檢驗外向性 (extraversion) 的模式比較情形。

```
> anova(IRTgrm.extra,IRTgrm2.extra)
 Likelihood Ratio Table
                    AIC       BIC    log.Lik     LRT df p.value
IRTgrm.extra  47209.68 47364.05 -23578.84
IRTgrm2.extra 43121.10 43299.22 -21530.55 4096.59  4  <0.001
```

檢驗神經質 (neuroticism) 的模式比較情形。

```
> anova(IRTgrm.neuro,IRTgrm2.neuro)
 Likelihood Ratio Table
                    AIC       BIC    log.Lik     LRT df p.value
IRTgrm.neuro  43948.95 44103.32 -21948.47
IRTgrm2.neuro 43503.81 43681.93 -21721.91  453.14  4  <0.001
```

檢驗開放性 (openness) 的模式比較情形。

```
> anova(IRTgrm.open,IRTgrm2.open)
 Likelihood Ratio Table
                   AIC      BIC   log.Lik    LRT df p.value
IRTgrm.open   42473.72 42628.09 -21210.86
IRTgrm2.open  40767.36 40945.48 -20353.68 1714.36  4  <0.001
```

上述模式比較的結果中，若 p 值達顯著水準，即表示模式二的非限定鑑別度模式之適配資料的情形優於模式一的限定鑑別度模式。上述比較結果中，五大性格因素之非限定鑑別度模式（所有試題的鑑別度並不假設相同），其適配情形明顯優於限定鑑別度模式（所有試題的鑑別度假設相同）。但假如 p 值未達顯著，並未表示模式一之限定鑑別度模式的適配資料的情形「優於」模式二之非限定鑑別度模式，僅能表示模式二非限定鑑別度模式「不如」模式一限定鑑別度模式適配資料情形。

四、繪製相關圖形

接下來要呈現的是繪製多元計分（等級反應）模式中，試題反應理論分析後的圖形，以下將依呈現試題反應類別特徵曲線 (item response category characteristic curve)、試題訊息曲線 (item information curve) 以及測驗訊息曲線 (test information curve) 等 3 部分說明。

（一）試題反應類別特徵曲線

試題反應類別特徵曲線呈現受試者在量尺中，各潛在特質的類別（本範例為 6 點量尺），選擇某一分數的可能性，以下為五大性格中友善性 (agreeableness) 的類別特徵曲線語法以及圖形。

```
> plot(IRTgrm2.agree, lwd = 2, cex = 0.8,
```

```
legend = TRUE, cx = "topright",
xlab = "Agreeableness", cex.main = 1,
cex.lab = 1, cex.axis = 1)
```

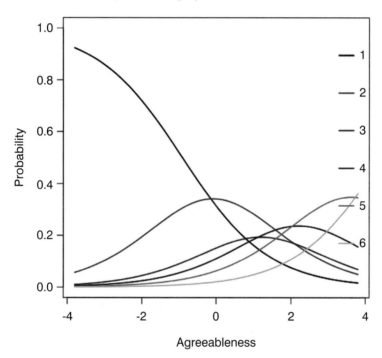

Item Response Category Characteristic Curves-Item: A1

上圖為友善性 (agreeableness) 中第 1 題 (A1) 的類別特徵曲線，因為有 6 個類別，所以會有 6 條曲線，由曲線中，可以看出受試者選擇該類別的可能性。

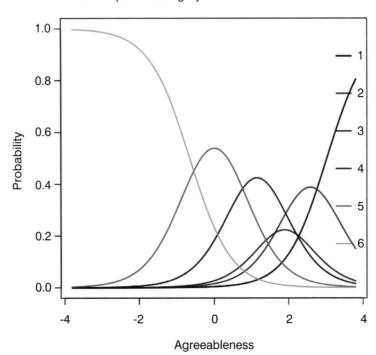

上圖為友善性 (agreeableness) 中第 2 題 (A2) 的類別特徵曲線，與 A1 相同都是有 6 條曲線，但是 A2 明顯地較 A1 的區辨力較佳，以下若依語法，會持續出現 A3、A4 以及 A5 的圖形。

（二）試題訊息曲線

試題訊息曲線呈現試題如何準確地測量各類別的潛在特質之訊息量，不同試題可以提供不同類別訊息量亦會有所不同。某些試題可以在較低類別提供較多訊息，但是某些試題可以在較高類別中，提供較多的訊息，以下將呈現這五大性格因素的試題訊息曲線的語法及呈現的圖形。

```
> plot(IRTgrm2.agree, type = "IIC", lwd = 2,
    cex = 0.8, legend = TRUE,
    cx = "topleft", xlab = "Agreeableness",
    cex.main = 1, cex.lab = 1, cex.axis = 1)
```

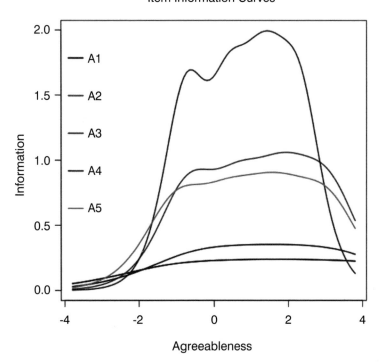

Item Information Curves

上圖為友善性 (agreeableness) 的試題訊息曲線，由圖中可以看出不同的試題提供不同類別的訊息量亦有所不同。

```
> plot(IRTgrm2.consc, type = "IIC", lwd = 2,
    cex = 0.8, legend = TRUE,
    cx = "topleft", xlab = "Conscientiousness",
    cex.main = 1, cex.lab = 1, cex.axis = 1)
```

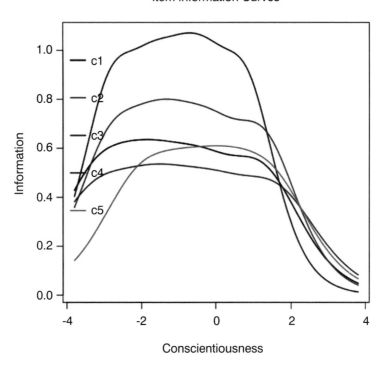

Item Information Curves

上圖為謹慎性 (conscientiousness) 的試題訊息曲線。

下面為繪製外向性 (extraversion) 試題訊息曲線的程式及圖形。

```
> plot(IRTgrm2.extra, type = "IIC", lwd = 2,
    cex = 0.8, legend = TRUE,
    cx = "topleft", xlab = "Extraversion",
    cex.main = 1, cex.lab = 1, cex.axis = 1)
```

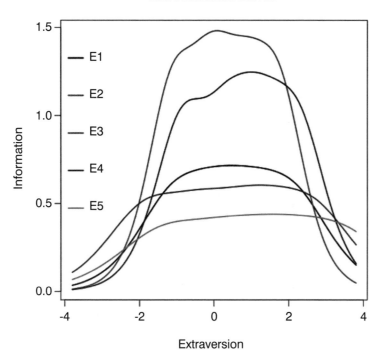

上圖為外向性 (extraversion) 的試題訊息曲線。

```
> plot(IRTgrm2.neuro, type = "IIC", lwd = 2,
    cex = 0.8, legend = TRUE,
    cx = "topleft", xlab = "Neuroticism",
    cex.main = 1, cex.lab = 1, cex.axis = 1)
```

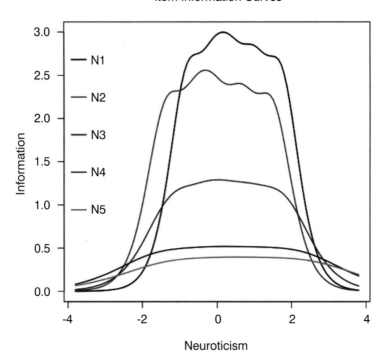

上圖為神經質 (neuroticism) 的試題訊息曲線。

```
> plot(IRTgrm2.open, type = "IIC", lwd = 2,
    cex = 0.8, legend = TRUE,
    cx = "topleft", xlab = "Openness to Experience",
    cex.main = 1, cex.lab = 1, cex.axis = 1)
```

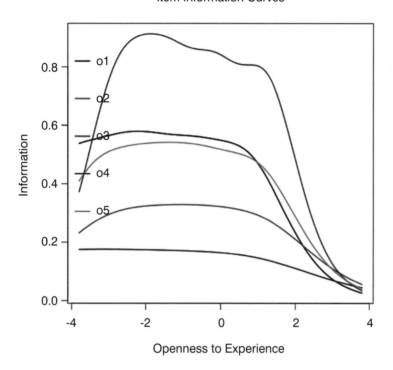

上圖為開放性 (openness) 的試題訊息曲線。

（三）測驗訊息曲線

　　測驗訊息曲線即是所有試題的試題訊息曲線之總和，因此測驗訊息曲線的意涵與試題訊息曲線相同，亦即測驗訊息曲線中的高低代表對於潛在特質所能提供的訊息量。以下為友善性 (agreebleness) 的測驗訊息曲線程式以及圖形。

```
> plot(IRTgrm2.agree, type = "IIC", items = 0,
    lwd = 2, xlab = "Agreeableness",
    cex.main = 1, cex.lab = 1, cex.axis = 1)
```

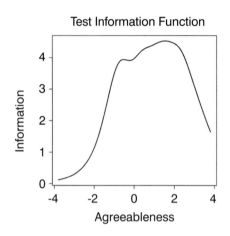

上圖為友善性 (agreeableness) 的測驗訊息曲線。

```
> plot(IRTgrm2.consc, type = "IIC", items = 0,
    lwd = 2, xlab = "Conscientiousness",
    cex.main = 1, cex.lab = 1, cex.axis = 1)
```

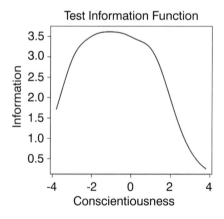

上圖為謹慎性 (conscientiousness) 的測驗訊息曲線。

```
> plot(IRTgrm2.extra, type = "IIC", items = 0,
    lwd = 2, xlab = "Extraversion",
    cex.main = 1, cex.lab = 1, cex.axis = 1)
```

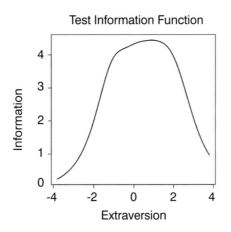

上圖為外向性 (extraversion) 的測驗訊息曲線。

```
> plot(IRTgrm2.neuro, type = "IIC", items = 0,
   lwd = 2, xlab = "Neuroticism",
   cex.main = 1, cex.lab = 1, cex.axis = 1)
```

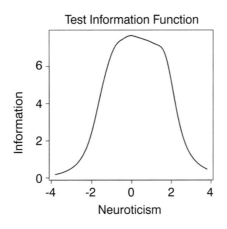

上圖為神經質 (neuroticism) 的測驗訊息曲線。

```
> plot(IRTgrm2.open, type = "IIC", items = 0,
    lwd = 2, xlab = "Openness to Experience",
    cex.main = 1, cex.lab = 1, cex.axis = 1)
```

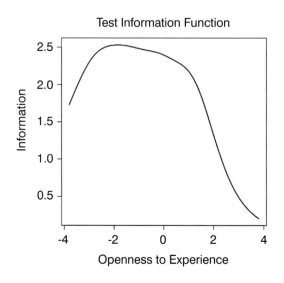

上圖為開放性 (openness) 的測驗訊息曲線。

五、另一種多元計分參數估計套件

　　R 是一個開放性的軟體，因此針對試題反應理論多元計分模式的參數估計套件，並非只有 ltm 這一個套件。另外在前述試題反應理論估計參數套件的介紹中，針對多元計分還有一個 mirt 的套件。以下即介紹如何運用 mirt 的套件來進行試題反應理論多元計分的參數估計。

（一）開啓分析套件以及資料檔

　　首先開啓多元計分的分析套件 mirt，以及所需要的分析資料檔 bfi，bfi 資料檔在 psych 這個套件中，所以要開啓 bfi 資料檔之前，需要先開啓 psych 這個套件，如下所述。

```
> library(mirt)
Loading required package: stats4
Loading required package: lattice
```

上述為開啓分析套件 mirt，以及相關的分析套件 stats4 以及 lattice。

```
> library(psych)
```

開啓 psych 的分析套件。

```
> data(bfi)
```

開啓資料檔 bfi。

```
> IRTgrm.items <- bfi[,1:25]
```

因為 bfi 有 28 個欄位，包括 3 個屬性變項，而本分析範例只需要利用前 25 個欄位，所以將原 bfi 的資料檔取前 25 個欄位至 IRTgrm.items 這個變項，如上述的程式，以供後續的分析。

（二）進行等級反應模式分析

接下來要開始進行多元計分模式中的等級反應模式分析 (Samejima,1969)。

```
> IRTgrm3=mirt(data=IRTgrm.items, model=1, itemtype="graded")
Iteration: 61, Log-Lik: -107241.994, Max-Change: 0.00009
```

檢視分析結果。

```
> summary(IRTgrm3)
        F1         h2
A1 -0.2765 0.076440
A2  0.5617 0.315552
A3  0.6393 0.408646
A4  0.4608 0.212303
A5  0.6894 0.475332
C1  0.3679 0.135317
C2  0.3528 0.124487
C3  0.3300 0.108904
C4 -0.4632 0.214515
C5 -0.4788 0.229221
E1 -0.4723 0.223103
E2 -0.6678 0.445999
E3  0.6397 0.409226
E4  0.6720 0.451611
E5  0.5913 0.349630
N1 -0.3605 0.129945
N2 -0.3444 0.118583
N3 -0.3311 0.109606
N4 -0.4842 0.234463
N5 -0.3122 0.097478
O1  0.3905 0.152491
O2 -0.2052 0.042098
O3  0.4682 0.219175
O4 -0.0243 0.000589
O5 -0.2365 0.055939

SS loadings:  5.341
Proportion Var:  0.214

Factor correlations:

   F1
F1  1
```

上述為利用 summary 函數所呈現的分析結果。

```
> coef(IRTgrm3, IRTpars = T)
$A1
        a     b1     b2      b3      b4      b5
par -0.49 1.478  -1.15 -2.629  -4.494  -7.372
$A2
        a     b1     b2      b3      b4      b5
par 1.156 -4.053 -2.802 -2.136 -0.853 0.823
$A3
        a     b1     b2      b3      b4      b5
par 1.415 -2.996 -2.083 -1.513 -0.528 0.924
$A4
        a     b1     b2      b3      b4      b5
par 0.884  -3.81  -2.53 -1.889 -0.806 0.456
$A5
        a     b1     b2      b3      b4      b5
par 1.62 -3.066 -1.995 -1.352 -0.388 0.959
$C1
        a     b1     b2      b3      b4      b5
par 0.673 -5.677  -3.81 -2.417 -0.548 2.085
$C2
        a     b1     b2      b3      b4      b5
par 0.642 -5.596 -3.368 -2.092 -0.301 2.363
$C3
        a     b1     b2      b3      b4      b5
par 0.595 -6.098 -3.564 -2.229 -0.066 2.856
$C4
        a     b1     b2      b3      b4      b5
par -0.889 1.222 -0.375 -1.339  -2.72 -4.617
$C5
        a     b1    b2      b3     b4      b5
par -0.928 1.87 0.566 -0.075  -1.27 -2.677
$E1
        a     b1    b2      b3      b4      b5
par -0.912 1.457 0.114 -0.635 -1.614 -2.923
$E2
        a     b1    b2      b3      b4      b5
```

```
par -1.527 1.274 0.21 -0.238 -1.109 -2.014
$E3
        a      b1      b2      b3      b4      b5
par 1.417 -2.566 -1.554 -0.79 0.394 1.795
$E4
        a      b1      b2      b3      b4      b5
par 1.545 -2.498 -1.582 -1.044 -0.373 0.94
$E5
        a      b1      b2      b3      b4      b5
par 1.248 -3.212 -2.043 -1.298 -0.251 1.281
$N1
        a      b1      b2      b3      b4      b5
par -0.658 1.932 0.166 -0.863 -2.388 -4.198
$N2
        a      b1    b2    b3    b4      b5
par -0.624 3.441 1.34 0.247 -1.604 -3.692
$N3
        a      b1      b2      b3      b4      b5
par -0.597 2.717 0.653 -0.297 -1.983 -4.052
$N4
        a      b1      b2      b3      b4      b5
par -0.942 1.93 0.427 -0.301 -1.534 -2.817
$N5
        a      b1    b2    b3    b4      b5
par -0.559 2.221 0.166 -0.9 -2.589 -4.423
$O1
        a      b1      b2      b3      b4      b5
par 0.722 -7.026 -4.517 -2.961 -0.987 1.125
$O2
        a      b1      b2      b3      b4      b5
par -0.357 2.591 -0.531 -2.212 -4.71 -7.672
$O3
        a      b1      b2      b3      b4      b5
par 0.902 -4.35 -3.024 -1.852 -0.169 1.815
$O4
        a      b1      b2      b3      b4      b5
par -0.041 94.489 64.663 48.232 21.369 -10.919
$O5
        a      b1      b2      b3      b4      b5
```

```
par −0.414 2.504 −0.89 −3.119 −5.648 −9.018
$GroupPars
    MEAN_1 COV_11
par      0      1
```

　　上述為利用 coef 函數所呈現的等級反應模式的參數估計結果。

（三）繪製相關圖形

　　以下將呈現如何繪製個別試題的試題特徵曲線、試題訊息曲線、所有試題的試題特徵曲線以及測驗訊息曲線等。

```
> itemplot(IRTgrm3.1,type="trace")
```

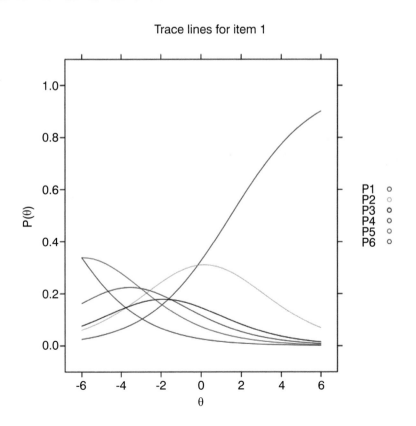

上述圖形是個別試題的試題特徵曲線。

```
> itemplot(IRTgrm3,5,type="info")
```

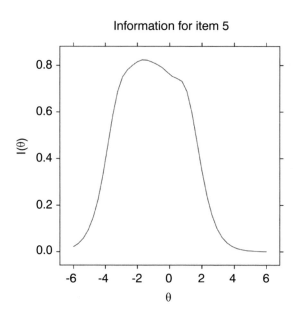

Information for item 5

上圖是試題 5 的試題訊息曲線。

```
> plot(IRTgrm3, type="trace")
```

Item trace lines

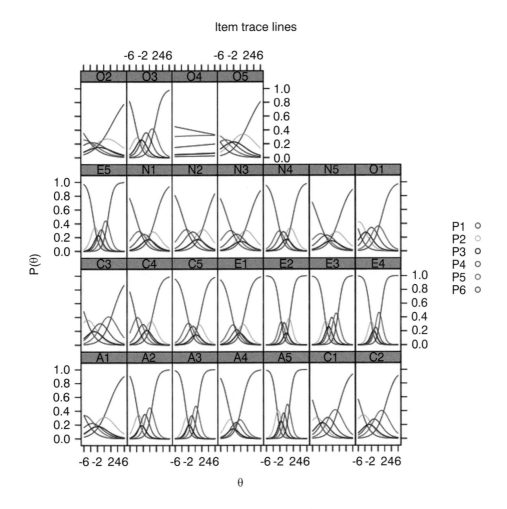

上圖是所有試題的試題特徵曲線。

```
> plot(IRTgrm3, type="info")
```

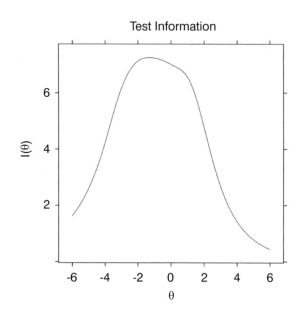

上圖是測驗訊息曲線。

習　題

套件 Lambda4 有一份包括 387 個受試樣本的 Rosenberg 自尊量表資料，請利用此資料檔以及 mirt 這個多元計分的套件，分析並完成以下的問題。

1. 請安裝 Lambda4 這個套件，並讀取 Rosenberg 資料檔。

2. 請利用 descript() 來說明 Rosenberg 資料檔的測驗特性。

3. 請利用多元計分的分析模式，分析 Rosenberg 資料檔。

4. 請任選 5 題，說明這 5 題試題反應理論多元計分下的測驗特徵。

5. 請利用分析結果，繪製上述這 5 個題目的試題特徵曲線、試題訊息曲線並說明試題的特徵。

References

參考文獻

● 參考文獻 ●

李爭宜（2014）。國民小學教師領導、教師專業學習社群參與與教師專業發展之關係研究（未出版之學位論文）。國立屏東教育大學，屏東縣。

林清山（1994）。心理與教育統計學。臺北市：東華出版社。

邱皓政（2002）。量化研究與統計分析（第五版）。臺北市：五南出版社。

陳正昌、張慶勳（2007）。量化研究與統計分析。臺北市：新學林出版社。

陳新豐（2007）。臺灣學位電腦化測驗研究的回顧與展望。教育研究與發展，3(4)，217-248。

陳新豐（2015）。量化資料分析。臺北市：五南出版社。

Andrich, D. (1978). A rating formulation for ordered response categories. *Psychometrika, 43*,561-573.

Bock, R. D. (1972). Estimating item parameters and latent ability when responses are scored in two or more nominal categories. *Psychometrika, 37*, 29-51.

Cohen, J.(1988). *Statistical power analysis for the behavioral sciences*(2nd Ed.). Hillsdale, NJ: Erlbaum.

Hair, J.F., Black, W.C., Babin, B.J., & Anderson, R.E.(2009). *Multivariate Data Analysis* (7th Ed.). Upper Saddle River, NJ: Prentice Hall.

Kiess, H. O., & Green, B. A.(2010). *Statistical Concepts for the Behavioral Sciences* (4th Edition). Boston, NY: Allyn & Bacon.

Kline, R. B.(2011).*Principles and practice of structural equation modeling*. New York, NY: The Guilford Press.

Lord, F. M.(1980). *Applications of item response theory to practical testing problems*. Hillsdale, NJ: Lawrence Erlbaum Associates.

Muraki, Eiji. (1992). A generalized partial credit model: Application of an EM algorithm. *Applied Psychological Measurement, 16*, 159-176.

Robitzsch, A., Kiefer, T., & Wu, M. (2017). *TAM: Test analysis modules*. R package version 2.8-21. https://CRAN.R-project.org/package=TAM

Samejima, F. (1969). *Estimation of latent ability using a response pattern of graded scores*(No. 17). Psychometrika Monograph Supplement.

國家圖書館出版品預行編目資料

R語言：量表編製、統計分析與試題反應理論
／陳新豐著. -- 二版. -- 臺北市：五南圖
書出版股份有限公司, 2021.06
　面；　公分
ISBN 978-986-522-798-2（平裝）

1.資料探勘 2.電腦程式語言 3.電腦程式設計

312.74　　　　　　　　　　110007573

1HOT

R語言：量表編製、統計 分析與試題反應理論

作　　　者 — 陳新豐

發 行 人 — 楊榮川

總 經 理 — 楊士清

總 編 輯 — 楊秀麗

主　　編 — 侯家嵐

責任編輯 — 鄭乃甄

文字校對 — 黃志誠、許宸瑞

封面設計 — 姚孝慈

出 版 者 — 五南圖書出版股份有限公司

地　　址：106台北市大安區和平東路二段339號4樓

電　　話：(02)2705-5066　　傳　　真：(02)2706-6100

網　　址：https://www.wunan.com.tw

電子郵件：wunan@wunan.com.tw

劃撥帳號：01068953

戶　　名：五南圖書出版股份有限公司

法律顧問　林勝安律師事務所　林勝安律師

出版日期　2018年4月初版一刷
　　　　　2021年6月二版一刷

定　　價　新臺幣580元

經典永恆・名著常在

五十週年的獻禮——經典名著文庫

五南，五十年了，半個世紀，人生旅程的一大半，走過來了。

思索著，邁向百年的未來歷程，能為知識界、文化學術界作些什麼？

在速食文化的生態下，有什麼值得讓人雋永品味的？

歷代經典・當今名著，經過時間的洗禮，千錘百鍊，流傳至今，光芒耀人；

不僅使我們能領悟前人的智慧，同時也增深加廣我們思考的深度與視野。

我們決心投入巨資，有計畫的系統梳選，成立「經典名著文庫」，

希望收入古今中外思想性的、充滿睿智與獨見的經典、名著。

這是一項理想性的、永續性的巨大出版工程。

不在意讀者的眾寡，只考慮它的學術價值，力求完整展現先哲思想的軌跡；

為知識界開啟一片智慧之窗，營造一座百花綻放的世界文明公園，

任君遨遊、取菁吸蜜、嘉惠學子！